U0315355

现代铜加工生产技术丛书

铜加工产品性能检测技术

梅恒星　李耀群　编著

北　京

冶　金　工　业　出　版　社

2008

内 容 简 介

　　本书是《现代铜加工生产技术丛书》之一,详细介绍了铜加工产品性能检测技术等。全书共分 7 章,内容包括:铜及铜合金化学成分检测、铜及铜合金组织结构分析、物理参数检测、力学及工艺性能检测、铜合金腐蚀试验、铜及铜合金的无损检测、铜加工企业检测实验室建设与试验数据处理等。

　　本书可供铜及铜合金加工生产的产品质量检测人员、工程技术人员、高级技工阅读,也可供相关专业的高校师生及金属质量检测和研究人员参考。

图书在版编目(CIP)数据

铜加工产品性能检测技术/梅恒星,李耀群编著—北京:
冶金工业出版社,2008.3
　　(现代铜加工生产技术丛书)
　　ISBN 978-7-5024-4480-8

　　Ⅰ. 铜… Ⅱ. ①梅… ②李… Ⅲ. 铜—金属加工—性能
—检测　Ⅳ. TG146.1

　　中国版本图书馆 CIP 数据核字(2008)第 024577 号

出 版 人　曹胜利
地　　址　北京北河沿大街嵩祝院北巷 39 号, 邮编 100009
电　　话　(010)64027926　电子信箱　postmaster@ cnmip. com. cn
责任编辑　张登科　美术编辑　李　心　版式设计　张　青
责任校对　栾雅谦　责任印制　牛晓波
ISBN 978-7-5024-4480-8
北京鑫正大印刷有限公司印刷;冶金工业出版社发行;各地新华书店经销
2008 年 3 月第 1 版, 2008 年 3 月第 1 次印刷
148mm×210mm; 13.75 印张; 366 千字; 422 页; 1—3500 册
36. 00 元

冶金工业出版社发行部　电话:(010)64044283　传真:(010)64027893
冶金书店　地址:北京东四西大街 46 号(100711)　电话:(010)65289081
(本书如有印装质量问题, 本社发行部负责退换)

《现代铜加工生产技术丛书》

编 委 会

前　言

2004 年，中国的铜加工材产量居世界第一位，2006 年，中国的铜加工材产量已占全球铜加工材产量的三分之一，消费量也居世界首位。目前中国已经成为铜材的生产和消费大国。

铜及铜合金加工材产品的质量主要取决于其化学成分、组织结构和表面质量等。因此，加工过程半成品及产成品的质量检测就显得十分重要，它既可为企业控制产品质量、提高成品率提供指导，又可向用户提供产品质量评价，促进产品销售和应用。

产品质量是靠先进的设备、良好的工艺、严格的管理和高素质的员工生产出来的。但产品质量的不断改进和产品质量的评价，需要借助齐全的检测手段。目前，即使在一些规模比较大的国内铜加工企业，也缺乏齐全、先进的检测手段，更不具备研制新产品、改进现有产品质量所需要的完善的检测体系。

随着铜加工技术的不断进步，铜加工材的新产品、新牌号不断涌现，如框架材料、齿环材料等，这些新产品在成分分析、性能检测等方面都有新的要求，因此，性能检测技术、方法、内容和设备的不断提高和改进也愈显重要。

铜加工过程及产品的性能检测涉及化学成分检测、组织结构检测、力学性能检测、物理性能检测、无损检测、腐蚀试验。要做到准确、及时地检测，提供科学、公正的检测数据，不仅要求检测实验室具备先进的检测仪器、训练有素的人员和良好的检测技术，而且必须对实验室进行科学的管理。本书将依次介绍铜及铜合金加工过程半成品及产成品的化学成分检测、组织结构检测、物理参数测试、力学及工艺性能检测、耐蚀性能检测、探伤检测等，并介绍铜加工企业理化检测实验室建设、评定认可及检测数据的处理等。

本书共分7章，第1章由梅恒星、胡晓春撰写；第2章和第3章由路俊攀撰写；第4章由王永翔撰写；第5章由秦勇撰写；第6章由李湘海撰写；第7章由梅恒星撰写。全书由梅恒星、李耀群统编和审定。

本书几位作者在不同的检测领域多年从事检测工作，都是检测工作领域的专家，又具有多年的检测实验室管理经验。因此，本书既有各个检测领域的具体检测方法的论述，也有结合铜加工企业生产对检测专业管理经验的总结，又反映了铜加工产品检测领域最新的检测技术进展，技术性和实用性并举，是铜加工产品性能检测人员必备的技术读物，也可供铜加工企业和铜材使用单位的工程技术人员和企业管理人员参考，以便他们更好地了解、利用检测手段为生产和科研服务，更好地提高产品质量。

本书在编写和出版过程中，得到了中铝洛阳铜业有限公司总经理钟卫佳、国际铜业协会亚洲区总裁徐弘、有色金属技术经济研究院院长贾明星等的大力支持，同时上述三个单位对我国铜加工业的发展都做出过重要贡献，在此我们表示衷心的感谢！

由于作者水平所限，书中不妥之处，欢迎业界专家和广大读者批评指正。

作　者

2007 年 12 月 18 日

目　　录

1　铜及铜合金化学成分检测 ……………………………………… 1

　1.1　分析化学的任务、发展历程及化学分析方法的分类 … 1

　　1.1.1　分析化学的任务 …………………………………… 1

　　1.1.2　分析化学发展历程 ………………………………… 1

　　1.1.3　分析化学的发展趋势 ……………………………… 2

　　1.1.4　化学分析方法的分类 ……………………………… 3

　1.2　铜及铜合金化学分析常识 ……………………………… 4

　　1.2.1　铜及铜合金产品化学分析特点 …………………… 4

　　1.2.2　铜及铜合金产品化学分析样品 …………………… 5

　　1.2.3　铜及铜合金化学分析方法标准 …………………… 8

　　1.2.4　检测结果有效性判定 ……………………………… 15

　　1.2.5　仪器分析的特点 …………………………………… 18

　1.3　滴定法 …………………………………………………… 20

　　1.3.1　滴定分析法概述 …………………………………… 20

　　1.3.2　铜合金常用的滴定方法 …………………………… 22

　　1.3.3　滴定法——碘量法测定铜量 ……………………… 25

　1.4　重量法 …………………………………………………… 26

　　1.4.1　重量法主要的分离方法 …………………………… 26

　　1.4.2　恒电流电解重量法测定铜量 ……………………… 28

　1.5　分光光度法 ……………………………………………… 32

　　1.5.1　分光光度法原理 …………………………………… 32

　　1.5.2　分光光度计的构造 ………………………………… 33

1.5.3　显色反应与显色条件 ················· 34

1.5.4　工作曲线 ···················· 35

1.5.5　铜合金常用的分光光度分析方法 ········· 35

1.5.6　以 1, 10 二氮杂菲分光光度法测定铁量 ······ 41

1.6　原子吸收光谱法 ··················· 44

1.6.1　原子吸收光谱法原理 ·············· 44

1.6.2　火焰法原子吸收光谱仪构造及仪器性能 ····· 45

1.6.3　火焰原子吸收法仪器条件选择 ········· 47

1.6.4　火焰原子吸收分析中的干扰与消除 ······· 49

1.6.5　铜及铜合金中常见元素火焰原子
　　　　吸收光谱分析方法 ··············· 50

1.7　电感耦合等离子体原子发射光谱法（ICP-AES）····· 59

1.7.1　ICP-AES 方法原理及仪器各部分功能 ······· 60

1.7.2　仪器使用条件选择 ··············· 63

1.7.3　ICP-AES 分析中的干扰 ············· 64

1.7.4　铜及铜合金各元素 ICP-AES 分析方法
　　　　行业标准简介 ··············· 64

1.8　摄谱与直读发射光谱法 ··············· 74

1.8.1　原子光谱与光谱分析 ·············· 74

1.8.2　发射光谱的光源 ················ 77

1.8.3　色散系统 ··················· 80

1.8.4　试样激发方法 ················· 82

1.8.5　发射光谱分析方法 ··············· 83

1.8.6　铜及铜合金光电直读分析方法行业标准
　　　　简介 ···················· 95

1.9　X 射线荧光光谱分析法 ··············· 101

1.9.1　X 射线光谱 ················· 102

1.9.2　X 射线荧光光谱仪 ·············· 105

1.9.3　X 射线荧光定性分析 ·················· 106

1.9.4　X 射线荧光定量分析 ·················· 107

1.9.5　铜及铜合金 X 射线荧光光谱分析
方法行业标准简介 ················ 112

1.10　红外吸收分析法·························· 117

1.10.1　碳、硫的测定 ······················· 117

1.10.2　氧的测定 ··························· 118

1.11　化学分析用标准样品研制················ 120

1.11.1　术语 ······························ 120

1.11.2　标样的基本要求和在分析测试中的应用 ······· 120

1.11.3　有色金属标准样品研制相关技术标准 ······· 121

1.11.4　铜合金标准样品研制程序 ··············· 122

2　铜及铜合金组织结构分析 ·················· 140

2.1　金属的晶体结构及铜合金的相 ············ 140

2.1.1　金属和合金的晶体结构 ················ 140

2.1.2　金属相和相图 ······················· 144

2.1.3　铜合金中的相和二元相图 ·············· 153

2.2　宏观组织检验 ·························· 164

2.2.1　体视显微镜 ························· 165

2.2.2　宏观组织检验用样品 ················· 166

2.2.3　宏观组织检验及组织特点 ·············· 169

2.3　显微组织检验 ·························· 172

2.3.1　金相显微镜 ························· 172

2.3.2　试样制备 ··························· 178

2.3.3　显微组织检验 ······················· 183

2.3.4　晶粒度的测量 ······················· 184

2.3.5　纯铜中氧的测量（金相法） ············· 187

　2.3.6　织构分析 ……………………………………… 189

2.4　电子显微分析技术 ……………………………… 192

　2.4.1　透射电子显微技术 …………………………… 192

　2.4.2　扫描电子显微技术 …………………………… 197

　2.4.3　电子探针 X 射线显微分析仪 ………………… 203

　2.4.4　俄歇电子能谱仪 ……………………………… 204

2.5　铜及铜合金常见缺陷 …………………………… 206

　2.5.1　铸造制品缺陷 ………………………………… 206

　2.5.2　加工制品缺陷 ………………………………… 211

3　物理参数检测 ……………………………………… 219

3.1　导电性能的检测 ………………………………… 219

　3.1.1　基本概念 ……………………………………… 219

　3.1.2　影响电阻率的因素 …………………………… 221

　3.1.3　测量方法 ……………………………………… 222

3.2　密度的检测 ……………………………………… 231

　3.2.1　密度的基本概念 ……………………………… 231

　3.2.2　密度的测量方法 ……………………………… 232

3.3　热导率的检测 …………………………………… 234

　3.3.1　热导率的基本概念 …………………………… 234

　3.3.2　热导率的测量方法 …………………………… 236

3.4　线胀系数的检测 ………………………………… 237

　3.4.1　线胀系数的基本概念 ………………………… 237

　3.4.2　线胀系数的测量方法 ………………………… 238

3.5　弹性模量的检测 ………………………………… 239

　3.5.1　弹性模量的基本概念 ………………………… 239

　3.5.2　弹性模量的测量方法 ………………………… 240

3.6　温度的检测 ……………………………………… 241

3.7　残余应力测定的分条变形方法 ………………………… 243

3.7.1　分条变形方法原理 …………………… 243

3.7.2　分条变形测量方法 …………………… 243

3.7.3　分条变形方法的分析应用 …………… 245

4　力学及工艺性能检测 ………………………………… 248

4.1　室温拉伸试验性能的测定 …………………………… 248

4.1.1　试验原理 ……………………………… 249

4.1.2　定义 …………………………………… 250

4.1.3　检测方法 ……………………………… 252

4.1.4　拉伸试样 ……………………………… 255

4.1.5　拉力试验机 …………………………… 261

4.1.6　试验注意事项 ………………………… 262

4.1.7　影响拉伸试验结果的主要因素 ……… 265

4.1.8　拉伸试验新旧标准性能名称和符号对照 …… 266

4.2　高温拉伸试验性能的测定 …………………………… 268

4.2.1　试验原理及范围 ……………………… 268

4.2.2　定义 …………………………………… 268

4.2.3　试验设备 ……………………………… 269

4.2.4　试样 …………………………………… 270

4.2.5　试验方法 ……………………………… 271

4.2.6　试验注意事项 ………………………… 274

4.3　硬度试验 ……………………………………………… 275

4.3.1　布氏硬度试验 ………………………… 277

4.3.2　洛氏硬度试验 ………………………… 287

4.3.3　维氏硬度试验 ………………………… 306

4.3.4　韦氏硬度试验 ………………………… 324

4.3.5　使用硬度计应注意的事项 …………… 326

4.4　工艺性能试验 ……………………………… 327

　4.4.1　扩口试验 ………………………………… 328

　4.4.2　压扁试验 ………………………………… 330

　4.4.3　弯曲试验 ………………………………… 331

　4.4.4　杯突试验 ………………………………… 335

　4.4.5　金属线材扭转试验 ……………………… 338

4.5　弹性模量试验（静态法） …………………… 339

5　铜合金腐蚀试验 …………………………………… 342

5.1　铜合金腐蚀的类型和特点 …………………… 342

5.2　腐蚀试验方法 ………………………………… 343

　5.2.1　腐蚀试验方法的选择 …………………… 343

　5.2.2　试验条件及影响因素 …………………… 344

　5.2.3　常规腐蚀评定方法 ……………………… 346

　5.2.4　常规腐蚀试验方法 ……………………… 348

5.3　热交换器用铜合金管的残余应力试验 ……… 349

　5.3.1　GB/T 10567.1《铜及铜合金加工材残余应力
　　　　　检验方法—硝酸亚汞试验法》 ………… 349

　5.3.2　GB/T 10567.2《铜及铜合金加工材残余应力
　　　　　检验方法—氨熏试验法》 …………… 350

　5.3.3　GB/T8000《热交换器用黄铜管残余应力
　　　　　检验方法》 …………………………… 351

6　铜及铜合金的无损检测 …………………………… 352

6.1　概述 …………………………………………… 352

6.2　超声检测 ……………………………………… 352

　6.2.1　基本原理 ………………………………… 352

　6.2.2　方法分类 ………………………………… 352

　　　6.2.3　超声检测仪器 ……………………………… 353
　　　6.2.4　超声检测在铜及铜合金产品中的应用 ……… 353
　6.3　涡流检测 ……………………………………………… 356
　　　6.3.1　基本原理 ………………………………………… 356
　　　6.3.2　方法分类 ………………………………………… 356
　　　6.3.3　涡流检测仪器 …………………………………… 358
　　　6.3.4　涡流检测在铜及铜合金产品中的应用 ……… 358
　6.4　射线检测 ……………………………………………… 359
　　　6.4.1　基本原理 ………………………………………… 359
　　　6.4.2　方法分类 ………………………………………… 360
　　　6.4.3　X 射线机 ………………………………………… 360
　　　6.4.4　射线照相检测工艺 ……………………………… 360
　6.5　渗透检测 ……………………………………………… 363
　　　6.5.1　基本原理 ………………………………………… 363
　　　6.5.2　渗透检测的基本操作程序 ……………………… 364

7　铜加工企业检测实验室建设与实验数据处理 …………… 367
　7.1　实验室能力的通用要求 ……………………………… 368
　　　7.1.1　概述及术语 ……………………………………… 368
　　　7.1.2　检测实验室的管理要求 ………………………… 370
　　　7.1.3　检测实验室的技术要求 ………………………… 376
　7.2　实验室认可评定 ……………………………………… 383
　　　7.2.1　实验室质量体系的建立和运行 ………………… 383
　　　7.2.2　实验室认可评定程序 …………………………… 387
　7.3　实验室环境、安全管理 ……………………………… 388
　　　7.3.1　实验室的环境污染与防治 ……………………… 388
　　　7.3.2　实验室的安全要求 ……………………………… 388
　7.4　试验数据处理 ………………………………………… 390

7.4.1　基本概念 ……………………………………… 390

7.4.2　检测数据的取舍 …………………………… 395

7.4.3　数值修约与产品合格值判定 ……………… 398

7.4.4　测量不确定度 ……………………………… 401

7.5　实验室检测能力验证结果的评价 …………… 407

7.5.1　概述 ………………………………………… 408

7.5.2　经典 Z 值评价法 …………………………… 409

7.5.3　稳健 Z 值评价法（避免离群值的影响）……… 410

7.5.4　每室报出两个测试数据时的稳健评价法 …… 412

7.5.5　能力验证结果的图解 ……………………… 414

7.6　理化检测常用计量单位 ……………………… 414

7.6.1　法定计量单位 ……………………………… 414

7.6.2　理化检测常用计量单位 …………………… 417

参考文献 ………………………………………… 420

1 铜及铜合金化学成分检测

1.1 分析化学的任务、发展历程及化学分析方法的分类

1.1.1 分析化学的任务

分析化学是研究物质化学组成的分析方法及保证分析准确、快速的相关理论的学科。

分析化学的任务是确定物质的组成元素（分子）有哪些，即进行定性分析；测定这些组成元素（分子）的质量分数，即铜及铜合金加工行业常说的各元素的百分含量是多少，这是定量分析；研究这些组成元素的原子（分子）如何相互结合、构造，即结构分析。对于铜及铜合金来说，金属结构比较简单，分析化学中不作深入研究。

要了解未知铜合金样品的性能时，往往要先了解它的化学成分。这就要先进行定性分析，知道有哪些元素存在。然后，定量测定每一元素在合金中的质量分数。

铜及铜合金的定性分析主要采用原子发射光谱法、X射线荧光光谱法。通过简单的试验，有经验的分析人员可以容易地知道合金中有哪些元素存在，以及它们大致的质量分数（含量）。

铜及铜合金的定量分析是本书介绍的重点，各种化学分析方法的主要任务都是研究如何定量地测定组成合金的各元素的量。

1.1.2 分析化学发展历程

分析化学是化学学科的一个重要分支。随着科学技术的进步和新产品的不断涌现，分析化学也得到不断发展。

19 世纪，基于溶液的一系列平衡理论的建立，出现了以滴定分析和重量分析（虽然在分析中，使用天平称量的是物质的质量，一般仍按习惯叫"重量分析法"）为主的化学分析方法。

20 世纪初以来，随着物理学和电子学的发展，出现了分光光度法、原子发射光谱法（AES）、原子吸收光谱法（AAS）、X 射线荧光光谱法（XFS）、电感耦合高频等离子体发射光谱法（ICP-AES）、电化学分析法等仪器分析方法。

20 世纪 70 年代以来，计算机科学和材料科学的发展，促使分析化学第三次大发展：分析化学不仅进行元素分析，还要进行结构、状态分析；不仅进行总体分析，还要进行微区分析、逐层分析；不仅进行离线分析，而且发展到在线分析、无损分析、遥测分析。同时，分析仪器也在不断改进、完善，向智能化、精密化、小型化发展，大大提高了分析的速度、准确度和精密度。

1.1.3　分析化学的发展趋势

分析化学随着现代科学技术，尤其是计算机技术的引入，得到迅速发展。实现了从分析化学向分析科学的历史性转变。环境科学、生命科学和材料科学与分析化学结合，分别产生了新的交叉学科，满足着信息、能源、资源、健康、国民经济、国家安全等方面的需要。分析化学向着更高灵敏度和选择性发展，向着实现原位、实时、微区、微量检测的方向发展。

21 世纪金属材料检测面临三大难题：高纯金属和复杂合金的痕量元素分析；金属材料的原位分析；材料加工过程的在线、实时、临界控制分析。

随着通信、电子行业对高纯铜材高导电性能的要求，材料中十几个或更多痕量元素的总量不能超过万分之一（即控制在 0.01% 以下），而单个元素含量需要控制在百万分之一（即 10^{-6}）或更低。为此，需要使用等离子质谱（ICP-MS）等具有更高灵敏度的仪器，采取降低检出限、从检测的各个环节降低测量空白、分离干扰元素等种种手段，进一步实现对痕量元素的检测。

金属材料的化学组成和组织结构决定着材料性能。但是，目前常用的分析方法得出的是平均化学成分。而平均化学成分和组织结构分析，不能完全解释材料不同部位性能的差异。近年，出现了能反映材料中不同成分的分布规律的新技术——原位统计分布分析技术。它可以提供以下信息：材料化学组成的位置分布、特定部位的化学成分含量；材料中各个成分的存在状态及分布。例如电真空器件用的无氧铜材料中，氧的存在形态、氧是否均匀分布，一直困扰着无氧铜生产企业和制造电真空器件的用户。因为氧的聚集对电真空材料是致命的缺陷，会造成电真空器件因漏气而报废。原位统计分析可以按分析对象的区域，分为一维（深度）、二维、三维统计分析。了解这些信息，可以解释不同组分在材料中的均匀性对强度、耐蚀性、电性能的影响；可以判断复合材料的层间结合度、表面处理效果；可以清楚金属夹杂物和析出相的形态。如在强化弥散铜材料中，酸溶铝和酸不溶铝的化学形态是什么？它们对金属强度、耐蚀性等有什么不同影响？辉光质谱技术、火花单次放电解析技术、电化学扫描探针显微技术（ECSTM）等为原位统计分析技术的实现提供了手段。

全流程控制、实时性、闭环性是未来冶金分析的特点。实现产品流程在线分析、熔态金属直接分析、熔炼炉炉气在线分析等，将对工艺控制、提高生产效率、节约能源、环境监测提供帮助。而浸入式探头、激光光谱、遥测等技术为实现在线、实时分析创造了条件。

1.1.4 化学分析方法的分类

化学分析方法有多种分类方式。

按分析化学的任务不同，化学分析方法可分为定性分析、定量分析和结构分析。

铜合金的化学成分分析属于无机分析，而在化工、医药、生物、食品等行业，有机分析是主要任务。

　　根据分析试样（即从送检的样品，经加工制备成可以直接用于试验的样品，简称试样）的用量及操作方法的不同，化学分析方法又可分为常量分析、半微量分析、微量分析和超微量分析。

　　根据待测组分的质量分数不同，化学分析方法亦可分为主量成分分析、少量成分分析、痕量成分分析和超痕量成分分析。

　　根据分析速度和对分析准确度的要求不同，化学分析方法还可分为常规分析、快速分析和仲裁分析。

　　根据是否使用大型仪器，化学分析方法又可分为经典分析（传统分析）和仪器分析。滴定法、重量法属于经典化学分析方法（一般把分光光度法也归入经典化学分析方法）；原子发射光谱法（AES）、原子吸收光谱法（AAS）、X 射线荧光光谱法（XFS）、电感耦合高频等离子体发射光谱法（ICP-AES）、电化学分析法等属于仪器分析方法。经典化学分析方法根据化学反应检测元素的量，可以直接从基准物质传递量值，而不依赖标准样品传递量值；仪器分析方法种类多、发展快，在日常检测中，已逐渐代替经典化学分析方法。

1.2　铜及铜合金化学分析常识

　　分析化学已经发展为多学科交叉的一门学科，需要的常识涉及范围广，一般分析化学教科书都有介绍。本书仅结合铜合金化学分析行业，有侧重地加以介绍。

1.2.1　铜及铜合金产品化学分析特点

　　铜加工过程和产品的化学分析，涉及 30 多个元素。与钢铁材料和铝合金相比，铜合金的化学成分分析有两个特点：一是钢铁和铝合金分别不要求分析基体元素铁和铝，而铜合金要求分析高达 50% ~60% 乃至 99.98% 的基体元素铜的含量，这就要采用精确的电解重量分析方法；二是导电用纯铜等材料，需要分析其中十几个微量组分，有些组分要求分析到 10^{-6} 的质量分数

（μg/g），分析难度较大。

由于铜合金中的元素含量高低可相差五六个数量级，有的同一元素在不同的合金中，含量也相差四五个数量级。因此，铜及铜合金所涉及的近 30 个元素的分析方法就呈现多种多样。即使可以多元素同时分析的各种仪器分析方法中，单单任何一种方法都不能全部胜任铜合金所有分析任务。不同分析方法各有优劣，要根据分析对象和实验室仪器的配置来选择分析方法：标准分析方法比较成熟，准确可靠；各个企业的常用分析规程不仅快速，而且有些方法的准确性不亚于标准方法；大企业炉前快速分析可选用光电直读发射光谱法，但是若分析黄铜合金则应使用 X 射线荧光光谱法，因为光电直读光谱法不适于分析百分之几十的铜量；新产品研制过程中，合金的化学成分多变，选择不依赖固体标样的 ICP-AES 光谱法进行分析比较适宜；原子吸收光谱仪的价格较便宜，与其他化学方法配合，可以作为中、小企业的选择。

因此，化学分析人员要根据不同的合金、不同形状的试样、不同的待测元素和检测不同的质量分数，选择最合适的分析方法，才能做到分析既准确又及时。

1.2.2　铜及铜合金产品化学分析样品

正确取样、制样非常重要。有时，取样、制样带给检测结果的不确定度会远远大于检测方法本身的不确定度。因此，如果取样、制样不正确，那么分析检测就失去意义。

1.2.2.1　取样

首先，所取试样应具有代表性，与所代表的物料（同一熔次的铸锭、同一批次的产品……）化学组成相同，物理性能相同。这样，分析数据才有价值。否则，检测就失去意义。如检测磷脱氧铜中低量的磷，因为在空气中浇铸样品时磷容易挥发逸失，所以必须用坩埚直接从熔体中取样。如果检测的是在大气中浇铸一个小的样品，那么，它的磷含量是偏低的，检测的结果代表不了铸锭中的实际的磷含量。

样品的物理性能（组织、结构、密度、表面等）和化学组成应比较均匀。因为检测时称取的试样的质量很少，发射光谱激发试样也仅仅是一个面积不大的斑点。如果样品中各组分不均匀，被检测的部位也就不能真正代表样品的母体，检测结果也就不可靠了。

所取的样品不能有严重氧化、污染和夹杂。否则，难以制备出合格的试样用于分析。

一般说，在产品标准中，都规定了截取样品的部位、取样的数量，有的还规定了取样方法，取样时只需按标准规定进行就可以了。如果产品标准中没有取样规定，就需要供需双方协商后，在合同中约定截取样品的部位和取样的数量。

若所取的样品量太少，有时不能满足检测需要，也难以满足减少测量相对误差的要求（因为多称取试样，可以减小测量相对误差）。因此，需要根据使用的检测方法确定取样量，或者根据样品的量，选择检测方法。

不同的检测方法对所取样品的尺寸、大小和形状也有不同要求。

1.2.2.2　制样

铜及铜合金一般比较均匀，切削性能好，制样相对简单，一般使用钻屑、车屑、铣屑、车平面、铣平面等方法制取试样。

在样品制备加工时，要把加工设备擦拭干净，也要注意不能氧化、油污。加工过程中可用无水乙醇给刀具降温。在制备碎屑样品时，要注意不要混入其他碎屑，要用磁铁把加工时可能混入的铁屑除去。

样品表面一般有氧化层，制样时要先行车（铣、钻）去后再制样。

样品若有夹杂，制样时应设法避开。夹杂缺陷比较严重的样品，应退回重新取样。

化学成分易偏析的合金，如锡磷青铜和锡锌铅青铜，这些合金中的锡易偏析，加工时要弃去约 $3 \sim 5mm$ 厚的表皮，然后再直接进行光谱激发检测或加工成碎屑后用于溶液检测。

检测纯铜中的铜量时，由于 $w(Cu)$ 高达 99.90% 以上，要求检测的误差（或重复性限 r）小于 0.02%。因此，哪怕试样的轻微氧化，就会影响到检测结果的准确性。此时，需要细心处理样品：样品（屑状）要用冰乙酸（$1+4$）在烧杯中煮沸 $2 \sim 3min$，倒掉乙酸溶液，依次用水、无水乙醇洗涤样品，冷却、干燥后，放置在干燥器内，备用。

黄铜样品表面的油污，不能用盐酸溶液清洗，避免合金表面的锌被溶解（铜不被盐酸溶解），改变了合金组成，使铜的检测结果偏高，锌的检测结果偏低。

1.2.2.3　分解样品

除了使用固体样品直接进行分析的红外吸收分析法、摄谱与直读发射光谱法、X 射线荧光光谱法以外，其他分析方法都需要将制备好的样品（碎屑试样）进行分解。

试样分解方法有溶解法和熔融法。铜及铜合金试样一般使用酸溶解法，即使用硝酸或盐酸＋双氧水或硝酸＋盐酸，多数的铜及铜合金试样就可以溶解完全。

当铜及铜合金试样中 Zr、Cr、B、Ti 为主要成分或为待测成分时，试样需要加硫酸蒸至发烟，才能完全分解；含 Cr、Se、Te 的试样可加高氯酸蒸至发烟，使试样完全溶解。

使用硝酸＋氢氟酸可以溶解铜及铜合金试样中 Si、Ti、Zr 为主要成分或为待测成分时的试样，不过要在聚四氟乙烯杯中溶解。

用盐酸溶解试样，或在比较大的盐酸浓度的溶液中加热时，Sn、As、Sb、Se 等易形成氯化物挥发损失。

硝酸＋氢氟酸溶解含硅试样时，若加热高于 60℃，试样的

硅会形成 SiF_4 挥发，造成硅的损失，使分析结果偏低。

酸不溶的金属及其氧化物，如 Al、B、Sn 的氧化物，在酸中不能完全溶解，需要用焦硫酸钾（$K_2S_2O_7$）或碳酸钠（Na_2CO_3）在高温炉内熔融，然后用酸或水浸出，合并于主溶液中，然后进行分析测定。

1.2.2.4　样品标识和样品保留

取样和制样时，都要及时对样品加以唯一标识（编号），并且直到检测完成、发出检测报告，都使用这一标识。

为了对用户负责、对样品负责，用户送来的样品和检测人员加工制备的试样，在完成检测任务后，都要保留一个规定的时限（这个时限要晓谕用户），以备复查和仲裁检验时使用。要在干燥、无污染的房间保留样品和试样。

保留的样品和试样也都要用唯一标识。

1.2.3　铜及铜合金化学分析方法标准

检测是产品的理化计量。为了提高检测人员的检测水平，规范产、供、销各方面的检测方法，制定了不同层次的检测方法标准。国际上通行的有国际标准化组织的标准（ISO）、我国的国家标准（GB 或 GB/T）、各个行业的标准（如有色金属行业标准YS）以及企业标准（即企业的检测规程）。

近 20 年来，铜及铜合金化学分析方法的 ISO 标准，已很少进行及时修订，难以满足产品发展和分析技术发展的要求。因此，许多发达国家的国家标准常常被作为主要的参考、借鉴资料。

1.2.3.1　国家标准

GB/T 5121—1996《铜及铜合金化学分析方法》是现行的铜及铜合金化学成分分析方法标准。该标准涉及到 24 个元素，共 33 个分析方法。这些方法分类如表 1-1 所示。

表 1-1　GB/T 5121—1996 中的分析方法分类表

分析方法类别	该类方法个数	分析的元素
分光光度法	12	Fe、Al、Mn、Sn、Zr、Ti、P[①]、Si[①]、As、Sb
原子吸收光谱法	9	Zn、Ni、Pb、Co、Cr、Mg、Ag、Cd、Bi
滴定法	6	Fe、Zn、Al、Mn、Sn、Ni
脉冲加热红外吸收法	2	O、S、C
重量法(含电解重量法)	4	Cu[①]、Be、Si

① 该元素有两个这一类的分析方法。

　　由表 1-1 可以看出,国家标准 33 个分析方法中有 12 个分光光度法,占 36%;9 个原子吸收光谱法,占 27%;6 个滴定法,占 18%;2 个脉冲加热红外吸收法(分析 3 个元素),占 6%;2 个重量法、2 个电解重量法(也可以归入电化学方法)各占 6%。这些方法是目前铜加工行业普遍采用的方法,是比较成熟、可靠的分析方法。

　　目前,GB/T 5121—1996《铜及铜合金化学分析方法》和 GB/T 13293《高纯阴极铜化学分析方法》合并、修订工作正在进行。依据现行的铜及铜合金产品标准和高纯阴极铜产品标准,共涉及 28 个元素,计划提出 54 个分析方法(元素连续测定的,分别计算方法数目。如红外吸收法连续测定 C、S 两个元素,仍按 2 个方法计算),如表 1-2 所示。这次修订需补充精密度试验数据,不再采用协商制订的允许差。

表 1-2　GB/T 5121 和 GB/T 13293 合并修订后的国家标准(计划草案)

元素	分析方法	测定含量(质量分数)范围/%	修订事项
Cu	(1) 电解-AAS	50.00 ~ 99.00	重新确认,编辑整理
	(2) 电解-分光光度法	99.00 ~ 99.98	重新确认,编辑整理
	(3) 电解-AAS	98 ~ 99.9	新起草,仅用于碲青铜中铜的分析

元素	分析方法	测定含量（质量分数）范围/%	修订事项
P	（1）磷钼杂多酸-结晶紫分光光度法	0.00005 ~ 0.0005	重新确认，编辑整理
	（2）钼蓝分光光度法	0.0002 ~ 0.12	重新确认，编辑整理
	（3）钒钼黄分光光度法	0.010 ~ 0.50	重新确认，编辑整理
Pb	（1）塞曼效应电热原子吸收光谱法	0.0001 ~ 0.0015	重新确认，编辑整理
	（2）火焰原子吸收光谱法	0.0015 ~ 5.00	重新确认，编辑整理
C	红外线吸收法（C、S 连测）	0.0010 ~ 0.20	重新确认，编辑整理
S	（1）燃烧-碘酸钾滴定法	0.0004 ~ 0.002	重新确认，编辑整理
	（2）红外线吸收法（C、S 连测）	0.001 ~ 0.03	重新确认，编辑整理
Ni	（1）塞曼效应电热原子吸收光谱法	0.0001 ~ 0.001	重新确认，编辑整理
	（2）火焰原子吸收光谱法	0.001 ~ 1.5	重新确认，编辑整理
	（3）EDTANa$_2$ 滴定法	1.50 ~ 45.00	重新确认，编辑整理
Bi	（1）氢化物-无色散原子荧光光谱法	0.00001 ~ 0.0005	重新确认，编辑整理
	（2）二氧化锰富集-原子吸收光谱法	0.0005 ~ 0.004	重新确认，编辑整理
As	（1）氢化物-无色散原子荧光光谱法	0.00005 ~ 0.001	新起草，废除原砷钼杂多酸-结晶紫分光光度法测定砷量的方法
	（2）萃取-钼蓝分光光度法	0.0010 ~ 0.10	重新确认，编辑整理
O	红外线吸收法	0.0003 ~ 0.11	重新确认，编辑整理

元素	分析方法	测定含量（质量分数）范围/%	修订事项
Fe	（1）塞曼效应电热原子吸收光谱法	0.0001~0.002	重新确认，编辑整理
	（2）1、10二氮杂菲分光光度法	0.0015~0.50	重新确认，编辑整理
	（3）重铬酸钾滴定法	0.50~7.00	重新确认，编辑整理
Sn	（1）塞曼效应电热原子吸收光谱法	0.0001~0.002	重新确认，编辑整理
	（2）苯基荧光酮-聚乙二醇辛基苯基醚分光光度法	0.0010~0.50	重新确认，编辑整理
	（3）碘酸钾滴定法	0.50~10.00	重新确认，编辑整理
Zn	（1）火焰原子吸收光谱法	0.00005~2.00	合并于GB/T 5121.11，分析下限由0.001%延伸至0.00005%
	（2）4-甲基-戊酮-2分离-EDTANa₂滴定法	2.00~6.00	重新确认，编辑整理
Sb	（1）氢化物-无色散原子荧光光谱法	0.00005~0.002	合并，新起草改为氢化物发生-无色散原子荧光光度法
	（2）结晶紫分光光度法	0.0010~0.07	重新确认，编辑整理；或选择新的显色剂
Al	（1）铬天青S分光光度法	0.0010~0.50	重新确认，编辑整理
	（2）苯甲酸分离-EDTANa₂滴定法	0.50~12.00	重新确认，编辑整理
Mn	（1）塞曼效应电热原子吸收光谱法	0.00005~0.001	重新确认，编辑整理
	（2）高碘酸钾光度法	0.030~2.50	重新确认，编辑整理
	（3）硫酸亚铁铵滴定法	2.50~15.00	重新确认，编辑整理

元素	分　析　方　法	测定含量（质量分数）范围/%	修订事项
Co	（1）塞曼效应电热原子吸收光谱法	0.0001～0.002	重新确认，编辑整理
	（2）火焰原子吸收光谱法	0.002～3.00	重新确认，编辑整理
Cr	（1）塞曼效应电热原子吸收光谱法	0.00005～0.001	重新确认，编辑整理
	（2）火焰原子吸收光谱法	0.050～1.30	重新确认，编辑整理
Be	羊毛铬青 R 分光光度法	0.1～2.50	重量法改为羊毛铬青 R 分光光度法。分析下限由 1.50% 延伸至 0.1%
Mg	火焰原子吸收光谱法	0.015～1.00	重新确认，编辑整理
Ag	火焰原子吸收光谱法	0.0002～1.30	合并，上限由 0.15% 延伸至 1.30%
Zr	二甲酚橙分光光度法	0.10～0.70	重新确认，编辑整理
Ti	过氧化氢分光光度法	0.050～0.30	重新确认，编辑整理
Cd	（1）塞曼效应电热原子吸收光谱法	0.00005～0.001	重新确认，编辑整理
	（2）火焰原子吸收光谱法	0.50～1.50	重新确认，编辑整理
Si	（1）萃取-钼蓝光度法	0.0001～0.025	方法合并于 GB/T 13293.11
	（2）钼蓝分光光度法	0.025～0.40	重新确认，编辑整理
	（3）重量法	0.40～5.00	重新确认，编辑整理
Se	氢化物原子荧光法（Se、Te 连测）	0.00005～0.0003	新起草，替代催化示波极谱法

元素	分 析 方 法	测定含量（质量分数）范围/%	修订事项
Te	氢化物原子荧光法（Se、Te 连测）	0.00005 ~ 0.0003	新起草，替代催化示波极谱法
	火焰原子吸收光谱法	0.1 ~ 1.00	新起草
Hg	冷原子吸收光谱法	0.0001 ~ 0.15	新起草
B	姜黄素分光光度法	0.001 ~ 0.025	直接转换，行标升国标
25 个	ICP—AES 法		补充汞的试验，行标直接转换国标

注：ICP—AES 法测定铜及铜合金中 24 个元素行业标准方法已颁布实施（见本书 1.7.4）。

分析结果以待测物质的质量分数表示。物质 B 的质量分数定义为物质 B 的质量与混合物（试样）的质量之比，以 w_B 表示。

计算通式为：
$$w_B = m_B / m_s \tag{1-1}$$

式中 m_B——测得待测物质的质量；

m_s——测出 m_B 的那部分试样的质量。

习惯所称待测物质的含量，就是用"%"符号表示的质量分数 w_B。

1.2.3.2 行业标准

由于铜加工行业中大型分析仪器的普遍采用，需要对仪器分析统一规范，保证分析操作正确，分析结果准确。近几年已试验制定了铜及铜合金化学成分光电直读光谱法、X 射线荧光光谱法、电感耦合等离子发射光谱法等行业分析方法标准。这些标准的制定，不仅规范仪器分析过程，保证检测质量，而且也会推动仪器分析在铜合金化学分析的进一步应用。这些内容将在后面相关章节中介绍。

1.2.3.3　企业分析规程

标准检测方法虽然准确可靠，但有时操作比较烦琐。为了满足企业生产快节奏的要求，结合生产实际，企业制定了分析方法规程。由于规程一般只针对个别合金牌号，方法比较简单、方便快速，其准确性也不一定比行业标准方法差。

分析规程的制定一般要经过以下试验过程：

（1）试样溶解试验：铜合金一般用硝酸或盐酸加双氧水溶解。溶解试验要考虑合金的化学组成，试样能否完全溶解，待分析元素不应在溶解过程中生成易挥发逸失的物质，试样溶解有利于下一步分析，溶解方法要简便、环保、成本低。

（2）溶液酸度试验：化学反应能否进行和能否进行完全，与溶液的酸度有很大关系。既要选择保证化学反应稳定、完全地进行所需的合适酸度，又要选用方便的控制酸度的方法。

（3）试剂用量：通过试验确定试剂（固体或溶液）的加入量、加入方式、加入顺序、不同试剂加入的间隔时间。有些试剂对测定结果的影响较大，需要精确控制加入量。

（4）如果使用工作参数较多的仪器，要试验选择各参数的最佳值。

（5）方法的测量精密度试验：按照所制订的规程，对同一个试样独立做 n 次分析，计算标准偏差 S、重复性限（$r = 2.8s$）。与待测元素的国家标准方法的重复性限（r）比较。一般说，一个好的分析规程的重复性限应基本相当（或略高于）采用国家标准方法时的相同质量分数的重复性限。

（6）加入回收试验：向所称取的试样中加入待测元素，再按制订的规程分析，计算测定结果的回收率，即加入回收试验。

（7）标准样品进行验证试验：采用企业分析规程进行分析，其分析结果是否准确，可以通过检测同种合金的标准样品进行验证。若分析值与标样的定值之差在给出的不确定度范围内，则可以认为制订的规程是可行的。一般在未知试样分析的同时，与标准样品一起分析，既对分析规程进行验证，又对分析过程进行了监控。

（8）与标准分析方法进行比对分析：同一个试样，用所制订的分析规程与标准方法分别进行分析。如果两个分析结果之差，小于或等于或略高于标准方法的重复性限，说明分析规程是可靠的。

1.2.4 检测结果有效性判定

一个测量方法无论多么严谨，由于操作、环境、仪器等因素影响，对同一个样品的每一次检测，都可能与前一次的检测值有差异。

1.2.4.1 检测的重复性

（1）测量结果的重复性是指在相同测量条件下，对同一被测量物进行连续多次测量，所得结果之间的一致性。

重复性条件包括：相同的测量程序，相同的观测者，在相同的条件下使用相同的测量仪器，相同地点，在短时间内重复测量。

在理化检测中，相同的测量程序就是使用同一个检测方法。

（2）重复性限 r 的意义：在重复性条件下，对样品中某元素检测获得的两次独立测试的测定值 X_1、X_2，在给出的平均值 $\overline{X}$ 范围内，这两个测定值的绝对差值 $|X_1 - X_2|$，在95%的情况下不超过重复性限 r。

（3）检测方法的重复性限 r 的取得：无论是起草标准分析方法，还是制订分析规程，都要进行精密度试验，给出在重复性条件下检测时不同质量分数 w_1、w_2、w_3… 的重复性限 r_1、r_2、r_3…。

1）质量分数为 w_1 时的重复性限 r_1 的计算：

对质量分数为 w_1 的样品进行 n 次独立测试，得 X_1，X_2，…，X_i，…，X_n；

计算平均值，$\bar{X} = \sum X_i / n$；

计算标准偏差，$S = \sqrt{\sum\limits_{i=1}^{n} (X_i - \bar{X})^2 / (n-1)}$；

计算重复性限，$r_1 = 2.8s$。

2）按1）步骤，可得质量分数 w_2、w_3…相应的重复性限 r_2、r_3…。

3）将质量分数 w_1、w_2、w_3…，和相应的重复性限 r_1、r_2、r_3…列表，作为检测方法（规程）的精密度试验结果。

（4）在检测方法覆盖的范围内，质量分数的平均值为任意值 w 时的重复性限 r_w 的值，可以依据该检测方法（规程）所附的重复性限表，以线性内插法求得：

若 w 值处于 w_1 与 w_2 之间，则有：

$(w_2 - w_1)/(w_2 - w) = (r_2 - r_1)/(r_2 - r_w)$，则

$$r_w = r_2 - \frac{(r_2 - r_1)}{w_2 - w_1}(w_2 - w) \qquad (1\text{-}2)$$

（5）检测结果有效性判定：日常检测时，一般只进行 2 次测量。

1）计算两个测量值的平均值 $\bar{X}$，$\bar{X}$ 即看作式（1-2）中的 w；

2）从所使用的检测方法（规程）所附的重复性限表，查出包含 w 的两个质量分数 w_1、w_2 及其相应的重复性限 r_1、r_2；

3）按式（1-2）计算质量分数为 w 的重复性限 r_w；

4）两个试样测定结果 X_1、X_2 的有效性按下式判定：$|X_1 - X_2| \leqslant r_w$，则测定值 X_1、X_2 是有效的，可以取平均后报出；

5）当使用该检测方法检测标准样品时，也按上述方法计算出标准样品的质量分数 w 时的重复性限 r_w。当 $|X_1 - X_0| \leqslant 1/2r_w$（$X_1$ 是标准样品测定值，X_0 是标准样品的给定标准值）时，可判断所使用的工作曲线有效。

【例 1-1】　　使用 ICP-AES 行业标准方法（YS/T 586—2006），分析一个 HPb59-1 试样中铅的质量分数（含量）。在重复性条件下，两次独立分析的测量值为 0.85%、0.91%。判断

这两个结果的有效性。

解：（1）计算平均值 $w = (0.85\% + 0.91\%)/2 = 0.88\%$。

（2）按 YS/T 586—2006 标准方法提供的重复性限表（见表 1-21），计算 $w = 0.88\%$ 时的重复性限 r_w 的值：在表 1-21 中，0.88% 介于质量分数栏 0.100%（w_1）与 1.00%（w_2）之间，其相应的重复性限 $r_1 = 0.015\%$，$r_2 = 0.07\%$。将数值代入式（1-2），算出 0.88% 时的重复性限 $r_w = 0.07\% - \dfrac{0.07\% - 0.015\%}{1.00\% - 0.100\%}$ $(1.00\% - 0.88\%) = 0.063\%$。

（3）判定：因为 $0.91\% - 0.85\% = 0.06\% < 0.063\%$，所以判定这两个结果有效，可以以 0.88% 报出结果。

1.2.4.2 检测的再现性

（1）测量结果的再现性是指在不同测量条件下，对同一被测量进行多次测量所得结果之间的一致性。

如在不同实验室中，使用同一个检测方法，检测同一样品。此时，观测者、测量仪器、测量地点是不同的，对于不同实验室报出的结果，要用再现性限 R 来判断其有效性。

（2）再现性限 R 的意义：在再现性条件下，对样品中某元素检测获得的两次独立测试的测定值，在给出的平均值范围内，这两个测定值的绝对差值，在 95% 的情况下不超过再现性限 R。

（3）检测方法的再现性限 R 的取得：在制订检测方法时，组织几个实验室使用同一个检测方法，检测同一样品。用各个实验室报出的平均值得到数列 X_1，X_2，…，X_i，…，X_n，然后按检测方法的重复性限 r 的取得办法，计算再现性限 R。

将不同质量分数 w_1、w_2、w_3… 和相应得到的再现性限 R_1、R_2、R_3…列表，作为检测方法（规程）的精密度试验结果。

（4）任意值 w 时的再现性限 R_w 的值可以比照式（1-2）计算。

（5）不同测量条件下检测结果有效性判定：对于来自不同实验室、使用相同分析方法、分析同一试样的两个结果，可以仿照重复性结果有效性的判定方法进行。

1.2.5　仪器分析的特点

由于计算机和相关学科的发展，新的分析检测仪器不断出现，且在铜及铜合金分析中的应用日益广泛。因此有必要了解仪器分析的特点。

1.2.5.1　仪器分析分类

仪器分析是以物质的光学、电学等物理或物理化学性质为基础的分析方法。可分为光学分析方法、电化学分析方法、色谱分析方法和其他仪器分析法等。

（1）光学分析法是根据物质吸收、发射、散射电磁波而建立起来的分析方法。又可分为发射光谱法和吸收光谱法。发射光谱法有原子发射光谱法（AES），电感耦合等离子体发射光谱法（ICP-AES），原子荧光光谱法（AFS），X 射线荧光光谱法（XFS）等；吸收光谱法有原子吸收光谱法（AAS），紫外、可见分光光度法，红外吸收光谱法（IR），核磁共振波谱法（NMR），电子能谱法，拉曼光谱法等。

（2）电化学分析法是以物质的电化学性质及其变化进行分析的方法。根据测量的电信号不同，可分为电位分析法、电导分析法、电解分析法、库仑分析法、极谱分析法等。

（3）色谱分析法是利用混合物中有关组分的物理的、化学的或物理化学的性质的不同，将各组元分离开的方法。根据固定相和流动相的不同，可分为气相色谱法（GC）、液相色谱法（LC）、离子色谱法（IC）。

（4）其他仪器分析法主要有质谱分析法（MS）、电子衍射法、放射化学法等。

本章侧重对在铜及铜合金化学成分分析中常用的分光光度法、原子吸收光谱法、电感耦合等离子体发射光谱法、摄谱发射光谱法、光电直读光谱法、X 射线荧光光谱法进行阐述。

1.2.5.2 仪器分析的特点

（1）分析速度快：仪器分析法普遍采用了计算机技术，检测过程快速；样品处理也比经典化学分析法简单，可大大提高分析速度。

（2）灵敏度高：仪器分析法中除 X 射线荧光分析、示差光度分析等主要用于常量分析外，多数仪器分析方法比较适于痕量、微量分析。方法的相对灵敏度可达 10^{-6}，甚至达到 10^{-12}。

（3）多元素、无损分析：一些仪器分析方法，如原子发射光谱法、电感耦合等离子体发射光谱法、X 射线荧光光谱法等可同时进行多元素分析，激光光谱法、电子探针法、离子探针法和电子显微镜法等可以进行表面、微区、准无损分析，X 射线荧光光谱法可以进行无损分析。

（4）大型仪器可多机联用：把两种甚至两种以上的仪器功能进行合并、嫁接，使一台仪器具有两种仪器或比两种仪器还多的功能。

（5）可实现在线实时分析：冶金过程需要实时、快速响应熔体的变化，以便实现过程控制。所以熔体在线分析成为炉前分析的发展趋势。如熔体发射光谱分析、超细粒子引出-等离子体光谱法、熔体发射光谱全谱分析等。

（6）原位分析技术：材料的化学成分一般系指材料的平均化学成分，是平均值的概念。而原位成分分析则要准确地知道各元素在材料的不同位置的含量、偏析情况、疏松度的计算等。利用现代采样和分析技术可进行原子团级、纳米级的分析。

（7）仪器分析法必须与化学分析法配合使用：多数仪器分析法是相对分析方法，需用标准样品进行量值溯源和仪器标定。而标准样品的质量分数（定值），要用经典的化学分析法和可以直接使用基准物作标准的仪器分析方法（如原子吸收光谱法、电感耦合等离子体发射光谱法）确定。多数仪器分析方法中的样品处理（溶样、分离等）也需用化学分析基本操作技术。建立新的仪器分析方法时，也往往需用化学分析法来验证其检测结果是否准确。尤其是对一些复杂物质分析时，常常需用仪器分析方法和化学分析方法进行综合分析，例如主要成分用化学分析法检测、微量杂质元素用仪器分析法测定。因此，化学分析法和仪器分析法是相辅相成的。

1.3　滴定法

1.3.1　滴定分析法概述

滴定分析法是用能准确计量的滴定管，将一种已知准确浓度的试剂溶液（称滴定剂或称标准溶液），仔细地滴加到含有待测物质的溶液中，直到滴定剂与待测物质按化学计量进行的化学反应定量完成为止，即达到化学计量点，就是常说的滴定终点。

按照等物质的量规则（在化学反应中，所消耗的每个反应物与所产生的每个生成物，其物质的量都相等），通过计量所消耗的已知浓度的滴定剂（标准溶液）的体积，就可以计算待测物质的量。

是否滴定到化学计量点，往往借助指示剂变色或用其他物理化学方法来确定。但是，实际滴定分析中，指示剂不一定恰好在理论化学计量点变色，其他物理化学方法指示的终点与理论终点也存在误差，这都会引起终点不确定度。

滴定分析法是以化学反应为基础的分析方法，但是并不是任何化学反应都可作为滴定分析的基础。作为滴定分析基础的化学反应必须符合以下几点：

（1）反应能进行得完全，反应物、生成物之间有确切的定量关系，不发生副反应。

（2）能找到确定滴定终点的方法。

（3）反应速度较快，或可以加入催化剂使反应加快。这样的滴定反应才有实际应用的价值。

（4）滴定反应不受溶液内其他共存物的干扰，或者有办法掩蔽、消除这种干扰。

（5）滴定的条件容易控制。

根据化学反应类型不同，滴定法分为酸碱滴定法、络合滴定法、氧化还原滴定法和沉淀滴定法等。

根据滴定过程与化学反应的形式，滴定法分为直接滴定法、间接滴定法、返滴定法、置换滴定法。

例如，GB/T 5121.9 方法 2 "重铬酸钾滴定法测定铁量"，是用滴定剂——重铬酸钾标准溶液与溶液中待测的铁（Ⅱ）发生氧化还原反应，依据重铬酸钾标准溶液的浓度和消耗的体积，计算铁的量。这个反应的滴定终点，用指示剂二苯胺磺酸钠溶液的变色来判断。这是氧化还原滴定法，是直接滴定法。

又如 "EDTA 络合滴定法测定铝量"，加过量 EDTA（常用它的二钠盐 $EDTANa_2$，简便起见，以下以 EDTA 代表）标准溶液，煮沸络合铝，以二甲酚橙为指示剂，锌标准溶液滴定过量的 EDTA 标准溶液。加氟化物夺取 Al-EDTA 中的 Al，定量释放出 EDTA，用锌标准溶液滴定释放的 EDTA 标准溶液，间接测定铝的量。这是络合滴定法，是返滴定法。

又如 "硫氰酸盐滴定法测定银量"，是在 0.5~4mol/L 硝酸中，以硫酸高铁铵为指示剂，利用 Ag^+ 与 SCN^- 生成难溶硫氰酸银沉淀反应，用硫氰酸钾标准溶液滴定。这是沉淀滴定法，是直接滴定法。

再如当溶液 pH8.5 时，氢氧化铍与氟化物络合，定量游离出 OH^-，以酚酞为指示剂，用盐酸标准溶液滴定 OH^-，间接测得铍量。这是酸碱滴定法，是间接滴定法。

滴定用标准溶液是量值传递的载体，必须用纯度高（杂质少于 0.1%）、化学组成稳定、成分确切的基准物质或基准试剂配制标准溶液，并由专人配置，注明标准溶液的有效日期。标准溶液正式使用前，有必要先用一级标准样品进行验证，确认后再使用。

滴定法适用于元素质量分数（含量）不小于 0.X% 的待测物

质的检测。铜合金中含量高的主要成分如铁、锌、铝、镍、锰、锡、铜、铅等，常采用滴定法检测。滴定法具有准确、快速、经济的优点。

1.3.2 铜合金常用的滴定方法

铜合金常用的滴定方法如表1-3所示。

表1-3中所列的方法，有国家标准方法，也有企业日常使用的分析方法规程。

表1-3   铜合金常用的滴定方法

元素	方法名称及检测范围	方 法 提 要
Cu	硫代硫酸钠滴定法 ($X\%$ ~98%)	在乙酸性溶液中，Cu^{2+}与KI反应定量析出碘，以淀粉为指示剂，用硫代硫酸钠标准溶液还原滴定碘，间接测得铜量
Sn	碘酸钾滴定法 (0.5% ~10%)	在氨性介质中，用Fe(OH)$_3$与锡共沉淀分离铜，$HgCl_2$为催化剂，次磷酸钠（NaH_2PO_2）还原四价锡为二价锡，以淀粉为指示剂，用碘酸钾标准溶液氧化滴定二价锡，测得锡量。（若不分离，直接还原、滴定，可快速检测，但检测不确定度增大）
Ni	EDTA络合滴定法 (1% ~45%)	电解除铜后，以丁二酮肟沉淀富集镍，硫代硫酸钠和酒石酸掩蔽残余的铜及铁、铝、铅等，加过量的EDTA标准溶液络合镍，用铅标准溶液滴定过量的EDTA标准溶液，计算镍量。（快速方法：硫代硫酸钠+硫脲掩蔽铜，加过量的EDTA标准溶液络合镍，用铅或锌标准溶液滴定过量的EDTA标准溶液）
	重铬酸钾滴定法 (0.5% ~8%)	在硫代硫酸钠和酒石酸钠存在下，以丁二酮肟沉淀富集镍。沉淀溶于硫酸，定量生成羟胺($NH_2OH)_2 \cdot H_2SO_4$，羟胺可以将加入的硫酸高铁铵中的Fe^{3+}还原为Fe^{2+}，以二苯胺磺酸钠为指示剂，用重铬酸钾标准溶液氧化滴定Fe^{2+}，从而间接测定Ni量

元素	方法名称及检测范围	方 法 提 要
Al	EDTA 络合滴定法（0.5% ~ 12%）	在 pH4.4 左右，铝与苯甲酸铵生成沉淀，过滤分离铜等元素。将沉淀溶解后，加过量 EDTA 标准溶液煮沸络合铝，以二甲酚橙为指示剂，锌标准溶液滴定过量的 EDTA 标准溶液。加氟化物夺取 Al-EDTA 中的 Al，释放出定量的 EDTA 标准溶液，用锌标准溶液滴定释放的 EDTA 标准溶液，间接测定 Al 量。（快速方法：不分离，直接加过量 EDTA 标准溶液煮沸络合。Sn、Ti 对该方法有干扰）
Fe	重铬酸钾滴定法（0.5% ~ 7%）	在氨性溶液中沉淀铁，与铜、锌、镍等分离，沉淀溶于盐酸，用三氯化钛还原 Fe^{3+} 为 Fe^{2+}，二苯胺磺酸钠为指示剂，重铬酸钾标准溶液氧化滴定 Fe^{2+}。（快速方法：不分离，用纯锌还原 Fe^{3+} 为 Fe^{2+}，Cu^{2+} 被还原为单质。煮沸，过滤后重铬酸钾标准溶液氧化滴定）
Mn	硫酸亚铁铵滴定法（1% ~ 15%）	在磷酸性的溶液中，用硝酸铵将锰氧化为三价，以苯代邻氨基苯甲酸为指示剂，以硫酸亚铁铵标准溶液还原滴定，测得锰量
	亚砷酸钠-亚硝酸钠滴定法（0.5% ~ 3%）	在磷酸和硝酸银存在下，用过硫酸铵将锰氧化为七价，加氯化钠固定银离子，用亚砷酸钠-亚硝酸钠标准溶液还原滴定。（该方法影响因素多，不确定度较大）
Pb	硫酸铅沉淀、EDTA 滴定法（1% ~ 20%）	在 20% 硫酸溶液中，铅与 SO_4^{2-} 生成 $PbSO_4$ 沉淀，过滤，$PbSO_4$ 沉淀溶于乙酸盐中，以二甲酚橙为指示剂，用 EDTA 标准溶液络合滴定铅
	重铬酸钾——亚铁滴定法（0.5% ~ 10%）	在乙酸-乙酸钠溶液中，煮沸使 Pb^{2+} 与重铬酸钾标准溶液生成铬酸铅沉淀。以苯代邻氨基苯甲酸为指示剂，以亚铁盐标准溶液滴定过量的重铬酸钾，间接测得铅量。（若硝酸银和硝酸锶共存在，可加速重铬酸钾与铅的沉淀反应，不煮沸，稍放置即用亚铁盐标准溶液滴定）

元素	方法名称及 检测范围	方　法　提　要
Be	酸碱滴定法 ($X\%$)	pH8.5，氢氧化铍与氟化物络合，定量游离出 OH^-，以酚酞为指示剂，用盐酸标准溶液滴定 OH^-，间接测得 Be 量
Cd	EDTA 络合滴定法 ($0.5\% \sim X\%$)	pH5 ~ 6，以硫脲掩蔽铜、EDTA 标准溶液络合 Cd、Zn、Ni、Fe、Mn 等，二甲酚橙 + 次甲基蓝为指示剂，锌盐标准溶液滴定过量的 EDTA 标准溶液。加入碘化钾，夺取 Cd-EDTA 中的 Cd，锌盐标准溶液滴定定量释放的 EDTA 标准溶液，测得 Cd 量
Mg	EDTA 络合滴定法 ($0.5\% \sim X\%$)	pH10 氨性介质中，用三乙醇胺掩蔽铁、铝及少量锰，氰化钾掩蔽铜、镍、锌等，铬黑 T 作指示剂，EDTA 标准溶液络合滴定 Mg^{2+}
Zn	EDTA 络合滴定法 ($1\% \sim 10\%$)	（1）用 4-甲基-戊酮-2 萃取富集，在六次甲基四胺缓冲溶液中，以二甲酚橙为指示剂，EDTA 标准溶液络合滴定 Zn^{2+}。 （2）用氨水和硫氰酸钾分别沉淀过滤，除铁和铜，氰化钾络合锌、镍等，用甲醛破坏锌-氰络合物，EDTA 标准溶液滴定释放的锌。镉有正干扰。 （3）采用沉淀分离、试剂掩蔽，不加氰化物的直接滴定法
Ag	硫氰酸盐滴定法 ($X\% \sim XX\%$)	在 0.5 ~ 4mol/L 硝酸中，以硫酸高铁铵为指示剂，利用 Ag^+ 与 SCN^- 生成难溶硫氰酸银沉淀反应，用硫氰酸钾标准溶液滴定
Cr	硫酸亚铁铵滴定法 ($0.X \sim X\%$)	硝酸溶解样品，加硫酸、磷酸发烟彻底溶解。酸性中，在 $AgNO_3$ 存在下，以过硫酸铵氧化铬为 Cr^{6+}。冷却，以苯代邻氨基苯甲酸为指示剂，亚铁盐标准溶液还原滴定

1.3.3 滴定法——碘量法测定铜量

由于仪器分析方法的普遍采用，在日常分析中，滴定法已不常采用。本小节仅介绍碘量法测定铜量。

与电解重量法相比，碘量法的测量精度较差，但方法快速、成本低，企业多用于粗铜、黄铜、杂铜的质量控制分析。

碘量法是在微酸性溶液中，利用 Cu^{2+} 与 I^- 反应生成碘化亚铜（Cu_2I_2），定量析出 I_2，以还原剂如硫代硫酸钠标准溶液滴定 I_2，间接计算出铜的质量分数。

$$2Cu^{2+} + 4I^- \rightleftharpoons Cu_2I_2 + I_2$$

$$I_2 + 2S_2O_3^{2-} \rightleftharpoons S_4O_6^{2-} + 2I^-$$

在滴定近终点时，加硫氰酸盐，与 Cu^- 生成溶解度更小的 $Cu_2(CNS)_2$。这样，滴定反应向右进行得更完全，并使 Cu_2I_2 吸附的少量 I_2 释放出来，以免造成测量偏低。

加入淀粉作指示剂，当淀粉与 I_2 形成的蓝色消失即为终点。

三价铁干扰测定，滴定前加入氟化钠，与三价铁生成络合物，消除干扰。

（1）试样及溶解：$w(Cu)$ 低于 70% 时，称取 0.4000g 试样；$w(Cu)$ 高于 70% 时，称取 0.3000g 试样。试样置于锥形瓶或高形烧杯中。

加入 6~8mL 硝酸（1+1）（当分析硅为主成分的试样时，再加 2~3 滴氢氟酸），低温加热溶解并蒸发至油状，水洗杯壁、表皿。

（2）分析：逐滴加入氨水（1+1）至刚生成沉淀。加入乙酸（1 体积冰乙酸与 4 体积水混合）至沉淀溶解，并过量 1mL。加入氟化钠少许，使溶液由黄绿色变深蓝色。

加入 10mL 碘化钾溶液（20g/100mL），立即用硫代硫酸钠标准溶液（浓度 0.1000mol/L，用碘酸钾标准溶液标定出准确浓度 c）滴定至淡黄色，加入 15mL 硫氢酸钾-淀粉溶液（1g 可溶淀粉，加入 5mL 水搅匀，倒入 100mL 沸水中，煮沸，冷却后，加入 200mL 水、40g 硫氢酸钾，溶解混匀），继续用硫代硫酸钠标准溶液滴定至蓝色恰恰消失为终点。记下硫代硫酸钠标准溶液消耗量 $V(\mathrm{mL})$。

报出结果：　　$w(\mathrm{Cu})/\% = (c \cdot V \times 0.06354 \times 100)/m$

式中　m——称取试样量，g；

　　　c——碘酸钾标准溶液标定出的硫代硫酸钠标准溶液的准确浓度，mol/L；

0.06354——c（$\mathrm{Na_2S_2O_3 \cdot 5H_2O}$）为 1.000mol/L 时，相当于铜的质量，g/mL。

（3）注意事项：

1）因铜的含量高，滴定管应经过检定合格。

2）滴定速度应与标定硫代硫酸钠标准溶液时的速度一致。

3）滴定到蓝色消失后，10s 不再出现蓝色，即可判定为终点。

4）硫代硫酸钠标准溶液的浓度不稳定，尤其在夏季天热时更不稳定。应在棕色瓶中存放，置于阴凉处，有效期不可超过 20 天。

1.4　重量法

重量法是设法将待测物质从样品中分离后，或形成单质，或形成具有确定组成的化合物，精确称量其质量，然后计算待测物质的质量分数。

虽然称量的是其质量，一般仍沿用"重量法"这一称谓。

铜合金中常用硅酸脱水重量法检测硅量、电解重量法检测铜量、焦磷酸铍重量法检测铍量。

重量法中，将待测物质从样品中分离是关键。

1.4.1　重量法主要的分离方法

1.4.1.1　沉淀分离法

沉淀分离法是使待测物质以难溶物（单质或化合物）形式

从溶液中沉淀出来，经过过滤、洗涤、干燥或灼烧，然后用分析天平称量，计算待测物质的质量分数。

重量分析是根据沉淀的质量来计算待测组分的质量分数，所以对形成沉淀的形式必须有一定的要求：

（1）沉淀的溶解度必须很小，保证待测组分沉淀完全，一般要求沉淀的溶解损失不超过分析天平的称量不确定度，即溶解损失应低于0.2mg。

（2）沉淀物的纯度要高，杂质尽可能少。

（3）沉淀易过滤和洗涤。

（4）沉淀可转化为合适的称量形式，这种称量形式应有确定且稳定的化学组成。

铜合金中含硅量较高时（一般当硅的质量分数大于0.5%时，可考虑采用重量分析法），常利用硅酸在无机酸中溶解度小，形成硅酸沉淀，反复加盐酸蒸干，使硅酸脱水，过滤与铜等元素分离，经过灼烧，形成二氧化硅，称量，从而计算出合金的含硅量。

1.4.1.2　挥发分离法

挥发分离法是利用物质挥发性，通过加热或其他方法使待测物质挥发逸出，根据样品质量的减少量，计算待测物质的质量分数。例如，重量法测定硅时，沉淀分离后称量的二氧化硅尚有少量杂质，可加入硫酸和氢氟酸，加热使硅生成四氟化硅挥发，再灼烧、称量，与挥发前比较，减少量即为纯二氧化硅的量，通过计算即可得到铜合金中准确的含硅量。

有些挥发分离法也可以选择适合的吸收剂，将挥发逸出的待测物吸收，根据吸收剂增加的质量，计算待测物质的质量分数。

1.4.1.3　其他分离方法

金银等贵金属在高温熔融下能与熔铅形成合金，与其他组分分离，形成铅扣。再在高温下使铅扣中的铅氧化为氧化铅，氧化铅渗入灰皿（少量挥发），得到贵金属合粒。这种火法试金分离重量法，可以检测样品中微量的贵金属的质量分数。

电解分离重量法，可以检测纯铜及铜合金中的铜含量。其原理是使 Cu^{2+} 在铂阴极上得到电子，还原为金属铜，称量后减去铂阴极的质量，即为待测溶液中含铜量（电解液中残余铜，以原子吸收光谱法或分光光度法测出，合并于主量中）。要注意有的电解分析器整流滤波性能差，须改装加滤波器件。电解重量法测定铜量是铜及铜合金分析的重要方法，本节将作为重量分析方法的例案详细介绍。

重量分析法是直接用分析天平称量试样和含有待测物的沉淀物，或称量挥发了待测物的残余物，从而计算出待测物的质量分数。重量分析法不需要与标准物质进行比较，是一种直接分析方法。由于分析天平称量的不确定度很小，如果分析方法可靠，操作细心，分析结果的准确度较高，相对误差约 0.01% ~0.02%，是一种高精度分析。当然，重量分析法操作烦琐、费时，灵敏度不高，在铜及铜合金分析中应用不多，本节不做更多介绍。

1.4.2　恒电流电解重量法测定铜量

铜及铜合金中，铜的质量分数小于 99.98%，都可以用恒电流电解重量法测定铜的含量。ISO 和国家标准分析方法也选用恒电流电解重量法。在仲裁分析、标样定值分析时，必须使用该方法。

（1）方法要点：试样以酸溶解，在酸性溶液中，使用网状铂阴极和螺旋状铂阳极，以 0.5 ~4A 电流，进行恒电流电解。

阴极反应：　　$Cu^{2+} + 2e \Longrightarrow Cu$　　　$2H^+ + 2e \Longrightarrow H_2 \uparrow$

阳极反应：　　$2OH^- - 2e \Longrightarrow H_2O + \frac{1}{2}O_2 \uparrow$

使用分析天平称量经洗净、烘干的铂阴极，计算铜的质量分数。电解液中的残余铜量，以分光光度法或原子吸收光谱法测定后，加和于主量中。

银定量在阴极析出，因此实际测定的是（Cu + Ag）合量。

碲也不定量在阴极析出。因此，当分析含碲的铜合金时，预先加入高锰酸钾将四价碲氧化为六价碲，不再在阴极析出，消除影响。

当溶样需要加氢氟酸时，需加铅盐保护铂阳极。

（2）试样：试样应细碎，便于溶解。预先用磁铁吸去加工过程中可能混入的铁屑。若试样表面发暗氧化，可经如下处理：试样在干净烧杯中，加乙酸（1 + 4）溶液，加热煮沸 2min，倒掉酸液，水洗 3 遍，无水乙醇洗，再用乙醚洗，吹干，置于干燥器中备用。

称取试样量的多少取决于对分析精度的要求。增加试样量，可减少测量的相对误差。不同合金可按表 1-4 所示程序称取试样，再放上处理好的铂阴极（质量 m_0），准确称量其总质量 m_1（精确到 0.0001g）。小心取下铂阴极，用毛刷将可能粘附的铜屑刷入 250mL 高型烧杯或聚四氟乙烯杯（使用氢氟酸时）。试样也倒入杯中。

（3）溶解：不同合金的试样采用不同溶解方法。由于铜的含量高、要求分析精度高，溶解时要加倍小心地防止溶液崩溅和气流把铜带出。具体溶解方法如表 1-4 所示。

（4）电解准备：使用自动搅拌装置的恒电流电解器。

铂阴极：用直径约 0.2mm 铂丝，编织成每平方厘米 36μm 筛孔的网，制成网状圆形。

铂阳极：螺旋形。

将制备的溶液置于恒电流电解器托盘上，放入磁力搅拌棒，将溶液搅拌均匀。将网状铂阴极和螺旋状铂阳极安装妥当并放入溶液中（使铂阴极靠近底部），盖上与电解杯同质的两片表皿。

（5）电解：不同的合金采用不同的电解方法，如表 1-4 所示。

表1-4　恒电流电解重量法测定铜的试样量、溶解及电解程序

合金种类	试样量/g	溶　解	电　解
纯铜 ($w(Cu) > 99.0\%$)	5.005 ~ 5.007	向烧杯中慢慢加 42mL 混酸（水 + 硝酸 + 硫酸分别为 25 + 7 + 10），盖表皿，冷溶至基本溶解。低于90℃加热至全溶。继续加热 2h，驱除氧化氮。水冲洗表皿及杯壁至150mL体积	0.6A/dm^2 的电流密度电解至无色。水洗表皿、杯壁及电极在液面以上部分。再降电流密度到0.3A/dm^2，继续电解1h
黄铜合金，$w(Cu) < 99.0\%$ 的纯铜，废杂铜	2.000	向聚四氟乙烯杯中加 2mL 氢氟酸、30mL 硝酸（1 + 1），盖聚四氟乙烯表皿，激烈反应后，低于80℃加热至全溶。加25mL过氧化氢（1 + 9）、3mL 硝酸铅溶液（10g/L），以氯化铵溶液（0.02g/L）冲洗表皿及杯壁至150mL体积	1.0A/dm^2 的电流密度电解至无色。水洗表皿、杯壁及电极在液面以上部分。再继续电解0.5h
铝青铜，铍青铜，锰青铜，镉青铜	2.000	向烧杯中慢慢加 60mL 混酸（水 + 硝酸 + 硫酸分别为 25 + 3 + 5），盖表皿，小心加热至基本溶解并煮沸 2min，驱除氧化氮。加5mL过氧化氢（1 + 9），水冲洗表皿及杯壁至150mL体积	1.0A/dm^2 的电流密度电解至无色。水洗表皿、杯壁、电极在液面以上部分。再继续电解0.5h
铬青铜	1.000	向烧杯中慢慢加 10mL 高氯酸、5mL 硝酸，加热至溶解并冒烟使溶液清亮、铬氧化完全，稍冷。加 20mL 水、5mL 过氧化氢（1 + 9），煮沸2min，冷却。加3mL 硝酸铵溶液（50g/L）、少许胺磺酸，水冲洗表皿及杯壁至150mL体积	1.0A/dm^2 的电流密度电解至无色。水洗表皿、杯壁、电极在液面以上部分。再继续电解0.5h

合金种类	试样量/g	溶　　解	电解
碲铜（w（Te）为 0.4% ~0.7%）	2.000	向烧杯中慢慢加 30mL 混酸（水 + 硝酸 + 硫酸分别为 25 + 7 + 10），盖表皿，冷溶至基本溶解。低于 90℃加热至全溶。继续加热 2h，驱除氧化氮。水冲洗表皿及杯壁至 150mL 体积。滴加高锰酸钾溶液（20g/L）氧化 Te^{4+} 为 Te^{6+}，使溶液由蓝色变为深紫色，加 5mL 硝酸锰溶液（20g/L）	2.0A/dm^2 的电流密度电解至红色。水洗表皿、杯壁、电极在液面以上部分。降低电流密度至 1.0A/dm^2 再继续电解 0.5h

（6）电解结束：不切断电流，迅速撤下电解杯，立即用一杯纯水洗涤电极（铜质量分数大于 99.90% 的样品，应在这杯水中继续电解 15min），再迅速用第二杯纯水洗涤电极，立即关闭电源，迅速取下铂阴极，依次浸入两杯无水乙醇中，立即放入 105℃恒温干燥箱中 3 ~5min，取出置于干燥器中，冷却到室温后用称取试样时使用的天平（和砝码）称量带铜的铂阴极质量 m_2。

（7）残余铜的测量：电解残液与第一杯洗涤水（试验表明：第一杯洗涤水中残余铜量往往高于电解残液中的铜量）合并后，用原子吸收光谱法（见 1.6.5 节）或用电感耦合等离子体发射光谱法（ICP-AES）或用双环己酮草酰二腙（BCO）分光光度法测定未被电解到铂阴极上的残余铜量 m_3。

（8）按下式计算样品的铜量：

$$w(\mathrm{Cu})/\% = \frac{(m_2 - m_0) + m_3}{m_1 - m_0} \times 100$$

式中　m_0——铂阴极质量，g；

　　　m_1——试样和铂阴极总质量，g；

　　m_2——带铜的铂阴极质量，g；

　　m_3——残余铜量，g。

　　（9）纯铜中铜的快速分析方法：日常质量控制分析要求快速，可以将称样量减少到 3g，以提高电解速度；溶解时可以微微煮沸，尽快驱除氧化氮；电解使用大电流密度 4.0A/dm²，等铜的蓝色退去后，降低到 2.0A/dm² 再电解 30～40min；只要电解充分，电解结束时洗涤电极和取下电极的动作迅速，那么，未电解到铂阴极的残余铜量可控制在不超过 0.05mg。此时，也可不进行残余铜的测量。

1.5　分光光度法

1.5.1　分光光度法原理

　　分光光度法是利用生成的含有待测物质的分子的溶液（一般形成有色溶液），对不同波长的光具有选择性吸收的特性，建立的分析方法。分光光度法具有灵敏度较高、应用广泛两个明显特点。

　　光是一种电磁波。各种不同的光，只不过是波长（或频率）不同而已。可见光（波长 400～760nm）和近紫外光（波长200～400nm）分光光度法在铜合金组分检测中应用广泛。

　　分光光度法属于分子吸收光谱。由于分子吸收入射光后，不仅引起原子中电子能级跃迁，还伴有分子振动能量和转动能量的变化。因此，分子吸收光谱不是线光谱，而是有一定宽度的谱带。要通过试验，绘制吸收光谱图来选择吸收波长（一般选用最大吸收波长）。

　　分光光度法分析是依据朗伯-比尔定律：当一束平行的单色光入射到一均匀溶液，溶液对光产生选择吸收，其吸收的程度与溶液中待测物质的浓度 c、光通过的液层厚度 b 和溶液本身的吸光系数 k 有关，吸光度计算式为

$$A = \lg(I_0/I) = kcb \tag{1-3}$$

式中 I_0——单色光通过溶液前的光强度;

I——单色光通过溶液后的光强度。

因此,首先配制一系列不同浓度的标准溶液,显色后于选定的吸收波长处分别测量吸光度 A。以浓度 c 为横坐标,吸光度 A 为纵坐标,绘制工作曲线。那么,测量样品显色溶液的吸光度,就可以从工作曲线查出样品显色溶液中待测元素的浓度,再依据显色溶液的体积和它相对应的试样质量,可以计算待测元素在合金中的质量分数。

1.5.2 分光光度计的构造

分光光度计是用来完成检测的仪器。它的各部分(图 1-1)功能是:

(1)光源:一般使用钨灯或碘钨灯,用来稳定地发射连续光谱。

(2)单色器:利用玻璃或石英棱镜使光折射,或者利用光栅使光发生衍射与干涉,将复合光分解成单色光。

(3)比色皿(吸收池):盛放待测溶液。用玻璃(可见光区)或石英材料制作,有不同厚度的比色皿可供选择。

(4)检测器:利用光电池、光电管或光电倍增管,接受通过吸收池后的光,并转换为电信号。

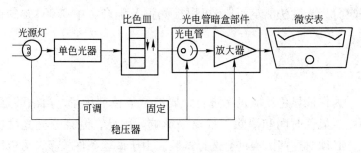

图 1-1 分光光度计主要部件示意图

（5）显示、记录器：如检流计、微安表、记录仪、微处理机等。读出吸光度值或直接读出待测元素的含量值。

1.5.3 显色反应与显色条件

应用分光光度法分析，为了使待测物质的离子生成吸光性较强的化合物，必须选择合适的显色反应和控制显色条件。

1.5.3.1 显色反应

要求显色反应具有高灵敏度、选择性好（其他离子干扰少）、显色溶液稳定等特点。

在无机溶液中，金属离子本身无色或颜色很浅，直接进行分光光度检测时，其吸光系数 k 很小，分光光度法的选择性和灵敏度都不理想。因此，一般选用适当试剂（显色剂），与待测物质的离子生成有色化合物，满足选择性好、干扰少和灵敏度高的要求。

络合反应是铜合金分光光度法最常用的显色反应。有机试剂又是最常用来与金属离子进行络合反应的显色剂。如偶氮胂Ⅲ、5-Br-PADAP 等偶氮类显色剂，铬天青 S、二甲酚橙等三苯甲烷类显色剂，丁二酮肟等肟类显色剂等。为了提高检测的灵敏度和选择性，使待测物质的离子生成多元络合物的显色反应被日益广泛应用。如生成三元络合物的"锡-苯基荧光酮-聚乙二醇辛基苯基醚分光光度法测定锡"，可以检测铜及铜合金中 $0.00X\%$ 的锡量。

1.5.3.2 显色条件

为保证显色反应正常进行，要控制显色剂用量、溶液酸度、温度、显色时间和消除干扰离子影响。因此，制订分光光度法时，必须对这些因素进行选择试验。由于试验条件较多，可以用正交试验法减少试验次数，提高试验效率。

1.5.4　工作曲线

绘制工作曲线是分光光度法的关键步骤。待分析样品溶液中，待测元素的浓度将从工作曲线上读出。因此，绘制工作曲线要注意以下几点：

（1）待分析样品溶液中待测元素的浓度，应在工作曲线范围内。而且，控制吸光度为 0.2 ~ 0.7 最好。可以通过改变称取试样量、稀释溶液的体积和选用合适厚度的比色皿，达到这一目的。尤其要注意，不经过实验，不能随意延长工作曲线。

（2）制作工作曲线的实验过程应与待测样品实验过程一致，不能随意省略某些步骤。若经试验确定基体对待测元素的测定有影响，而分离基体又比较困难，那么，就不能只用待测元素的标准溶液配制曲线点，而要加入与待测溶液中相同量的基体元素，以便抵消影响。

使用同一合金的标准样品配制曲线点是最理想的，不过至少需三个含量高低有适当差距的标样。但是，研制固体标样相当费时。

（3）要通过试验，选择工作曲线的参比溶液。曲线参比溶液和样品检测时的参比溶液可以相同，也可不同。选择适宜的参比溶液可以抵消试剂或样品其他组分带来的干扰。

（4）每次应随同样品的检测随机插入标准样品同时检测，以检查工作曲线是否有变化，同时监控检测过程是否正常。

1.5.5　铜合金常用的分光光度分析方法

分光光度法一般适用于含量不大于 $X\%$ 的待测物质的检测。由于可以用基准物质制作工作曲线，进行分光光度法检测，因此成为基础的化学分析方法，是铜合金分析检测中的主要方法。

表1-5列出铜合金检测常用的分光光度法。

表 1-5　铜合金检测常用的分光光度法

元素	常用的分光光度法名称、方法要点	检测范围 $w(\mathrm{B})/\%$
Cu	双环己酮草酰二腙分光光度法 　在氨性介质中，双环己酮草酰二腙与铜生成蓝色络合物，600nm 处测量吸光度，检测电解残液中的铜量	0.0025 ~ 0.05
Fe	萃取分离、1，10 二氮杂菲分光光度法 　在盐酸介质中，4-甲基-戊酮-2 萃取铁，以抗坏血酸溶液还原 Fe^{3+} 并反萃取，在 pH6.5 左右，生成 Fe^{2+}-1，10 二氮杂菲红色络合物，于 510nm 处测量吸光度，测得铁量（含 Cr、Si 样品，应改用聚四氟乙烯杯溶样，减少铁的空白）	0.0015 ~ 0.50
Fe	EDTANa$_2$-H$_2$O$_2$ 分光光度法 　不分离铜，在氨性介质中，生成 Fe^{3+}-EDTANa$_2$-H$_2$O$_2$ 紫红色络合物，470nm 处测量吸光度，测得铁量（铬、钴有干扰）	0.5 ~ 7.0
Fe	掩蔽、磺基水杨酸分光光度法 　硫代硫酸钠掩蔽铜，在 pH4 左右，Fe^{3+} 与磺基水杨酸生成橙色络合物，470nm 处测量吸光度，测得铁量（铬、钴及大量镍有干扰）	0.01 ~ 0.50
Ni	掩蔽、丁二酮肟分光光度法 　在碱性溶液中，在氧化剂（过硫酸铵）存在下，生成镍-丁二酮肟酒红色络合物。铜干扰，加 EDTA 络合铜（使铜-丁二酮肟分解）。以先加 EDTANa$_2$ 络合铜、镍的试液作为参比液，抵消溶液中其他试剂和离子影响，在 530nm 或 490nm 处测量吸光度（参比液不稳定，镍-EDTA 会缓慢转化为镍-丁二酮肟，因此，应在短时间内完成测量吸光度）	0.05 ~ 8.0

元素	常用的分光光度法名称、方法要点	检测范围 $w(B)/\%$
Al	分离、铬天青 S 分光光度法 　　当干扰元素含量高时，采取：电解除去大量铅；电解除铜；偏锡酸（H_2SnO_3）沉淀加高氯酸发烟溶解、加溴氢酸发烟挥发除锡；以 MIBK + 甲苯萃取除磷；在 EDTA 掩蔽下，以氢氧化铵沉淀分离铍；在铂皿中，加硫酸、氢氟酸发烟以 SiF_4 形式挥发除硅；在石英杯中，高氯酸发烟并滴加盐酸以 CrO_2Cl_2 形式挥发铬；加掩蔽剂抗坏血酸、苦杏仁酸和硫脲分别掩蔽铁、铊和残余铜。锌、镍的影响，用在空白加入等量锌、镍来抵消；在 pH6，生成 Al-铬天青 S 紫红色络合物，545nm 处测量吸光度，测得铝量	0.001 ~ 0.6
	萃取分离、铝-铬天青 S-十六烷基三甲基溴化铵三元络合物分光光度法 　　以盐酸、过氧化氢溶样，在 pH8.5 溶液中，巯基乙酸存在下，以苯萃取铝-钽试剂沉淀、分离铜、锡、铅、磷等，再以稀盐酸溶液反萃取。在 pH4.9 ~ 5.6 的溶液中，生成铝-铬天青 S-十六烷基三甲基溴化铵三元络合物，620nm 处测量吸光度，测得铝量	0.001 ~ 0.02
Mn	高碘酸钾氧化、高锰酸分光光度法 　　以氢氟酸、硼酸、硝酸混合溶样，在煮沸时加高碘酸钾将锰氧化为紫色高锰酸，以亚硝酸钠还原的试液为参比，530nm 处测量吸光度，测定锰量	0.03 ~ 2.5
Sn	锡-苯荧光酮-聚乙二醇辛基苯基醚（OP）三元络合物分光光度法 　　以硝酸、硫酸钾-硫酸长时间沸腾溶解，经二氧化锰共沉淀富集或直接在稀硫酸中，生成锡-苯荧光酮-聚乙二醇辛基苯基醚（OP）三元络合物，510nm 处测量吸光度，测得锡量	0.001 ~ 0.5

元素	常用的分光光度法名称、方法要点	检测范围 $w(B)/\%$
Zr	二甲酚橙分光光度法 　　以盐酸、过氧化氢溶样，在 EDTA 存在下，高氯酸介质中，生成锆-二甲酚橙，以加入 EDTANa$_2$ 的一份溶液作参比（显色溶液中不加 EDTANa$_2$），540nm 处测量吸光度，测得锆量	0.1 ~ 0.7
	偶氮胂Ⅲ分光光度法 　　硝酸溶样，硫酸蒸发或高氯酸蒸发，加盐酸溶解，在 0.12 ~ 0.5mol/L 盐酸溶液中，生成锆-偶氮胂Ⅲ蓝绿色络合物，于 670nm 处测量吸光度，测得锆量	0.05 ~ 1.2
P	萃取、SnCl$_2$ 还原磷钼蓝分光光度法 　　在硝酸介质中，以正丁醇-三氯甲烷萃取磷钼酸铵杂多酸，SnCl$_2$ 还原为钼蓝，630nm 处测量吸光度，测得磷量	0.0002 ~ 0.12
	钒钼黄分光光度法 　　在硝酸介质，P 与 NH$_4$VO$_3$ 和（NH$_4$）$_2$MoO$_4$ 生成黄色络合物，430nm 处测量吸光度，测得磷量	0.01 ~ 0.5
As	萃取、SnCl$_2$ 还原砷钼蓝分光光度法 　　以硝酸或硝酸-盐酸混合酸溶样，用氧化剂将 As^{3+} 氧化为 As^{5+}，以正丁醇-乙酸乙酯萃取 As（V）-钼酸铵杂多酸，SnCl$_2$ 还原为砷钼蓝，730nm 处测量吸光度，测得砷量。硅的干扰，加盐酸蒸干使硅酸脱水，过滤除去	0.001 ~ 0.1
	还原单体砷比浊法 　　在盐酸溶液中，溴氢酸存在下，次磷酸钙 {Ca（H$_2$PO$_2$）$_2$} 还原砷为元素态胶体，比浊法 430nm 处测量吸光度，测得砷量	0.02 ~ 0.08

元素	常用的分光光度法名称、方法要点	检测范围 $w(B)/\%$
Si	MIBK 萃取、$SnCl_2$ 还原、钼蓝分光光度法 以硝酸、盐酸、氢氟酸溶解试样，微酸性硝酸介质中，硅酸与钼酸铵形成硅钼酸，用 MIBK（4-甲基-戊酮-2）萃取硅钼酸，有机相中加 $SnCl_2$ 还原为钼蓝，740nm 处测量吸光度，测得硅量	0.001 ~ 0.025
	正丁醇萃取、$SnCl_2$ 还原、硅钼蓝分光光度法 以硝酸、盐酸、氢氟酸溶解样，加硼酸络合过量氟，在微酸性溶液中，硅酸与钼酸铵形成黄色硅钼酸，正丁醇萃取硅钼酸，有机相中加 $SnCl_2$ 还原为硅钼蓝，680nm 处测量吸光度，测得硅量。磷、砷干扰，加柠檬酸消除	0.0005 ~ 0.025
	硫脲还原、硅钼蓝分光光度法 以硝酸、氢氟酸溶解试样，加硼酸络合过量氟，在微酸性溶液中，硅酸与钼酸铵形成黄色硅钼酸，提高酸度，加硫脲还原硅钼酸为钼蓝，810nm 处测量吸光度，测得硅量	0.025 ~ 0.4
	硅钼黄分光光度法 以硝酸、氢氟酸溶解试样，加硼酸络合过量氟，硅酸与钼酸铵形成黄色络合物，430nm 处测量吸光度，测得硅量	0.4 ~ 5.0
Ti	Ti-H_2O_2 黄色络合物分光光度法 硝酸溶样，硫酸发烟，在硫酸性溶液中，Ti 与 H_2O_2 生成黄色络合物，以不加 H_2O_2 的一份试样溶液作参比，410nm 处测量吸光度，测得钛量	0.05 ~ 0.3

元素	常用的分光光度法名称、方法要点	检测范围$w(B)/\%$
Ti	钛-变色酸红色络合物分光光度法 盐酸、过氧化氢溶样，pH2～3，生成钛-变色酸红色络合物，加氟化物破坏钛-变色酸络合物的溶液为参比，500nm处测量吸光度，测得钛量	0.02～0.08
Sb	甲苯萃取、结晶紫分光光度法 硝酸-盐酸混合酸溶样，在盐酸介质中，Sb（V）络阴离子与结晶紫生成络合物，用甲苯萃取，在610nm处测量有机相的吸光度，测得锑量	0.001～0.07
Bi	MnO_2共沉淀富集、Bi-KI黄色络合物分光光度法 硝酸溶解试样，在氟化钾存在下，以新生成的MnO_2共沉淀Bi，分离干扰元素。溶解沉淀，在硝酸性溶液中，形成Bi-KI黄色络合物，470nm处测量吸光度，测得铋量	0.0005～0.006
稀土	掩蔽、稀土-偶氮胂Ⅲ络合物分光光度法 以盐酸、过氧化氢溶样，加硫脲、抗坏血酸、碘化钾掩蔽Cu、Fe、Al等，在pH3的溶液中，稀土与偶氮胂Ⅲ形成蓝绿色络合物，于分光光度计660nm处测量吸光度，测得稀土总量。以不含稀土元素的同类合金，随同试样操作，作为参比溶液	0.02～0.1
B	强硫酸性溶液、硼试剂分光光度法 以盐酸、过氧化氢溶样，加磷酸、硫酸蒸发冒烟（硫酸溶液短时冒烟，硼不损失；在盐酸、硝酸或高氯酸溶液中蒸发，硼有损失），用硫酸亚铁铵还原可能存在的氧化剂，在14.0～14.5mol/L硫酸中，硼与硼试剂（1-羟基-4-对甲苯胺蒽醌）形成蓝色络合物，596nm处测量吸光度，测得硼量。酸度对显色严重影响，需严格控制	0.001～0.02

元素	常用的分光光度法名称、方法要点	检测范围 $w(B)/\%$
B	姜黄素分光光度法 样品溶于盐酸+硝酸，用磷酸、硫酸在 290℃分解硼化合物。在乙酸-乙酸盐缓冲介质中，硼酸与姜黄素形成有色化合物，540nm 处测量吸光度，测定硼量	0.0005 ~ 0.02
Be	掩蔽、铬天青 S 分光光度法 以盐酸、过氧化氢溶样，硫代硫酸钠掩蔽 Cu，$EDTANa_2$掩蔽 Al 等，在 pH4.6 溶液中，形成铍-铬天青 S 紫红色络合物，570nm 处测量吸光度，测铍量。以纯铜底液做空白实验，作为参比溶液	0.6 ~ 2.4

1.5.6 以 1,10 二氮杂菲分光光度法测定铁量

在铜及铜合金的元素检测方法中，大量采用分光光度法。本小节仅详细介绍采用 1,10 二氮杂菲分光光度法测定 0.0015% ~ 0.50% 铁的质量分数。

（1）方法提要：在 pH2 ~ 9 的溶液中，在还原剂存在下，Fe^{2+} 与 1,10 二氮杂菲生成橙红色络合物，溶液中铁的质量浓度为 0.25 ~ 5μg/mL，符合朗伯-比尔定律。络合物 30min 显色完全，加热可加速反应，络合物可稳定 24h 以上。

大量的 Cu、Sn、Co、Ni 及 Cr 对 Fe 的测定产生干扰。一般采用 4-甲基-戊酮-2 萃取分离的方法，将三价铁的氯化络合物与干扰元素分离。然后以抗坏血酸将 Fe^{3+} 还原成 Fe^{2+}，并反萃取入水相。在分光光度计波长 510nm 处测量 Fe^{2+} 与 1,10 二氮杂菲生成的橙红色络合物的吸光度。

（2）主要试剂：抗坏血酸溶液（10g/L）：用时现配。

1,10 二氮杂菲缓冲溶液（2g/L）：称取 1.0 g1,10 二氮

杂菲（$C_{12}H_8N_2 \cdot H_2O$）于 600mL 烧杯中，以 5mL 盐酸（1 + 1）溶解，加入 215mL 冰乙酸（1.05g/mL），混匀，在不断搅拌下缓慢加入 265mL 氨水（0.91g/mL），冷却。此溶液 pH 值应为 6.5 ± 0.1（否则以冰乙酸和氨水调节），用水稀释到 500mL，混匀。

铁标准溶液：称取 0.1000g 纯铁，置于 150mL 烧杯中，加入 20mL 盐酸（1.19g/mL），加热溶解，冷却。用水稀释到 1000mL，混匀。移取此标准溶液 50.00mL 稀释到 500mL，混匀。此标准溶液 1mL 含铁 10μg。

（3）试液制备：按表 1-6 称取试样，精确到 0.0001g。

表 1-6　铁含量、试样量和稀释、分取体积

$w(Fe)/\%$	试样量 m_0/g	总体积 V_0/mL	分取体积 V_1/mL
0.0015 ~ 0.0050	1.000	全量	
>0.0050 ~ 0.020	0.200	全量	
>0.020 ~ 0.10	0.500	100	10.00
>0.10 ~ 0.50	0.200	200	10.00

随同试样做空白试验：

1）试样置于 150mL 烧杯中，加入 20mL 盐酸（7 + 3），分次加入 10mL 过氧化氢（30%），完全溶解后，煮沸除尽过量的过氧化氢后冷却（若是含铬试样，应缓慢加入 4mL 硫酸（1.84g/mL），加热至冒三氧化硫白烟 3 ~ 5min，使溶液呈亮绿色，稍冷加入 20mL 盐酸（1 + 1），温热溶解盐类）。

2）分析含硅为主要成分的试样时，试样置于聚乙烯烧杯中，加入 10mL 盐酸（7 + 3），分次加入 10mL 过氧化氢、5 ~ 8 滴氢氟酸（1.13g/mL）。试样溶解完全后，将溶液移入 150mL 烧杯中，以少量盐酸（1 + 1）洗涤杯壁，洗液并入烧杯。煮沸除尽过量过氧化氢，冷却。

（4）试液处理：

1) $w(\text{Fe}) \leqslant 0.020\%$ 时，将试液全部移入 125mL 分液漏斗中，用 5~8mL 盐酸（1+1）洗涤表皿、杯壁，洗液并入主液。

2) $w(\text{Fe})$ 为 0.020%~0.50% 时，按表1-6 将溶液移入容量瓶，以盐酸（1+1）洗涤表皿、杯壁，洗液并入容量瓶，以盐酸（1+1）稀释定容、混匀。移取 10.00mL 于 125mL 分液漏斗中，补加 15mL 盐酸（1+1）。

（5）萃取：加入 20mL 4-甲基-戊酮-2 到分液漏斗中，振荡 15s（如果振荡过于激烈，分层困难），静置分层后弃去水相。再用 20mL 盐酸（1+1）洗涤有机相，反复 3 次，直到没有铜的蓝色。如分层困难，可加 2mL 汽油（沸点 40~100℃）到有机相中，稍摇动加速分层。

分两次分别用 10mL 抗坏血酸溶液（10g/L），从有机相中萃取铁，每次振荡 20s。

（6）显色：将两次萃取的水相合并于 50mL 容量瓶中，加入 5.0mL 1,10 二氮杂菲缓冲溶液，用水稀释、定容、混匀。

（7）测量：用 2cm 比色皿，水为参比，于分光光度计波长 510nm 处测量吸光度，减去空白试验溶液的吸光度后，从工作曲线上查出相应的铁量 m_1。

（8）工作曲线的制作：移取 0、1.00、2.00、3.00、4.00、5.00mL 铁标准溶液，分别置于 6 个 50mL 容量瓶中，各加入 20mL 抗坏血酸溶液（10g/L），混匀，静置 1min。各加入 5.0mL 1,10 二氮杂菲缓冲溶液，用水稀释、定容、混匀。用 2cm 比色皿，水为参比，于分光光度计波长 510nm 处测量吸光度，减去未加铁的试验溶液的吸光度后，以铁量为横坐标，吸光度为纵坐标，制作工作曲线。该工作曲线各点的铁量依次为 0、10、20、30、40、50μg。

（9）计算铁的质量分数 $w(\text{Fe})$：

$$w(\text{Fe})/\% = \frac{m_1 \times V_0 \times 10^{-6}}{m_0 \times V_1} \times 100$$

式中　m_0——试样量，g；

　　　m_1——从工作曲线上查出相应的铁量，μg；

　　　V_0——稀释总体积，mL；

　　　V_1——分取体积，mL。

1.6　原子吸收光谱法

原子吸收光谱法（AAS）是 20 世纪 50 年代提出、60 年代发展起来的仪器分析方法，70 年代广泛应用于铜加工行业。90 年代的铜及铜合金化学分析方法国家标准中，锌、镍、铅、钴、镁、银、镉、铋和电解液中残余铜的检测，都采用了原子吸收光谱法。采用方法数量仅次于分光光度法。

1.6.1　原子吸收光谱法原理

原子吸收光谱法是基于待测物质的基态原子，具有选择性地吸收由光源辐射出的待测元素特征光的特性。光源辐射光被吸收程度与待测物质在样品中的含量成正比。因此，测量光源辐射光强度的衰减程度，就可以检测待测物质的含量。

原子处于游离状态时，其能量最低，也最稳定，称为基态原子。基态原子得到外界能量（如光辐射）后，其外层电子跃迁到较高能级，成为激发态原子。激发态原子不稳定，瞬间回到基态或较低能级，多余的能量以光或热的形式辐射出去。

每一种元素的原子，都有其独有的核外电子结构，电子的各个能级差也与其他元素原子的核外电子能级差不同。所以，基态原子能选择吸收与其电子能级差相当的辐射光的能量，这种辐射光就是该元素的特征光。例如，铜的基态原子选择性地吸收波长 324.75nm 的辐射光，而其他元素的原子则不吸收 324.75nm 辐射光。因此，原子吸收法具有选择性好、干扰少的特点。每一种元素的原子，其原子核外有多个电子层，所以被激发时，辐射波长不同的特征光有多条，对应的吸收线也有多条。这些吸收线的测量灵敏度不相同，如铜还有灵敏度较低的327.4nm吸收线。

依据待测物质转化为基态原子的方式不同，原子吸收光谱法分为火焰法、石墨炉法、氢化物发生法。铜合金化学成分检测多采用空气-乙炔火焰法，它具有操作简单、检测稳定性好的特点。石墨炉法是将试液加入石墨管中，电加热使元素原子化，由于比火焰法可大大提高基态原子的浓度，所以检测灵敏度高。氢化物发生法采用硼氢化钾作还原剂，生成的氢化物导入石英管，用电或火焰加热实现原子化，适宜检测 As、Sb、Bi、Se、Te、Ge、Sn、Pb 等元素，灵敏度比火焰法提高 3~4个数量级。

1.6.2 火焰法原子吸收光谱仪构造及仪器性能

（1）仪器构造：主要有光源、原子化器、分光系统、检测控制系统，还有辅助的稳压电源、供气装置等（图1-2）。

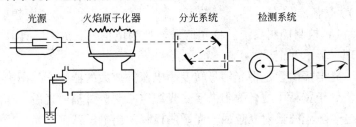

光源　　火焰原子化器　　分光系统　　检测系统

图1-2　原子吸收光谱仪示意图

1）光源：常用空心阴极灯。灯的阴极一般用含待测元素的金属或合金制作，通电后在阴极区发生辉光放电，待测物质的原子被激发，辐射出该元素的原子特征光。因此，空心阴极灯是个锐线光源。空心阴极灯大多是单元素灯。

空心阴极灯以直流脉冲电流供电，它的辐射光也是按脉冲频率断续相间。在检测系统的调解放大电路设计上，与空心阴极灯的直流脉冲电流频率相耦合，即只放大符合这一频率的光转换的电流，而对燃烧器火焰辐射的光转换的电流不放大。这样就消除了火焰的光谱干扰。

2）原子化器：由雾化器、雾室、燃烧器组成。含待测物质的溶液，由压缩空气带入雾化器喷成细雾，在雾室中与燃气（乙炔）和助燃气（空气）混合，并被带入燃烧器，细雾形成蒸气分子，再解离成基态原子，基态原子选择性地吸收了光源辐射的特征光，使透过的特征光的强度减弱。溶液中待测物质的质量分数越大，对光源辐射光的吸收越强，透过的特征光强度减弱的越多。因此可以实现定量检测。

雾化器的雾化效率和雾化稳定性对检测灵敏度和稳定性有很大影响。雾化器是保证测量稳定性和提高灵敏度的关键部件。

3）分光系统：将复合光分解为按波长顺序排列的单色光，通过出射狭缝，选出所需要的特征波长的分析线。由于使用了锐线光源——空心阴极灯，因此，原子吸收光谱法对分光器的要求不高，一般光栅（甚至石英棱镜）就可以满足分光要求。

4）检测控制系统：将光信号转换为电信号、放大、计算机处理、显示并记录。

光电倍增管是将光信号转变为电流并放大的器件。其阳极接地，处于负高压的光敏阴极接受光源空心阴极灯辐射光后，释放出电子。光源辐射光越强，光敏阴极释放出电子越多。光电倍增管的阴极与阳极之间有十几个极，直流高压均匀分配给各个极。光敏阴极释放的电子，逐级轰击各极，释放电子数也逐级增多。这样，到达阳极时的电子数可相当于光敏阴极释放电子数的 10^8 倍，起到放大电信号作用。

仪器一般配有计算机，对仪器条件自动选择，对检测数据进行处理。

（2）仪器性能：火焰法原子吸收光谱仪的性能主要是要求稳定性好、灵敏度较高。仪器的性能，一般考核以下几项：

1）基线稳定性：选用合格的空心阴极灯，开机预热 30min

后，开始记录吸光度，30min 内，漂移应低于 ±0.005A。

2）波长分辨率：仪器在带宽（线色散率的倒数 × 狭缝实际宽度）为 0.2nm 时，用锰灯，在波长扫描界面扫出波形图，计算 279.5nm 和 279.8nm 双线的谷峰之比应小于 40%。

3）检出限（$DL = 3\sigma/S$）：例如测算铜的检出限 DL，可在 324.75nm 波长重复测量空白溶液 10 次，计算标准偏差 σ；再测量 $\rho(Cu)$ 为 1μg/mL 的溶液 10 次，计算此溶液与空白溶液的吸光度之差 ΔA 和铜的质量浓度之差 $\Delta\rho$，则 $S = \Delta A/\Delta\rho$，从而计算 DL 值。铜的检出限指标是 $DL \leqslant 0.008$μg/mL。

4）灵敏度：以产生 1% 吸收（相当于吸光度 0.0044）时的质量浓度（μg/mL），表示某元素的灵敏度。若某元素质量浓度为 ρ（μg/mL），读出吸光度为 A，则灵敏度为 $\rho/(A/0.0044)$。

5）工作曲线线性：将工作曲线按质量浓度等分成五段，最高段的吸光度差值与最低段的吸光度差值之比，应不小于 0.8。

另外，测量相对标准偏差、波长示值重复性，也是评价仪器的指标。

1.6.3 火焰原子吸收法仪器条件选择

应根据检测的样品、检测的元素及元素的质量浓度，通过试验选择仪器的使用条件。

1.6.3.1 吸收线

一般待测元素质量浓度低时，选用最灵敏线；待测元素质量浓度高时，如果次灵敏线稳定而且干扰少，可选次灵敏线。以检测镍为例：当待测溶液中镍的质量浓度低于 20μg/mL 时，选用最灵敏的 232.0nm 吸收线；当待测溶液中镍的质量浓度高于 20μg/mL 时，可选用次灵敏线 341.48nm 吸收线。341.48nm 附近其他吸收线很少，有更宽的线形关系，检测更稳定。表 1-7 列出铜合金常用原子吸收分析元素的吸收线。

表1-7 铜合金常用原子吸收分析元素的吸收线

元 素	Cu	Ni	Pb	Mn	Zn	Mg	Ag	Au
波长/nm	324.7	232.0 341.5	283.3	279.5 403.3	213.8	285.2	328.1	242.8
元 素	Sb	Bi	Cd	Cr	Co	In	Fe	Te
波长/nm	217.6	223.1	228.8	357.9	240.7	303.9	248.3	214.3

1.6.3.2 灯电流

选用的空心阴极灯的灯电流低,则灯内温度低,减少了辐射线多普勒变宽和自吸效应的程度,此时的测量线性好、灵敏度高;但由于光源辐射强度低,需要增大检测系统的高压,使得检测稳定性变差。因此,要兼顾灵敏度和稳定性,通过试验选择适合的灯电流。

1.6.3.3 光谱通带

光谱通带大小影响进入单色器的光通量和谱线纯度。通带小,谱线纯度好,可提高检测灵敏度和得到较好的测量线性;但由于进入单色器的光通量小,需要增大光电倍增管的高压,影响检测稳定性。

如果吸收线附近的谱线较简单时,光谱干扰少,一般可选择较宽的光谱通带。

1.6.3.4 火焰燃助比

火焰燃助比系指燃气乙炔与助燃气空气流量之比,如表1-8所示。

表1-8 火焰燃助比

火焰类型	燃助比(乙炔∶空气)	铜合金中适宜检测的元素
贫燃火焰	1∶4~6	Ag、Pb、Bi、Co、Ni、Zn、Mg…
中性火焰	1∶4	Cu、Cd…
富燃火焰	1∶3.5~2.5	Cr…

在应用时，需要根据所用仪器进行具体试验，选择适合本仪器的燃助比。

1.6.3.5 燃烧器高度

燃烧器高度系指辐射光轴与燃烧器平面距离。

燃烧器高度为 4～5mm 处，可获得较高灵敏度，但此时稳定性差；燃烧器高度为 6～10mm 处，灵敏度下降，但稳定性改善；燃烧器高度大于 10mm 处，灵敏度低，但稳定性好。应根据所使用的仪器和需要检测的元素，通过具体试验选择。

以上各条件相互影响，可通过具体试验选择。由于影响因素多，用正交试验可提高试验效率。

1.6.4 火焰原子吸收分析中的干扰与消除

火焰原子吸收光谱法是选择性较好的检测方法，元素测定时遇到的干扰少，而且容易消除。常见的干扰有化学干扰、物理干扰、背景干扰、电离干扰、光谱干扰等。

（1）化学干扰:在火焰中，某些组分与待测元素形成难以进一步离解的化合物,阻碍了基态原子的形成,造成检测结果偏低。

消除化学干扰的办法有:

1）加释放剂，与干扰组分形成更稳定的化合物，相当于把待测元素释放出来。如测定镁时，加入可溶性锶盐或镧盐，与干扰元素铝、磷酸根等形成稳定的化合物，可消除铝、磷酸根对镁形成基态原子的干扰。

2）加保护剂，与待测元素或与干扰元素形成稳定络合物，避免待测元素形成难以进一步离解的化合物。如加 8 – 羟基喹啉与铝络合，消除铝对镁的干扰。

3）采用高温火焰或富燃火焰。

4）加助熔剂，减少干扰，提高灵敏度。如加氯化铵或高氯酸，可提高某些元素的测量灵敏度。

5）采用标准加入法进行补偿。

（2）物理干扰：当溶液离子浓度大时，溶液的黏度大，单位时间内提升到雾化室的溶液量减少，等于减少了待测元素基态原子的浓度，导致测量结果偏低、造成干扰。

可采用标准加入法，或用相同基体打底制作工作曲线，使曲线点溶液与待测样品溶液中离子浓度相近。

（3）背景干扰：表现为火焰吸收、分子吸收等。可采用氘灯扣背景，塞曼效应校正等办法消除干扰。

（4）光谱干扰：原子吸收光谱分析使用锐线光源，光谱干扰大为减少。可以采用窄通带、提高光源强度进一步减少干扰。

1.6.5　铜及铜合金中常见元素火焰原子吸收光谱分析方法

火焰原子吸收光谱分析方法的仪器性能要求和仪器条件选择，已在 1.6.2 节及 1.6.3 节中加以叙述，不再重复。

1.6.5.1　电解后残余溶液中铜的原子吸收分析方法

恒电流电解重量法测定铜的方法见 1.4.2 节，电解后的残液中仍有微量铜，需测定后补加到电解沉积铜量中，再计算总的含铜量。

（1）随同试样做空白试验（可不进行电解步骤）。

（2）试液：将电解析出铜后的溶液与第一杯洗涤电极的水合并，加水至一定体积 $V(\mathrm{mL})$，混匀（若铜的质量浓度太大，可用水稀释 N 倍）；

（3）标准系列：移取铜的标准溶液分别到 6 个 100mL 量瓶中，使铜的质量浓度分别为：0、50.0、100.0、150.0、200.0、250.0μg，各加 5mL 硝酸（1+1），加水至刻度，混匀；此工作曲线各点铜的质量浓度为 0、0.50、1.00、1.50、2.00、2.50μg/mL。

（4）使用火焰法原子吸收光谱仪，324.7nm 波长，以水调零，同时测定标准系列和试液。试液的吸光度减去空白溶液的吸光度，从工作曲线上查出试液中铜的质量浓度 $\rho(\mathrm{\mu g/mL})$。

（5）$V \times \rho$（当稀释时为 $V \times \rho \times N$）即为电解析出铜后残余溶液中的含铜量（μg），将其加入到电解沉积铜量中后再计算总含铜量。

1.6.5.2 火焰原子吸收光谱法测定锌量

火焰原子吸收光谱法测定铜及铜合金中含锌量 $w(Zn)$ 为 0.002% ~ 2.0% 的试样，由于基体铜在溶液中的质量浓度大，产生物理干扰，应在标准系列中加入相应量的铜，消除干扰。

（1）称取试样：如表 1-9 所示。

表 1-9　试样量、稀释体积和空白试验类型

$w(Zn)/\%$	试样量 m /g	溶液定容体积 V_0/mL	分取/稀释溶液体积/mL	空白试验类型
0.0020 ~ 0.010	1.000	100	全量	同量纯铜空白
>0.010 ~ 0.080	0.200	100	全量	同量纯铜空白
>0.080 ~ 0.40	0.250	100	10.00/100	试剂空白
>0.40 ~ 2.00	0.250	500	10.00/100	试剂空白

（2）空白试验：如表 1-9 所示。

（3）溶解试样：如表 1-10 所示。

表 1-10　不同试样的溶解方法

试样类别	溶　解　方　法
一般试样	10mL 硝酸（1+1），加热溶解完全，煮沸驱氧化氮，冷却，按表 1-9 定容、分取/稀释
$w(Sn) > 0.5\%$	10mL 盐酸（1+1），滴加过氧化氢（30%）至全溶，煮沸过量过氧化氢，冷却，按表 1-9 定容、分取/稀释
$w(Si) > 0.5\%$ 或有硝酸不溶物	在聚四氟乙烯杯中，加 10mL 硝酸（1+1），3~5 滴氢氟酸（1.13g/mL），加热溶解完全，加热驱氧化氮，加 10mL 硼酸（40g/L），混匀，冷却，按表 1-9 定容、分取/稀释

（4）工作曲线：如表 1-11 所示。

表 1-11   工作曲线配制

试样 $w(\mathrm{Zn})/\%$	标准溶液系列的配制
0.002 ~ 0.01	移取含 0、20.0、40.0、60.0、80.0、100.0μg 锌的锌标准溶液，分别置于 100mL 容量瓶中，各加入含 1g 铜的铜标准溶液，加 5mL 硝酸（1+1），以水稀释定容
>0.010 ~ 0.080	移取含 0、20.0、40.0、80.0、120.0、160.0μg 锌的锌标准溶液，分别置于 100mL 容量瓶中，各加入含 0.2g 铜的铜标准溶液，加 5mL 硝酸（1+1），以水稀释定容
>0.080 ~ 0.40	移取含 0、20.0、40.0、60.0、80.0、100.0μg 锌的锌标准溶液，分别置于 100mL 容量瓶中，各加入含 25mg 铜的铜标准溶液，加 5mL 硝酸（1+1），以水稀释定容
>0.40 ~ 2.00	移取含 0、20.0、40.0、60.0、80.0、100.0μg 锌的锌标准溶液，分别置于 100mL 容量瓶中，各加入含 20mg 铜的铜标准溶液，加 5mL 硝酸（1+1），以水稀释定容

注：制备铜标准溶液的纯铜，其 $w(\mathrm{Zn})$ 应小于 0.0001%。

（5）测定：使用空气-乙炔火焰，在原子吸收光谱仪，213.8nm 波长，以水调零，同时测定相应的标准系列和试液。试液的吸光度减去空白溶液的吸光度，从工作曲线上查出试液中锌的质量浓度 $\rho(\mu\mathrm{g/mL})$。

（6）计算：

$$w(\mathrm{Zn})/\% = \frac{\rho \times V_0 \times N \times 10^{-6}}{m} \times 100$$

式中，N 为待测溶液分取后稀释倍数，溶液全量使用、未经稀释的，$N=1$。

1.6.5.3 火焰原子吸收光谱法测定镍量

加入锶盐消除钴、锆等元素干扰，火焰原子吸收光谱法测定铜及铜合金中 $w(\mathrm{Ni})$ 为 0.001% ~ 1.5% 的试样。含硅量大的试样加氢氟酸助溶；$w(Ni)$低于0.01%的试样，经过电解分离铜后再测定。

（1）称取试样量及空白试验：如表1-12所示。

表1-12 镍量、试样量、稀释体积和空白试验类型

$w(Ni)/\%$	试样量 m /g	溶液定容体积 V_0/mL	分取/稀释溶液体积/mL	空白试验类型
0.0010 ~ 0.010	2.500	电解除铜后，100	全量	试剂空白
>0.010 ~ 0.050	0.500	100	全量	试剂空白
>0.050 ~ 0.25	0.100	100	全量	试剂空白
>0.25 ~ 0.80	0.400	100	5.00/100	试剂空白
>0.80 ~ 1.50	0.200	100	5.00/100	试剂空白

（2）同时做试剂空白试验。

（3）溶解试样及分离富集：如表1-13所示。

表1-13 试样溶解，制备试液

试样类别	溶解、制备试液方法
$w(Ni)\leqslant0.01\%$ 试样	加20mL硝酸（1+1），加热溶解，煮沸除氧化氮，加30mL过氧化氢（3%），1滴盐酸（1+120），冷却，加水至130mL左右。安装电极（见1.4.2节），盖上两片半月形表皿，在搅拌下用2A电流电解除铜，溶液退色后，不切断电源，一边水冲一边提起电极。将溶液加热蒸发至70mL以下，冷却，移入100mL量瓶中，以5mL盐酸（1+1）、10mL硝酸锶（20g/L）及水，先后冲洗烧杯并移入量瓶，以水定容，混匀。然后按下述（5）测定
一般铜合金 （$w(Ni)>0.01\%$）	1）加5mL硝酸（1+1）、5mL盐酸（1+1），加热溶解，煮沸除氧化氮，冷却，移入100mL容量瓶。以水定容，混匀。 2）按表1-12，不需要分取的试液，加10mL硝酸锶（20g/L），以水定容，混匀，直接按（5）测定；需要分取的试液，以水稀释到刻度，混匀，按表1-12分取5.00mL，移入100mL容量瓶，加10mL硝酸锶（20g/L），以水定容，混匀，按（5）测定

试样类别	溶解、制备试液方法
硅青铜、硅黄铜	试样置于聚四氟乙烯杯中，加 5mL 硝酸（1+1）、5mL 盐酸（1+1）、4 滴氢氟酸（1.13g/mL），温热溶解完全，加 10mL 硼酸（50g/L），冷却，移入 100mL 容量瓶。以下按一般铜合金的 2）进行

（4）工作曲线：在 7 个 100mL 量瓶中，分别加入 5mL 硝酸（1+1）、5mL 盐酸（1+1）、10mL 硝酸锶（20g/L），用镍标准溶液分别加入镍 0、25.0、50.0、100.0、150.0、200.0、250.0μg，以水定容。此标准系列的镍质量浓度分别为 0、0.25、0.50、1.00、1.50、2.00、2.50μg/mL。

（5）测定：使用空气-乙炔火焰，在原子吸收光谱仪，232.0nm 波长，以水调零，同时测定标准系列和试液。试液的吸光度减去空白溶液的吸光度，从工作曲线上查出试液中镍的质量浓度 ρ（μg/mL）。

（6）计算：

$$w(\mathrm{Ni})/\% = \frac{\rho \times V_0 \times N \times 10^{-6}}{m} \times 100$$

式中，N 为待测溶液分取后稀释倍数，溶液全量使用、未经稀释的，$N=1$。

1.6.5.4　火焰原子吸收光谱法测定铅量

在铜及铜合金中，$w(\mathrm{Pb})$ 为 0.002% ~ 5.0%，分含量段分别对试样处理后，都可以用火焰原子吸收光谱法测定铅量。$w(\mathrm{Pb})$ 大于 0.04% 的试样，溶样后直接测定；$w(\mathrm{Pb})$ 小于 0.04% 的试样，溶解后用氢氧化物、锶盐共沉淀，分离铜、镍、锡等再测定。

（1）称取试样量及溶解加试剂量如表 1-14 所示，表中混合酸由 560mL 水、320mL 硝酸（1.42g/mL）、120mL 盐酸

（1.19g/mL）混合而成。

表 1-14 铅含量、试样量、溶解试剂量和稀释体积

$w(Pb)/\%$	试样量 m /g	硝酸(1+1) /mL	氟化铵 (200g/L)/mL	混合酸 /mL	试液体积 V_0/mL
0.0015~0.0050	10.000	70	10		25
>0.0050~0.010	5.000	50	10		25
>0.010~0.040	1.500	30	10		25
>0.040~0.10	2.000			30	100
>0.10~0.20	1.000			15	100
>0.20~0.40	0.500			10	100
>0.40~1.00	0.200			10	100
>1.00~2.00	0.100			10	100
>2.00~5.00	0.100			10	100

（2）同时做试剂空白试验。

（3）溶解试样及分离如表 1-15 所示。

表 1-15 试样溶解、制备试液

合 金	溶解试样、制备试液
纯铜 $(w(Pb)\leqslant0.04)$	氢氧化铁共沉淀分离：按表 1-14 称取试样，加 50~70mL 硝酸（1+1），加热溶解，煮沸除氧化氮，加 10mL 铁溶液（57.8gFe(NO$_3$)$_3$·9H$_2$O 溶于含 1% 硝酸的 1L 水中），以水稀释至 200mL 左右，搅拌下缓缓加氨水（0.9g/mL）至溶液呈深蓝色，过量 20mL，加 10g 碳酸铵，加热微沸 5min，于 70~80℃ 水浴上放 1h。滤纸过滤，用洗涤液（10g 碳酸铵溶于 500mL 水中，加 20mL 氨水（0.9g/mL））洗烧杯和滤纸至无蓝色。再用温水洗一次，弃滤液，用水冲沉淀入原烧杯，用 10mL 热盐酸（1+1）洗滤纸上残留的沉淀，以热盐酸（1+100）洗滤纸至无色，洗液并入原烧杯，加热蒸发至近干，稍冷。加 4mL 盐酸（1+1），加热溶解，冷却，移入 25mL 量瓶，以水定容，混匀

合　金	溶解试样、制备试液
铜合金 ($w(Pb) \leqslant 0.04$)	两次共沉淀分离：按表 1-14 称取试样、并按表 1-14 混合加入硝酸及氟化铵溶液，加热溶解，煮沸除氧化氮，加水至 100mL，加 8mL 硫酸（1.84g/mL），加热微沸，搅拌下缓缓加入 8mL 硝酸锶（30g/L），出现浑浊后继续搅拌 2min，放 1h。慢速滤纸过滤，用硫酸（1+100）洗烧杯及沉淀各 3 次，再用水洗 3 次，弃滤液，展开滤纸，用水冲沉淀入原烧杯，用 30mL 硝酸（1+1）淋洗滤纸，洗液并入原烧杯，加热煮沸，搅拌使沉淀溶解，以下加 10mL 铁溶液等按纯铜氢氧化铁共沉淀分离。但加氨水时至氢氧化铁沉淀完全，过量 20mL；过滤时，用热洗涤液洗烧杯及沉淀各 3 次
铜合金 ($w(Pb) \geqslant 0.04$)	按表 1-14 称取试样、并按表 1-14 加混合酸（硅为主要成分时，再加 0.9mL 氢氟酸（1.13g/mL）），加热溶解，煮沸除氧化氮，冷却。按表 1-14 移入量瓶，以水定容，混匀（硅为主要成分时，加 30mL 饱和硼酸溶液后以水定容，混匀），直接按（5）测定

（4）工作曲线：

1）$w(Pb) \leqslant 0.04\%$：移取 0、2.00、4.00、6.00、8.00、10.00mL 铅标准溶液（1mL 含 250μg 铅的硝酸溶液）于 6 个 100mL 量瓶中，各加入 15mL 盐酸（1+1）、10mL 铁溶液（57.8g Fe(NO₃)₃·9H₂O 溶于含 1% 硝酸的 1L 水中），以水定容，混匀。此工作曲线各点铅的质量浓度分别为 0、5.00、10.00、15.00、20.00、25.00μg/mL。

2）$w(Pb) \geqslant 0.04\%$：称取与试样等量的纯铜 6 份，分别置于 150mL 烧杯中，按表 1-14 加入混合酸，加热溶解，煮沸，冷却，移入 100mL 量瓶中，分别移取 0、2.00、4.00、6.00、8.00、10.00mL 铅标准溶液（1mL 含 250μg 铅的硝酸溶液），以水定容，混匀。此工作曲线各点铅的质量浓度分别为 0、5.00、10.00、15.00、20.00、25.00μg/mL。

（5）测定：使用空气-乙炔火焰，在原子吸收光谱仪，283.3nm 波长，以水调零，同时测定相应的标准系列和试液。试液的吸光度减去空白溶液的吸光度，从工作曲线上查出试液中铅的质量浓度 $\rho(\mu g/mL)$。

（6）计算：

$$w(\mathrm{Pb})/\% = \frac{\rho \times V_0 \times 10^{-6}}{m} \times 100$$

1.6.5.5 火焰原子吸收光谱法测定镁量

在铜及铜合金中，$w(\mathrm{Mg})$ 为 0.015% ~ 1.00%，铜、镍、铅、锌等不干扰测定；硅、铝、钛、铍的干扰加入锶盐消除。

（1）称取试样量及分取量如表 1-16 所示。

表 1-16　镁含量、试样量和稀释体积

$w(\mathrm{Mg})/\%$	试样量 m/g	溶液定容体积 V_0/mL	分取/稀释溶液体积 /mL
0.015 ~ 0.040	0.100	100	全量
> 0.040 ~ 0.080	0.500	100	10.00/100
> 0.080 ~ 0.25	0.200	100	10.00/100
> 0.25 ~ 1.00	0.100	100	5.00/100

（2）同时做试剂空白试验。

（3）溶解试样置备试液：按表 1-16 称取试样，置于聚四氟乙烯杯中，加 8mL 硝酸（1 + 1）、3 ~ 5 滴氢氟酸（1.13g/mL），加热溶解完全，加 10mL 硼酸（30g/L），混匀，冷却，移入 100mL 量瓶中。

$w(\mathrm{Mg}) \leqslant 0.04\%$，加 10mL 硝酸锶（25g/L），加水定容，混匀。

$w(\mathrm{Mg}) > 0.04\%$，加水定容，混匀。按表 1-16 分取，加 5mL 硝酸（1 + 1）、10mL 硝酸锶（25g/L），加水定容，混匀。

（4）工作曲线：移取 0、1.00、2.00、3.00、4.00、5.00mL 镁标准溶液（1mL 含 10μg 镁的硝酸溶液）于 6 个 100mL 量瓶

中，各加入 5mL 硝酸（1 + 1）、10mL 硝酸锶（25g/L），加水定容，混匀。此工作曲线各点镁的质量浓度分别为 0、0.10、0.20、0.30、0.40、0.50μg/mL。

（5）测定：使用空气-乙炔火焰，在原子吸收光谱仪，285.2nm 波长，以水调零，同时测定标准系列和试液。试液的吸光度减去空白溶液的吸光度，从工作曲线上查出试液中镁的质量浓度 $\rho(\mu g/mL)$。

（6）计算：

$$w(Mg)/\% = \frac{\rho \times V_0 \times 10^{-6}}{m} \times 100$$

1.6.5.6　火焰原子吸收光谱法测定铋量

用二氧化锰共沉淀富集铋，可测量 0.0005% ~ 0.004% 的 $w(Bi)$。含锡、硅的试样用含氢氟酸的混酸溶解。

（1）称取试样量及溶解用酸量：如表 1-17 所示。

表 1-17　铋含量、试样量和溶解试剂量

$w(Bi)/\%$	试样量 m/g	硝酸（1 + 1）/mL	氢氟酸（1.13g/mL）/滴
0.0005 ~ 0.001	5.000	50	20
> 0.001 ~ 0.004	2.500	25	10

（2）同时做试剂空白试验。

（3）溶解试样置备试液：按表 1-17 称取试样，置于 300mL 烧杯中（含锡、硅为主要成分时，置于聚四氟乙烯杯中）。按表 1-17 加酸溶解（含锡、硅是主要成分时，按表 1-17 再滴加氢氟酸）加热溶解完全，煮沸除氧化氮，加水至 50mL。

用氨水（0.90g/mL）中和至出现经搅拌也不消失的浑浊，滴加硝酸（1 + 1）至沉淀恰好溶解，过量 10mL，加入 10mL 硝酸锰溶液（1 体积 50% 硝酸锰与 4 体积水混合）。将溶液加热到 70℃ 左右，不断搅拌下滴加 10mL 高锰酸钾溶液（10g/mL），继续搅拌 1.5min，微沸 3 ~ 5min，静置 3min。

中速滤纸过滤，热硝酸（2＋98）洗烧杯及沉淀 2～3 次。保留沉淀和滤纸。滤液加热到 70℃ 左右，不断搅拌下滴加 10mL 高锰酸钾溶液（10g/mL），继续搅拌 1.5min，微沸 3～5min，静置 3min。用原滤纸过滤，热硝酸（2＋98）洗烧杯及沉淀 5 次。弃去滤液。

用含 3mL 过氧化氢的 10mL 热硝酸（1＋1），分次滴入漏斗，将沉淀溶于原烧杯中，热硝酸（2＋98）洗涤 4 次。将溶液煮沸除尽过氧化氢，蒸发至 10mL 左右，水洗表皿及烧杯，冷却，移入 $V_0 = 25mL$ 的量瓶，加水定容，混匀。

（4）工作曲线：移取 0、1.00、2.00、3.00、4.00、5.00mL 铋标准溶液（1mL 含 100μg 铋的硝酸溶液）于 6 个 100mL 量瓶中，各加入 40mL 盐酸（1＋1），加水定容，混匀。此工作曲线各点铋的质量浓度分别为 0、1.00、2.00、3.00、4.00、5.00μg/mL。

（5）测定：使用空气-乙炔火焰，在原子吸收光谱仪，223.1nm 波长，以水调零，同时测定标准系列和试液。试液的吸光度减去空白溶液的吸光度，从工作曲线上查出试液中铋的质量浓度 ρ(μg/mL)。

（6）计算：

$$w(\mathrm{Bi})/\% = \frac{\rho \times V_0 \times 10^{-6}}{m} \times 100$$

1.7　电感耦合等离子体原子发射光谱法（ICP-AES）

电感耦合等离子体（inductively coupled plasma，ICP）光谱法是以电感耦合等离子体为激发光源的发射光谱法。ICP 光谱法具有化学干扰少、基体效应小、动态范围宽（校准曲线的线性范围达 5～7 个数量级）、检测精密度好等优点，适于铜及铜合金中质量分数为 30% 以下的合金组分的检测。与分光光度法比较，ICP 方法可多元素同时检测，提高了检测效率；与光电直读光谱法比较，ICP 光谱法分析速度虽慢，但使用灵活，无须依赖固体标样。ICP 光谱法和原子吸收光谱分析都是可以用基准物质制作工作曲线，直接进行元素定量测定。因此，都是准确的测量方法，是铜合金新产品开发研制的好帮手。

ICP 即电感耦合等离子体炬光源，是原子发射光谱（AES）中激发光源的一种。它具有环状放电结构，样品在中心通道中激发，样品组分不进入放电区。因此，与火花、电弧等激发光源相比，ICP 光源不直接影响放电参数，基体效应大大减少，可以直接用溶液标准来分析各种基体中的被测元素。所以，特别适合新产品研制中、合金化学成分多变情况下的化学成分分析。

ICP 光源在分析区的温度可达 6000 ~ 7000K，原子化完全，因此检出限低；ICP-AES 的分析区周围温度高于分析区温度，当原子质量浓度大时，也不出现使用其他光源时产生的自吸现象。因此，使得浓度与谱线强度成正比例的所谓线性范围（动态范围）宽达 5 ~ 7 个数量级。这样，一台仪器就可分析常量（一般限于质量分数为 30% 以下的合金组分）、半微量、微量等不同质量分数的合金成分。

虽然 ICP-AES 方法比一般直读光谱方法检测速度慢、耗费氩气多。但是，由于可以直接用基准物质作标准来测量未知量，在量值传递方面，与需要使用同种合金的固体标准样品、进行相对分析的光电直读光谱法和 X 射线荧光光谱法相比，具有量值传递环节少的优点，减少了不确定度的叠加。

铜合金中除了铜、氧、碳等个别元素外的 20 几个元素，都可很方便地使用 ICP-AES 方法进行定量检测。目前，在大量的、充分的试验基础上，已制定了分析方法，并通过试验对方法的精密度和准确度进行了评估，在此基础上形成了铜及铜合金 ICP 分析的行业分析标准方法。

1.7.1　ICP-AES 方法原理及仪器各部分功能

电感耦合等离子体原子发射光谱法除了有独特的电感耦合等

离子体光源之外，也有分光系统、检测器、测量系统。

1.7.1.1 等离子体光源

等离子体是一种高度电离的蒸气云，是物质的第四态，是电子、离子、原子、分子的混合体。

ICP光源由高频发生器（R. F.）、进样雾化系统和石英炬管组成。

高频发生器提供稳定的高频电流，通过绕制在石英炬管外管上端的铜管或银质管（带四氟乙烯保护），形成耦合线圈，把能量传输到高温焰炬。高频发生器震荡频率为 27.12MHz 或 40.68MHz，输出功率一般在 750～1750W 可调（有的仪器高频发生器功率可达2000W）。高频发生器输出功率的稳定性是影响检测稳定性的关键因素，其功率波动应低于 0.05%（有的仪器功率波动为 0.01%）。

进样雾化器把样品溶液喷成气溶胶。常用同心雾化器，通过蠕动泵提升待测溶液，或通过自吸喷雾。喷雾进入雾室后，较大液滴撞向雾室壁，成为废液从低处排出（或用反抽系统排出），而细小液滴随载气通过石英炬管的内管进入等离子体。

石英炬管由内、中、外三层同心石英管组成，分别通入不同流量的氩气。内管是载气，输送待测溶液的气雾进入等离子体；中管是辅助气，流量最小，其作用是使火焰高出炬管；外管是冷却气，流量最大，使石英管与火焰之间形成热隔离，保护炬管。

高频发生器的耦合线圈在炬管上半部，产生强烈振荡磁场。通氩气并点火后，在强磁场作用下，氩气部分电离并形成带电粒子环。通过高频耦合线圈，继续从高频发生器 R. F. 输入较大能量，使带电粒子高速运动，与气体碰撞，进一步使氩气充分电离，继续碰撞产生热量。这一过程像雪崩一样瞬间完成，形成等离子体焰炬（如图1-3所示）。内管的载气将样品溶液形成的气雾（气溶胶）送入等离子体焰炬，经蒸发、原子化、激发。激发态瞬间回到低能态，并辐射出试液所含元素的各自特定波长的光。

ICP 焰炬在耦合线圈的中心部分是核心区；向上高出线圈 1～3cm 是边缘区，是用于光谱分析的部位；再向上是尾焰区。

分光系统的入射狭缝，侧面接受激发原子辐射光的，是垂直火炬 ICP。它的检测稳定性好；而水平火炬 ICP 的圆形入射狭缝是轴向正对焰炬的，它灵敏度高，但稳定性比垂直火炬差。

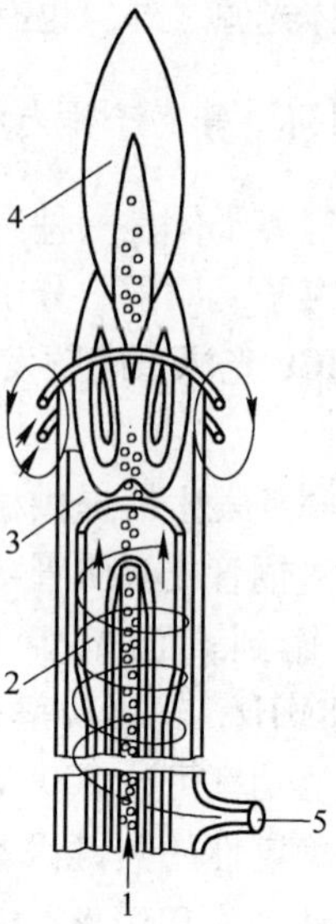

1.7.1.2 分光和检测测量系统

分光系统使用光栅作分光元件。使用中阶梯光栅＋石英棱镜交叉色散系统，分光效果更好。

单道扫描 ICP 采用计算机控制的步进电动机转动光栅，使光谱线依次通过出射狭缝，被光电倍增管接收。

图1-3 等离子体焰炬示意图
1—内层管及气溶胶入口；
2—中层管及工作气体；
3—外层管；4—等离子体
焰炬；5—冷却气体入口

或者计算机控制光电倍增管在罗兰圆上移动，实现波长扫描。扫描型 ICP 分析速度慢，但可检测的元素多、且价格低。

固定道（多道）ICP 使用多个光电倍增管，而与之相对应的出射狭缝，是按用户要求检测的元素预先刻好。多道 ICP 稳定性好、分析速度快，但价格高。

近年来，由于采用电荷注入式检测器（CID）或电荷耦合式检测器（CCD），拥有十几万至二十几万个检测单元，实现了全谱检测。全谱 ICP 可以是垂直火炬或水平火炬或双向观察。

仪器操作和数据处理由计算机控制。新型的全谱 ICP，由于计算机软件升级，可以将样品中所有谱线存储。

1.7.2　仪器使用条件选择

不同的仪器，条件选择有所不同。

（1）分析线：从谱线强度、灵敏度、信号背景比、检出限、稳定性和共存元素有无干扰等方面综合考虑，选择合适分析线。铜及铜合金常用 ICP 分析线如表 1-18 所示。

表 1-18　铜及铜合金元素常用 ICP 分析线

元　素	Ag	Al	As	Au	B	Be	Bi	Cd	Co
波长/nm	328.06	396.15	189.04	242.8	249.77	313.10	190.24	226.50	228.61
元　素	Cr	Cu	Fe	In	Mg	Mn	Ni	P	Pb
波长/nm	267.71	324.7	259.94	230.6	285.21	257.61	231.60	178.28	220.35
元　素	S	Sb	Se	Si	Sn	Te	Ti	Zn	Zr
波长/nm	182.03	206.83	196.09	288.15	189.98	214.28	334.94	206.20	339.19

注：镍、锰质量分数大于 3% 时，波长选择为：Ni，341.47nm；Mn，279.48nm。

（2）高频发生器功率（W）：选择的功率增大，则净光强度（谱线强度减背景强度）也增加；但测量稳定性和工作曲线线性变差，同时也会降低功率管寿命。因此要综合考虑选择合适的功率。

（3）雾化器压力（kPa）：压力大小反映载气流量（L/min）大小。压力增加，则净光强度呈下降趋势，灵敏度下降，但测量稳定性好。通过试验，以灵敏度高且光强度稳定性好综合考虑。

（4）辅助气流量（L/min）：辅助气流量增加，净光强度随之下降，可适当选较小的辅助气流量。

（5）积分时间（s）：积分时间太短，谱线瞬间波动不能统计平均；积分时间太长，分析速度慢。根据具体的分析要求选择积分时间。待测元素的质量分数低，一般积分时间应长些；待测元素的质量分数高，一般积分时间应短些。

（6）分析泵速：影响试液提升量（L/min），一般对光强影响较小。

（7）除了仪器条件外，也要像其他分析方法一样，对溶液介质、酸度、基体和共存离子有无干扰进行试验、选择，才能得到准确的结果。

1.7.3　ICP-AES 分析中的干扰

ICP 光谱分析中，样品的气雾通过高温等离子区，可认为被完全蒸发并原子化，因此化学干扰少，主要是基体效应和光谱干扰。

（1）基体效应：当待分析元素含量低，称取的样品量大时，溶液中离子浓度大、黏度大，使得单位时间提升的溶液量降低，雾化效率降低。硫酸、磷酸也会降低雾化效率，而盐酸、高氯酸则对雾化效率影响不大。

克服基体效应的方法是使标准溶液与待测溶液的基体基本保持一致，或用标准加入法测定，抵消影响。如果采用预先分离基体元素，更有利于降低基体效应。

当溶液中铜含量大于 200mg/mL 时，磷、锑、铋、碲元素背景抬高，可以通过在适当位置削弱背景的方法加以消除。

（2）光谱干扰：待测元素发射的谱线与其他元素或离子发射的谱线，在光谱仪上不能分辨时，产生光谱干扰。

可通过实际样品实验，来选择受光谱干扰尽可能小的谱线，避免干扰。也可通过仪器的背景校正装置，进行背景校正（如在正常测量后，程序驱动入射狭缝平移，进行背景测量，然后扣减。或其他校正办法）。

锡峰与锑峰稍有重叠，当试样中锡含量高锑含量低时，将会产生干扰。

1.7.4　铜及铜合金各元素 ICP-AES 分析方法行业标准简介

《铜及铜合金化学分析方法电感耦合等离子体原子发射光谱

法》行业标准（YS/T 586—2006）介绍了镍、铝、锰、锡、铅、铁、硅、铋、镉、钴、铍、铬、银、磷、碲、钛、镁、锆、硼、砷、锑、硫、硒及质量分数低于7%的锌等24个元素采用电感耦合等离子体原子发射光谱的测定方法，既可用于多元素同时测定，也适用于其中一个元素的独立测定。这样，除铜、氧、碳及高含量的锌不宜采用 ICP-AES 分析外，铜及铜合金中其他元素的测定都可以用 ICP-AES 分析方法完成。

本节只介绍该行业标准分析方法的主要内容。在标准基础上，对个别部分做了文字和技术上的改动。

1.7.4.1 各元素测定范围

加工铜及铜合金中各元素的测定范围如表1-19所示。

表1-19 加工铜及铜合金中各元素适宜的测定范围

（按可测定范围的上限，从高到低排序）

元素	质量分数/%	元素	质量分数/%	元素	质量分数/%
Ni	0.0001 ~ 35.00	Bi	0.00005 ~ 3.00	Ti	0.01 ~ 1.00
Al	0.001 ~ 14.00	Cd	0.00005 ~ 3.00	Mg	0.01 ~ 1.00
Mn	0.00005 ~ 14.00	Co	0.01 ~ 3.00	Zr	0.01 ~ 1.00
Sn	0.0001 ~ 10.00	Be	0.01 ~ 3.00	B	0.0005 ~ 1.00
Pb	0.0001 ~ 7.00	Cr	0.01 ~ 2.00	As	0.0001 ~ 0.20
Zn	0.00005 ~ 7.00	Ag	0.001 ~ 1.50	Sb	0.0001 ~ 0.10
Fe	0.0001 ~ 7.00	P	0.0001 ~ 1.00	S	0.001 ~ 0.10
Si	0.001 ~ 5.00	Te	0.0001 ~ 1.00	Se	0.0001 ~ 0.0020

1.7.4.2 检测方法提要

（1）制备待测元素的测试溶液：

1）质量分数≤0.001%（铅的质量分数≤0.002%）时，分离富集后制备测试溶液：

　　a）硒、碲的还原富集：用硝酸溶解，在盐酸介质中，用次亚磷酸钠将四价硒、碲还原为单体，以砷做载体共沉淀富集微量硒、碲与基体元素铜分离，以硝酸和高氯酸加热溶解，制备测试溶液。

　　b）铁、镍、锌、镉的电解除铜富集：用硝酸溶解，加铅盐保护阳极，电解除铜后制备测试溶液（此溶液也可用于测定镁、钴和表 1-19 范围内的磷、砷、锑、锡、碲等）。

　　c）磷、砷、锑、铋、锡、锰及铅的质量分数≤0.002% 时，氢氧化铁共沉淀富集：用硝酸溶解，用铁做载体，氢氧化铁共沉淀富集微量磷、砷、锑、铋、锡、铅、锰，与基体元素铜分离后制备测试溶液。

　　2）质量分数 >0.001% 至表 1-19 测定上限，以及镍的质量分数为 0.001% ~14%、铅的质量分数为 0.002% ~7% 时：

　　a）一般试样用硝酸-盐酸-水（混合酸）分解后，直接制备测试溶液。

　　b）含硅、锆、钛、铬、银、硼的试样，按以下溶解后，再制备测试溶液：

　　含硅、锆、钛的样品，使用聚四氟乙烯烧杯，加混合酸和氢氟酸溶解，并加硼酸络合氟。

　　含铬样品，加硝酸和高氯酸，加热发烟溶解。

　　含银样品，加混合酸溶解，并加盐酸，使溶液中纯盐酸的体积占到 10% 以上，形成络合银氯离子。

　　含硼样品，加硝酸和盐酸溶解或加盐酸和双氧水溶解，加磷酸和硫酸冒烟，使硼完全溶解。

　　3）镍的质量分数 >14% 时，以镧做内标，制备测试溶液。

　　(2) 根据各元素的质量分数大小和基体干扰情况，配置了四组工作曲线供选择；或选择化学组成相近的标准样品制备测量标准。

　　(3) 在酸性介质中，使用电感耦合等离子体原子发射光谱仪，按表 1-18 所列波长，测量选定的工作曲线和制备的测试溶液中元素的质量浓度。

1.7.4.3 具体分析步骤

（1）随同试样做空白实验；独立地进行两次测定，取其平均值；按表1-20称取试样，精确至0.0001g。

表1-20 称取试样量及稀释体积

质量分数/%	试料量/g	稀释体积/mL	特 例
0.00005～0.0005	5.000	25.00	
>0.0005～0.001	5.000	50.00	B、Hg 称1.00g试样，稀释100mL
>0.001～0.1	1.000	100.00	
>0.05～7.0	0.100	100.00	
>7.0～35.0	0.100	200.00	

（2）主要试剂：

1）混合酸：1体积盐酸（1.19g/mL）加3体积硝酸（1.42g/mL）加4体积水混合。

2）砷溶液：称2.6g三氧化二砷，加15mL氢氧化钠溶液（100g/L），微热溶解，稀释至约200mL，加1滴酚酞乙醇溶液（10mg/mL），用盐酸（1+1）中和到红色退去，加水稀释到500mL，混匀。此溶液砷的质量浓度为4mg/mL。

3）内标溶液：称1.173g三氧化二镧，加20mL硝酸（1+1），加热溶解，煮沸除尽氮的氧化物，冷却。用水稀释到1L，混匀。此溶液镧的质量浓度为1mg/mL。

4）标准溶液A：将Ni、Al、Mn、Sn、Pb、Zn、Fe、Si、Bi、Cd、Co、Be、Cr、Ag等14个元素的标准溶液分别配制成质量浓度为1.00mg/mL。

5）标准溶液B：将P、Te、Ti、Mg、Zr、B、As、Sb、S、Se等10个元素的标准溶液分别配制成质量浓度为100μg/mL；

分别移取标准溶液A各10mL，各补加10mL混合酸（Ag的标准溶液改为补加 10mL 盐酸，1.19g/mL)，以水稀释到 100mL，分别配制成质量浓度为 100μg/mL。

6) 标准溶液 C：分别移取标准溶液 B 各 10mL，各补加 10mL 混合酸（Ag 的标准溶液改为补加 10mL 盐酸，1.19g/mL)，以水稀释到 100mL，分别配制成质量浓度为 10μg/mL。

(3) 试样溶液的制备：

1) 试样中待测元素的质量分数 ≤0.001% 及试样中 w(Pb)≤0.002% ：

a) 测定硒、碲：将试料置于 400mL 烧杯中，加入 50mL 硝酸（1 + 1)，盖上表皿，低温加热至完全溶解，稍冷，加入 10mL 高氯酸（1.67g/mL)，加热至冒白烟 2~3min，用水洗表皿及杯壁，取下冷却。

加入 120mL 盐酸（1 + 1)，低温加热使盐类溶解，加入 1.5mL 砷溶液（4mg/mL)、10g 次亚磷酸钠，搅拌至溶解，加热至溶液呈棕色，于水浴上加热至还原析出单体砷、硒和碲（约需 1~1.5h)，冷却至室温。

用脱脂棉过滤，以次亚磷酸钠-盐酸混合洗液（每升含 10g 次亚磷酸钠和 50mL 盐酸）洗涤烧杯 3 次，洗沉淀 3~5 次，再用水洗涤烧杯 3 次，洗沉淀 3~5 次。

将脱脂棉及沉淀移入原烧杯中，从漏斗上缓缓滴加 10mL 硝酸（1.42g/mL)、3mL 高氯酸（1.67g/mL)。溶液在电热板上加热消化脱脂棉，并氧化、溶解单体砷、硒和碲，至冒高氯酸白烟 1~2min，溶液澄清后，取下，冷却。用水洗表皿及杯壁。按表 1-20 移入容量瓶中，用水稀释至刻度，混匀。

b) 测定铁、镍、锌、镉：将试料置于 250mL 高形烧杯中，加入 40 硝酸（1 + 1)，盖上表皿，加热至试料完全溶解，煮沸除尽氮的氧化物，用水洗涤表皿及杯壁。

加入 3mL 硝酸铅溶液（10g/L)，1.0mL 硝酸锰（1 + 10)，1 滴盐酸（1 + 120)，用水稀释至 130mL 左右。

将烧杯置于电解器上，用两块半圆表皿盖上，在搅拌下

（搅拌棒必须密封无孔）用 $4A/dm^2$ 电流密度电解除铜。待溶液退色后，在不切断电流的情况下，提起电极，并用水冲洗电极。

将溶液于低温电炉上加热，蒸发至体积 25mL 以下，冷却。按表 1-20 移入容量瓶中，以水稀释至刻度，混匀（此溶液也可用于镁、钴和表 1-19 范围内的磷、砷、锑、锡、碲的测定）。

c）测定磷、砷、锑、铋、锡、锰以及 $w(Pb) \leq 0.002\%$ 的铅：将试料置于 400mL 烧杯中，加入 50mL 硝酸（1 + 1），盖上表皿，低温加热至试料完全溶解，煮沸除去氮的氧化物。

加入 10mL 铁溶液（8g/L），用水稀释至 200mL 左右，在搅拌下缓缓加入氨水（0.9g/mL）至深蓝色，过量 20mL，加入 10g 碳酸铵，将溶液加热至微沸 5min，放置 1h。

沉淀用滤纸过滤，用热洗涤液（500mL 水中，加入 10g 碳酸铵溶解后，加入 20mL 氨水）洗涤烧杯及滤纸，洗至滤纸基本无蓝色。弃去滤液，用水将沉淀洗入原烧杯中，滤纸上的残留沉淀用 10mL 热盐酸（1 + 1）溶解，并以热水洗涤至滤纸无色。洗液并入原烧杯中，低温加热蒸发至 25mL 以下，冷却。按表 1-20 移入容量瓶中，用水稀释至刻度，混匀（此溶液也可用于碲的测定）。

2）试样中待测元素的质量分数 > 0.001% 至表 1-19 的测定上限，以及 $w(Ni)$ 为 0.001% ~ 14%、$w(Pb)$ 为 0.002% ~ 7% 时：

a）一般试样：将试料置于 150mL 烧杯中，加入 10 ~ 15mL 混合酸，盖上表皿，加热至试料完全溶解，煮沸除去氮的氧化物，（含硼样品，加混合酸溶解后，加磷酸和硫酸冒烟，使硼完全溶解）用水洗涤表皿及杯壁，冷却。按表 1-20 移入容量瓶中，用水稀释至刻度，混匀。

b）含硅、锆、钛的试样：将试料置于 150mL 聚四氟乙烯烧杯中，加入 10 ~ 15mL 混合酸，2 滴氢氟酸（1.13g/mL），加热（硅为待测元素时，加热温度不得超过 60℃）溶解。待试样溶解完全后，加入5mL 饱和硼酸（硼酸量在3~6mL 时，硅和其他共存元素测定结果较稳定，且准确），混匀。按表1-19移入容量瓶中，用水稀释至刻度，混匀，并立即转移到原聚四氟乙烯烧杯中。

c）含铬的试样：将试料置于150mL 烧杯中，加入5~10mL 硝酸（1+1），3~5mL 高氯酸（1.67g/mL），盖上表皿，加热使试样溶解并蒸发至高氯酸发烟（约1~2min），使溶液清亮。取下冷却。用水洗涤表皿及杯壁，按表1-20移入容量瓶中，用水稀释至刻度，混匀。

d）含银的试样：将试料置于150mL 烧杯中，加入10~15mL 混合酸，盖上表皿，加热至试料完全溶解，煮沸除去氮的氧化物，用水洗涤表皿及杯壁，冷却。补加10mL 盐酸（1.19g/mL），冷却。按表1-20移入容量瓶中，用水稀释至刻度，混匀。

3）试样中 $w(Ni)$ 大于14%时：将试料置于150mL 烧杯中，加入10mL 混合酸，盖上表皿，加热至试料完全溶解，煮沸除去氮的氧化物，用水洗涤表皿及杯壁，冷却。按表1-20移入容量瓶中，加入2.00mL 内标溶液（镧的质量浓度为1mg/mL）（加入内标溶液后提高了测定结果的稳定性），用水稀释至刻度，混匀。

（4）工作曲线的配制：由于铜及铜合金中各元素质量分数的范围跨度非常大，如 $w(Mn)$ 为0.00005%~13.5%、$w(Ni)$ 为0.001%~45%。因此在工作曲线的设计上采用了4套系列工作曲线。4套系列工作曲线之间不但相互衔接，而且有一定的交叉，方便不同含量多元素的同时测定。使用者可根据需要选择一套或其中的几个点进行分析即可。

1）工作曲线 I——测定待测元素质量分数不大于0.001%的试样：分别加入各个待测元素的标准溶液 C：0、1.00、5.00、10.00mL 于4个100mL 容量瓶中，分别加入10mL 混合酸，用水稀释至刻度，混匀。

此工作曲线各点的待测元素的质量浓度分别为 0、0.10、0.50、1.00μg/mL。

2）工作曲线Ⅱ（纯铜打底）——测定待测元素质量分数为 0.001%～0.1%的试样：称取与试样中铜量相当的高纯铜 0.5～1.0g，置于 6 个 150mL 烧杯中，加入混合酸 10mL，盖上表皿，加热至完全溶解，煮沸除去氮的氧化物，用水洗涤表皿及杯壁，冷却，分别移入 6 个 100mL 容量瓶中。

分别加入各个待测元素的标准溶液 C：0、1.00、5.00、10.00mL 于其中 4 个 100mL 容量瓶中；分别加入各个待测元素的标准溶液 B：5.00、10.00mL 于其中另外的 2 个 100mL 容量瓶中。含银的标准溶液需补加 10mL 盐酸（1.19g/mL）。用水稀释各容量瓶至刻度，混匀。

此工作曲线各点的待测元素的质量浓度分别为 0、0.10、0.50、1.00、5.00、10.00μg/mL。

根据所测元素的含量范围，可从上述工作曲线中，选择适当的 3～4 点，用于分析即可。

3）工作曲线Ⅲ——测定待测元素质量分数大于 0.05%至表 1-19 的测定上限（$w(Ni)$ 为 0.05%～14%）的试样：分别加入各个待测元素的标准溶液 C：0、5.00、10.00mL 于 3 个 100mL 容量瓶中；分别加入各个待测元素的标准溶液 B：5.00、10.00mL 于 2 个 100mL 容量瓶中；分别加入各个待测元素的标准溶液 A：3.00、5.00、7.00mL 于 3 个 100mL 容量瓶中。

向这 8 个容量瓶分别加入 10mL 混合酸，含银标准溶液的改加 10mL 盐酸（1.19g/mL）。用水稀释至刻度，混匀。

此工作曲线各点的待测元素的质量浓度分别为 0、0.50、1.00、5.00、10.00、30.00、50.00、70.00μg/mL。

根据所测元素的含量范围，可从上述工作曲线中，选择适当的 3～4 点，用于分析即可。

4）工作曲线Ⅳ——测定 $w(Ni)$ 大于 14%的试样：加入 0、5.0、10.0、15.0、18.0mL 镍标准溶液 A 于 5 个 100mL 容量瓶

中，分别加入 1.00mL 内标溶液、10mL 混合酸，用水稀释至刻度，混匀。

此工作曲线各点的镍的质量浓度分别为 0、50、100、150、180μg/mL。

5）标准样品系列溶液：选择与待测试样的化学组成基本一致的有证标准样品，称取与待测试样相同的量，随同试料溶解等步骤，制备标准样品系列溶液。可以更方便地作为测量标准。

6）铜及铜合金中各元素工作曲线的相关系数均大于 0.999，线性关系良好，能够满足分析要求。

（5）测定：

1）仪器测定条件（推荐）：

a）综合考虑各元素的灵敏度和稳定性，选择功率 1150W、辅助气流量 0.5L/min、雾化室压力 25Pa、蠕动泵速 100r/min、积分时间 5~30s。

磷、硫的分析线靠近短波，测定时，光室通氩气或氮气 12h 以上，或抽真空。

b）积分时间的长短对测定结果的稳定性有一定的影响，应根据试样中含量的不同来设置积分时间，一般为 5~30s。

对微量元素的分析，增加积分时间可提高方法的精密度和稳定性，一般选择 15s 以上；对于常量元素的分析，积分时间的长短对稳定性影响不大；对于高含量元素的分析，积分时间长则稳定性下降，一般使用 5s 即可。

2）于电感耦合等离子体原子发射光谱仪，在各元素选定的波长处（见表 1-18），测量按质量分数高低选择的不同的工作曲线的光谱强度。当工作曲线线性 $r \geqslant 0.999$ 时，可进行试样溶液的测定。由计算机自动给出各元素的质量浓度。

（6）分析结果的计算：按式（1-4）计算待测元素 x 的质量分数 $w(x)$：

$$w(x)/\% = \frac{(\rho_1 - \rho_0)V \times 10^{-6}}{m} \times 100 \qquad (1\text{-}4)$$

式中 ρ_0——空白溶液的质量浓度，$\mu g/mL$；

　　　ρ_1——试样溶液的质量浓度，$\mu g/mL$；

　　　m——试料的质量，g；

　　　V——相当于试料质量为 m 的试液总体积，mL。

1.7.4.4 精密度

（1）重复性：在重复性条件下获得的两次独立测试结果的绝对差值，应不超过表1-21所列重复性限 r。超过重复性限 r 的几率不超过5%。

表1-21　铜及铜合金电感耦合等离子体原子发射光谱法
不同质量分数的重复性限 r 和再现性限 R

元素的质量分数/%	重复性限 r/%	再现性限 R/%
0.00005	0.00004	0.00005
0.0001	0.0001	0.0001
0.0010	0.0003	0.0005
0.0050	0.0005	0.0008
0.050	0.004	0.006
0.100	0.015	0.020
1.00	0.07	0.08
5.00	0.15	0.20
10.00	0.20	0.30
15.00	0.30	0.35
35.00	0.48	0.60

注：重复性限 r 为 $2.8S_r$，S_r 为重复性试验标准偏差；再现性限 R 为 $2.8S_R$，S_R 为再现性试验标准偏差。

其他质量分数重复性限 r 按表1-21数据采用线性内插法求得（见1.2.4节）。

（2）再现性：在再现性条件下获得的两次独立测试结果的

绝对差值，应不超过表 1-21 所列再现性限 R。超过再现性限 R 的几率不超过 5%。

其他质量分数的再现性限 R 按表 1-21 数据采用线性内插法求得（见 1.2.4 节）。

1.8　摄谱与直读发射光谱法

本节先介绍发射光谱法使用的光源、色散系统、试样激发方法，再详细介绍摄谱发射光谱分析方法和光电直读发射光谱分析方法，最后介绍近年来制定的光电直读发射光谱行业标准分析方法。

1.8.1　原子光谱与光谱分析

1.8.1.1　原子光谱

物质中的原子、分子永远处于运动状态，这种物质内部的运动，以能量辐射或能量吸收的形式在外部表现出来就是电磁辐射。光谱也就是按波长顺序排列的电磁辐射，依波长可以按表 1-22 分类。

表 1-22　光谱分类

光谱种类		电磁辐射波长大致范围
γ 射线		5×10^{-4}nm ~ 0.14nm
X 射线		0.01nm ~ 10nm
光学光谱	真空紫外	10nm ~ 200nm
	近紫外	200nm ~ 380nm
	可见	380nm ~ 780nm
	近红外	780nm ~ 3μm
	远红外	3μm ~ 0.3mm
微　波		0.3mm ~ 1m

A 原子光谱的产生

正常情况下，原子处于基态，能量最低，最稳定。从外界获得能量后，原子核外电子从基态跃迁到较高能态，成为激发态。激发态极不稳定，约经 10^{-8}s，外层电子就从较高能级回到较低能级或基态，多余的能量以电磁波的形式发射出来。

原子中某一外层电子由基态激发到高能级所需要的能量称为激发电位。原子光谱中每一条谱线的产生各有其相应的激发电位。由各个激发态回到基态所发射的谱线称为共振线。由最低激发态回到基态所发射的谱线称为第一共振线，它具有最小的激发电位，因此最容易被激发，为该元素最灵敏的谱线。

离子也可能被激发，其外层电子跃迁也发射光谱。由于离子和原子具有不同的能级，所以离子发射的光谱与原子发射的光谱不一样。每一条离子线也有其激发电位。

在原子谱线表中，罗马数 I 表示中性原子发射光谱的谱线，II 表示一次电离离子发射的谱线，III 表示二次电离离子发射的谱线……。例如 Mg I 285.21nm 为原子线，Mg II 280.27nm 为一次电离离子线……。

B 谱线的自吸与自蚀

在实际工作中，发射光谱是通过物质的蒸发、激发、迁移和射出弧层而得到的。首先，物质在光源中蒸发形成气体，由于运动粒子发生相互碰撞和激发，使气体中产生大量的分子、原子、离子、电子等粒子，这种电离的气体在宏观上是中性的，称为等离子体。在一般光源中，是在弧焰中产生的弧焰具有一定的厚度，弧焰中心的温度最高，边缘的温度较低。由弧焰中心发射出来的辐射光，必须通过整个弧焰才能射出，由于弧层边缘的温度较低，因而这里处于基态的同类原子较多。这些低能态的同类原子能吸收高能态原子发射出来的光而产生吸收光谱。

原子在高温时被激发，发射某一波长的谱线，而处于低温状态的同类原子又能吸收这一波长的辐射，这种现象称为自吸现象，见图 1-4。

弧层越厚，弧焰中被测元素的原子浓度越大，则自吸现象越严重。

当原子浓度较低时，谱线不呈现自吸现象；原子浓度增大，谱线产生自吸现象。由于发射谱线的宽度比吸收谱线的宽度大，所以，谱线中心的吸收程度要比边缘部分大，因而使谱线出现"边强中弱"的现象。当自吸现象非常严重时，谱线中心的辐射将完全被吸收，这种现象称为自蚀（图1-4）。

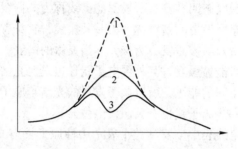

图1-4　谱线的自吸与自蚀
1—无自吸；2—自吸；3—自蚀

共振线是原子由激发态跃迁至基态而产生的。由于这种迁移及激发所需要的能量最低，所以基态原子对共振线的吸收也最严重。当原子浓度很大时，共振线呈现自蚀现象。自吸现象严重的谱线，往往具有一定的宽度，这是由于同类原子的互相碰撞而引起的，称为共振变宽。

由于自吸现象严重影响谱线强度，所以在光谱定量分析中是一个必须注意的问题。

1.8.1.2　光谱分析

各种元素的原子在外界能量的激发下都能产生自己特有的光谱。根据元素被激发后所产生的特征光谱来确定金属的化学成分及含量的方法，称原子发射光谱分析法。

通常借助于火焰、交直流电弧、高低压火花、激光、交直流电感耦合等离子体、微波等离子体等外界能源激发试样，使被测元素发出特征光谱。依光源的不同可分为火焰、交直流电弧、高低压火花、激光、交直流电感耦合等离子体、微波等离子体原子发射光谱分析。

依分光元件的不同又分为棱镜光谱仪、光栅光谱仪、中阶梯光栅光谱仪。

依接收系统的不同又分为看谱镜、摄谱仪、光电直读光谱仪。

依检测器的不同分为普通光电直读仪、准全谱直读光谱仪、全谱直读光谱仪。

原子发射光谱仪结构如图 1-5 所示。

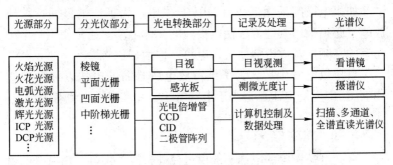

图 1-5 原子发射光谱仪结构示意图

1.8.2 发射光谱的光源

光源具有使试样蒸发、解离、原子化、激发，产生原子光谱的作用。光源稳定性、激发原子的灵敏性对光谱分析的检出限、精密度和准确度都有很大的影响。因此，光源的选择非常重要。

目前铜合金分析常用的光源有直流电弧、交流电弧、电火花及耦合高频等离子体。

在电光源中，两个电极之间是空气（或其他气体），放电是在有气体的电极之间发生。由于在常压下，空气不能导电，所以要借助紫外线照射、电子轰击、电子或离子对中性原子碰撞以及金属灼热时发射电子等，使气体电离产生离子，变成导体。

当气体电离后，还需在电极间加以足够的电压，才能维持放电。通常，当电极间的电压增大，电流也随之增大，当电压增大到某一定值时，电流突然增大到差不多只受外电路中电阻的限制，即电极间的电阻突然变得很小，这种现象称为击穿。在电极间的气体被击穿后，即使没有外界电离作用，仍然继续保持电离，使放电持续，这种放电称为自持放电。光谱分析用的电光源（电弧和电火花），都属于自持放电类型。

使电极间击穿而发生自持放电的最小电压称为"击穿电压"。要使空气中通过电流，必须要有很高的电压。在 0.1MPa 压力下，若使 1mm 的间隙中发生放电，必须具有 3.3kV 的电压。

如果电极间采用低压（220V）供电，为了使电极间持续地放电，必须采用其他方法使电极间的气体电离。通常使用一个小功率的高频振荡放电器使气体电离，称为"引燃"。

自持放电发生后，为了维持放电所必需的电压，称为"燃烧电压"。燃烧电压总是小于击穿电压，并和放电电流有关。

1.8.2.1　直流电弧

直流电弧光源的电源一般由可控硅整流器供电，用可变电阻调节电流大小，用高频火花引燃直流电弧。

直流电弧工作时，阴极释放出来的电子不断轰击阳极，使其表面上出现一个炽热的斑点。这个斑点称为阳极斑。阳极斑的温度较高，有利于试样的蒸发。因此，一般均将试样置于阳极炭棒孔穴中。在直流电弧中，弧焰温度取决于弧隙中气体的电离电位，一般约 4000 ~ 7000K。电极头的温度较弧焰的温度低，且与电流大小有关，一般阳极可达 3800℃，阴极则在 3000℃ 以下。

直流电弧的主要优点是：检出限低，可分析痕量元素；连续背景和空气谱线弱；预燃时间短；结构简单，安全。

直流电弧的主要缺点是：放电不稳定，分析再现性差；弧层较厚，自吸现象严重，不适用于高含量分析。主要应用于矿石等定性、半定量分析及痕量元素的定量分析。

1.8.2.2 交流电弧

将普通的220V交流电直接连接在两个电极间是不可能形成弧焰的，这是因为电极间没有导电的电子和离子。采用高频高压引燃装置，借助高频高压电流，不断地"击穿"电极间的气体，造成电离，维持导电，低频低压交流电就能不断地流过，维持电弧的燃烧。这种高频高压引燃、低频低压燃弧的装置就是普通的交流电弧。

交流电弧是介于直流电弧和电火花之间的一种光源。与直流电弧相比，交流电弧较稳定。这种光源常用于金属、合金中低含量元素的定量分析。

1.8.2.3 电火花

高压电火花通常使用8kV以上的高压交流电，通过间隙放电，产生电火花。图1-6所示是高压火花发生器示意图。

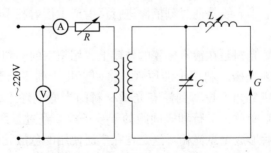

图1-6 高压火花发生器示意图

电源电压经过可调电阻 R 适当降压后进入升压变压器，产生8kV以上的高电压，并向电容器 C 充电。当电容器两极间的电压升高到分析间隙的击穿电压时，储存在电容器中的电能立即向分析间隙放电，产生电火花。由于高压火花放电时间极短，故在这一瞬间内通过分析间隙的电流密度很大，因此弧焰瞬间温度很高，可达 10000K 以上，故激发能量大，可激发电离电位高的元素。

由于电火花是以间歇方式进行工作的，平均电流密度并不高，所以电极头温度较低，且弧焰半径较小。这种光源主要用于易熔金属、合金试样的分析及高含量元素的定量分析。

1.8.2.4　等离子体光源

最常采用等离子体（ICP）光源的光谱分析已在 1.7 节中介绍过。

1.8.3　色散系统

无论是摄谱仪还是直读光谱仪，现在都采用光栅作为色散元件。它是利用光的衍射现象进行色散的一种光学元件，也叫衍射光栅，是排列在一个光学平面或凹面上的许多等距等宽相互平行的狭缝或刻槽。

如果光线是通过狭缝产生衍射和干涉现象，这一类光栅称透射光栅；如果光线是通过刻槽面进行反射产生衍射和干涉的称为反射光栅。

一般的光栅是在镀有铝膜的玻璃上，用精密的刻划机刻制而成，叫机刻光栅。利用干涉原理，将两束相干的平行光束（激光）以一定的角度投射到涂有光敏材料的光栅毛坯上，在毛坯上形成明暗交替、平行和等间距的干涉条纹，经过显影、定影、真空镀膜后形成全息光栅。这是现在广泛使用的色散元件。

1.8.3.1　光栅衍射和衍射方程

以刻划反射光栅为例介绍光栅的衍射过程。当一束平行光投射到光栅表面时，光栅的每一个刻槽都进行衍射，而要每一个刻槽的衍射光互相干涉，必须使不同波长的光在不同的方向上出现衍射极大，才能将混合光分开并进行分析，如图 1-7 所示。

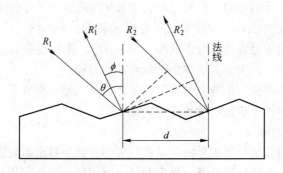

图 1-7 光栅衍射示意图

从图 1-7 中可以看出，平行光束 R_1、R_2 照射到光栅两个相邻的刻槽面上，并分别在法线的同侧（或异侧）发出衍射光 R'_1、R'_2。显然，光到达光栅时 R_1 比 R_2 提前 $d\sin\theta$，衍射光离开光栅时 R'_1 比 R'_2 提前 $d\sin\phi$。其中 d 是光栅常数（两平行刻槽间的距离），θ 为入射角（入射线与光栅法线的夹角），ϕ 为衍射角（衍射线与法线的夹角）。两光线的净光程差为（$d\sin\theta \pm d\sin\phi$）。依据干涉原理只有光程差是波长的整数倍时，光线在衍射方向上才会出现干涉极大。表示为

$$m\lambda = d(\sin\theta \pm \sin\phi) \tag{1-5}$$

这就是光栅的衍射方程。

式中，m 为衍射级次，$m = 0$，± 1，± 2，± 3，…；λ 为波长；负值表示入射线与衍射线在法线的异侧。

从方程可以看出，当光栅常数 d 和入射角 θ 固定时，在衍射方向上，不同的衍射角对应不同的值。也可以看出波长为 a 的一级谱线与波长为 $a/2$ 的二级谱线重叠（$1 \times a = 2 \times a/2$），与波长为 $a/3$ 的三级谱线重叠（$1 \times a = 3 \times a/3$），类推。

1.8.3.2 光栅光谱仪的主要性能

A 色散率

光栅光谱仪的线色散率，简称色散率，是评价其把不同波长

的谱线分开的能力，一般用波长差 $\Delta\lambda$ 的两条谱线在焦面上色散分开的距离 Δd 与波长差 $\Delta\lambda$ 之比来表示：$\Delta d/\Delta\lambda$（mm/nm）。实际应用中更常用倒数色散率（nm/mm），表示在焦面上每毫米所包含的波长差，其值越小，分辨能力越强。

色散率的大小与光栅常数成反比，与光谱级次成正比，与光栅曲率半径或成像物镜焦距成正比。

B　分辨率

光谱仪的分辨率是指光学系统能够正确分辨出两条相邻谱线的能力。一般常用两条可以分开的光谱线波长的平均值 $\overline{\lambda}$ 与其波长之差 $\Delta\lambda$ 的比来表示，即 $R = \overline{\lambda}/\Delta\lambda$。

光栅的理论分辨率与光栅的刻划总数、光谱级次成正比。所以采用大面积、高刻线数的光栅，使用高级次谱线有利于提高分辨率。

$$R = mN = mW/d \tag{1-6}$$

式中　R——分辨率；

$\quad\quad\ m$——光谱级次；

$\quad\quad\ N$——光栅刻划数；

$\quad\quad\ W$——光栅宽度；

$\quad\quad\ d$——光栅常数。

1.8.4　试样激发方法

1.8.4.1　试样引入激发光源的方法

（1）固体试样：金属与合金本身能导电，可直接做成电极，称为自电极；金属箔、丝，可将其置于石墨或炭电极中；粉末样品，通常放入制成各种形状的孔或杯形石墨电极中。

（2）溶液试样：电弧或火花光源通常用溶液干渣法进样。将试液滴在平头或凹面电极上，烘干后激发。为了防止溶液渗入电极，预先滴聚苯乙烯-苯溶液，在电极表面形成一层有机物薄膜。试液也可以用石墨粉吸收，烘干后装入电极孔内。

常用的电极材料为石墨，常常将其加工成各种形状。石墨具有导电性能良好，沸点高（可达4000K），有利于试样蒸发，谱线简单，容易制纯及容易加工成型等优点。

（3）气体试样：通常将其充入放电管内。

1.8.4.2　试样的蒸发与光谱的激发

在激发光源的作用下，试样蒸发进入等离子区内。不同元素的蒸发速度不断变化，以致谱线强度也不断变化。易挥发的物质先蒸发出来，难挥发的物质后蒸发出来。试样中不同组分的蒸发有先后次序的现象称为分馏。试样的蒸发速度受许多因素的影响，如试样成分、试样装入量、电极形状、电极温度、试样在电极内产生的化学反应等。

物质蒸发到等离子区，发生原子化和电离。气态的原子或离子在等离子体内与高速运动的粒子碰撞而被激发，发射各元素特征的电磁辐射。

1.8.5　发射光谱分析方法

原子发射光谱法可对约70种元素（金属元素及磷、硅、砷、碳、硼等非金属元素）进行定性、半定量和定量分析。在一般情况下，用于低、微量组分测定，检出限可达 $\mu g/g$ 级，相对标准偏差 ±10% 左右，线性范围约2个数量级。

1.8.5.1　目视法

用眼睛来观测谱线强度的方法称为目视法（看谱法）。这种方法仅适用于可见光波段。常用的仪器是看谱镜，它是一种小型的光谱仪，专门用于金属的定性和半定量分析。

近年来出现的手提式光谱仪具有看谱镜的灵活性和一定的准确度，适于现场使用。

1.8.5.2　摄谱法

摄谱法是曾长期应用的仪器分析方法，现在日益被其他仪器分析方法所替代。

A　摄谱过程

摄谱法是用感光板记录光谱。将光谱感光板置于摄谱仪焦面上，接受被激发的分析试样发出的光而感光，再经过显影、定影等过程后，制得光谱底片，其上有许多黑度不同的光谱线。然后用映谱仪观察谱线位置及大致强度，进行光谱定性及半定量分析。用测微光度计测量谱线的黑度，进行光谱定量分析。

感光板上谱线的黑度与作用其上的总曝光量有关。

感光板上谱线黑度，一般用测微光度计测量。设测量用光源强度为 a，通过感光板上没有谱线部分的光强为 I_0，通过谱线部分的光强为 I，则透过率 T 为

$$T = I/I_0$$

黑度 S 定义为透过率倒数的对数，即

$$S = \lg(1/T) = \lg(I_0/I) \tag{1-7}$$

感光板上感光层的黑度 S 与曝光量 H 之间的关系极为复杂。通常用图解法表示。若以黑度为纵坐标，曝光量的对数为横坐标，得到实际的乳剂特征曲线，如图 1-8 所示。

乳剂特征曲线是表示曝光量 H 的对数与黑度 S 之间关系的曲线。

BC 部分为正常曝光部分。光谱定量分析中，通常需要利用这一部分，因为此时黑度和曝光量 H 的对数之间可用简单的数学公式表示为

$$S = \gamma(\lg H - \lg H_i) = \gamma \lg H - i \tag{1-8}$$

H_i 是感光板的惰延量，可从直线 BC 延长至横轴上的截距求出。$1/H_i$ 决定感光片的灵敏度，i 代表 $\gamma \lg H_i$。γ 为相应直线的斜率，称为对比度或反衬度。它表示感光板在曝光量改变时黑度改变的程度。

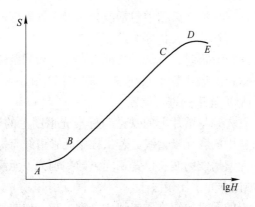

图 1-8 乳剂特征曲线

B 摄谱定性分析

各种元素的原子结构不同，在光源激发作用下，试样中每种元素只要达到一定的含量，都发射自己的特征光谱并被摄谱在感光板上。它是进行元素定性检出的方法之一。

a 元素的分析线与最后线

每种元素发射的特征谱线有多有少，多的可达几千条。定性分析时，只需检出几条谱线即可。

进行分析时所使用的谱线称为分析线。如果只见到某元素的一条谱线，尚不能断定该元素确实存在，因为有可能是其他元素的干扰谱线。所以，检出某元素是否存在，必须用该元素原子的第一共振线（即最灵敏线或称最后线）和至少一条次灵敏线。

b 铁光谱比较法

铁光谱线在 200～1000nm 波长范围内有 4000 多条，平均每纳米有 5 条谱线。将铁谱与波长标尺拍摄在一起，通过对照，准确确定铁谱线波长，再与其他元素的谱线比较，确定这些元素谱线的波长。

标准光谱图是在相同条件下，在铁光谱上方准确地绘出绝大多数元素的逐条谱线并放大 20 倍的图片。

铁光谱比较法实际上是与标准光谱图进行比较，又称为标准光谱图比较法。标准光谱图中包括波长标尺、铁光谱、各元素常用分析线、元素符号、波长等信息。

在实际进行分析时，将试样与纯铁在完全相同条件下并列且相继摄谱，摄得的谱片置于映谱仪（放大仪）上；谱片也放大20倍，再与标准光谱图进行比较。

比较时首先须将谱片上的铁谱与标准光谱图上的铁谱对准，然后检查试样中的各元素谱线。若试样中元素谱线与标准图谱中标明的某一元素谱线的波长位置相同，即判别为该元素被检出。

c　标准试样光谱比较法

将要检出的元素的纯物质或纯化合物，与试样并列摄谱于同一感光板上，在映谱仪上检查试样光谱与纯物质光谱。若两者谱线出现在同一波长位置上，也可说明某一元素的某条谱线存在。

C　摄谱定量分析

a　谱线强度与被测元素浓度的关系

光谱定量分析主要是根据谱线强度与被测元素浓度的关系来进行测定。当温度一定时，谱线强度 I 与被测元素浓度 C 成正比，即

$$I = aC$$

当考虑到谱线自吸时，有如下关系式

$$I = aC^b \tag{1-9}$$

式中　b——自吸系数，$b = 0 \sim 1$。当浓度很小无自吸，$b = 1$；浓度 C 增加，自吸程度增大，b 值减小，谱线强度 I 随之减小；

　　　a——与试样组成、形态及放电条件等有关的参数，在实验中很难保持为常数，故通常不采用谱线的绝对强度来进行光谱定量分析，而是采用"内标法"进行定量分析。

这个公式称为罗马金公式，是定量分析的基本关系式。

b　标准曲线法（三标准试样法）

光谱定量分析属于相对分析，需要与标准样品比较，才能确定未知样中被测元素的量。一般用 3 个或 3 个以上含有不同浓度被测元素的标准样品，与试样在相同的条件下激发光谱，以分析线强度 I 对浓度 C 或 $\lg C$ 做标准曲线。再由标准曲线求得试样被测元素含量。

c 内标法

由于未知样很难与标准样的化学组成完全一致，光源放电不稳定等仪器分析条件也随时发生变化。受此影响，罗马金公式中 a 值不会是一个常数。a 值的改变必然影响谱线强度 I，从而影响分析结果准确性。

若采用相对强度测量，即采用分析线与比较线的相对强度测量，这种方法叫内标法。所用分析线与比较线称为分析线对。比较线又叫内标线，选作内标线的元素叫内标元素。内标法可以减小前述因素对谱线强度的影响，提高光谱定量分析的准确度。

一般在基体元素（或加入定量的其他元素）的谱线中选一根谱线，作为内标线。根据分析线对的相对强度与被分析元素含量的关系式进行定量分析。

此法可在很大程度上消除光源放电不稳定等因素带来的影响，因为尽管光源变化对分析线的绝对强度有较大的影响，但对分析线和内标线的影响基本是一致的，所以对其相对强度影响不大。这就是内标法的优点。

设分析线强度 I，内标线强度 I_0，被测元素浓度与内标元素浓度分别为 C 和 C_0，b 和 b_0 分别为分析线和内标线的自吸系数。由式（1-9）：

$$I = aC^b$$
$$I_0 = a_0 C_0^{b_0}$$

分析线与内标线强度之比 R 称为相对强度。

$$R = I/I_0 = aC^b/a_0 C_0^{b_0}$$

式中，内标元素的浓度 C_0 为常数，当实验条件一定时，$A =$

$a/a_0 C_0^{b0}$ 为常数，则

$$R = I/I_0 = AC^b$$

取对数，得

$$\lg R = b\lg C + \lg A \qquad (1\text{-}10)$$

分析线与内标线的黑度都落在感光板正常曝光部分，可直接用分析线对的黑度差 ΔS 与 $\lg C$ 建立标准曲线（图 1-9）。选用的分析线对的波长应比较靠近，此分析线对所在的感光板部位乳剂特征相同。

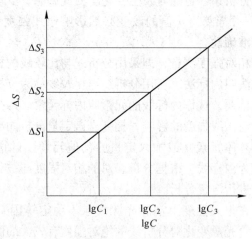

图 1-9　黑度差 ΔS 与 $\lg C$ 关系曲线

若分析线的黑度 S_1，内标线的黑度 S_2，则由乳剂特性曲线谱线黑度与曝光量关系式（1-8），得

$$S_1 = \gamma_1 \lg H_1 - i_1$$

$$S_2 = \gamma_2 \lg H_2 - i_2$$

因分析线对所在部位乳剂特征基本相同，故有

$$\gamma_1 = \gamma_2 = \gamma$$

$$i_1 = i_2 = i$$

因此

$$S_1 = \gamma \lg I_1 - i$$

$$S_2 = \gamma \lg I_2 - i$$

黑度差为 $\quad \Delta S = S_1 - S_2 = \gamma(\lg I_1 - \lg I_2) = \gamma \lg \dfrac{I_1}{I_2} = \gamma \lg R$

代入式(1-10)得:

$$\Delta S = \gamma b \lg C + \gamma \lg A \qquad (1\text{-}11)$$

式 (1-11) 为摄谱法定量分析内标法的基本关系式。分析线与内标线的黑度差 ΔS 与被测元素浓度的对数 $\lg C$ 呈线性关系。

在同样的条件下,将标样和未知样一起摄谱。测得标样分析线对的黑度差,与标样相应元素浓度的对数绘制工作曲线。以未知样的黑度差从曲线上查出未知样相应元素浓度的对数值,再换算出相应元素浓度。

铜合金分析中,内标元素一般采用基体元素铜。

内标元素与被测元素在光源作用下应有相近的蒸发性质;内标元素若是外加的,必须是试样中不含或含量极少可以忽略的;分析线对的选择需匹配:两条原子线或两条离子线;分析线对两条谱线的激发电位相近(若内标元素与被测元素的电离电位相近,分析线对的激发电位也相近,这样的分析线对称为"均匀线对");分析线对的波长应尽可能接近;分析线对两条谱线应没有自吸或自吸很小,并不受其他谱线的干扰;内标元素含量一定。

d 光谱定量分析的其他方法

(1)标准加入法:当测定低含量元素,找不到合适的基体来配制标准试样时,一般采用标准加入法。

设试样中被测元素含量为 w_x,在几份试样中分别加入不同含量 w_1、w_2、w_3…的被测元素;在同一实验条件下,激发光谱,然后测量试样与不同加入量样品分析线对的强度比 R。在被测元素含量低时,自吸系数 $b=1$,分析线对强度 R 正比于被测元素含量 w,$R\text{-}w$ 图为一直线,将直线外推,与横坐标相交截距的绝对值即为试样中待测元素含量 w_x。

（2）持久曲线法：如果激发条件稳定，其他条件一致，式（1-11）中的 $\lg A$ 和 b 的变化很小，影响工作曲线的主要原因就是乳剂的反衬度 γ。因此通过校正反衬度的影响，用一条相对固定的工作曲线进行工作的分析方法称为持久曲线法。

（3）控制试样法：实际工作中，激发条件不可能不变化，为了在变化的条件下能简便的工作，可使用控制试样法。采用一个已知含量的试样和待测试样一起摄谱，可以用已知含量的试样的黑度差来校正工作曲线的变化。

e　光谱定量分析工作条件的选择

（1）光谱仪：多采用中型摄谱仪，但对谱线复杂的元素（如稀土元素等）则需选用色散率更大的大型摄谱仪。

（2）光源：可根据被测元素的含量、元素的特征及分析要求等选择合适的光源。

（3）狭缝：在定量分析中，为了减少由乳剂不均匀所引入的误差，宜使用较宽的狭缝，一般可达 $20\mu m$。

（4）光谱载体：进行光谱定量分析时，在样品中加入一些有利于分析的高纯度物质，称为光谱载体。它们多为一些化合物、盐类、炭粉等。

载体的作用主要是增加谱线强度，提高分析的灵敏度，并且提高准确度和消除干扰等。

1.8.5.3　直读发射光谱法

目视法是采用人的眼睛作为光谱线的接收"元件"；摄谱分析是用光谱干板作为谱线的接收元件。如果将谱线的接收元件用光电倍增管 PMT、光电二极管阵列 PDA、电荷耦合元件 CCD、电荷注入元件 CID 等来替代，此时由这些元件将光信号转换为电信号供分析处理，就称为光电光谱分析。由于检测到的电信号是由计算机直接读出光强大小或含量高低，所以又称为光电直读光谱分析（图 1-10）。

依据工作范围的不同，光电直读光谱仪分为真空型和非真空

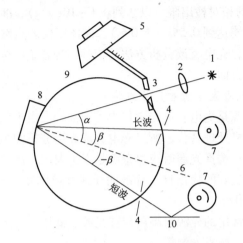

图 1-10　典型的直读发射光谱分光仪
1—光源；2—透镜；3—入射狭缝；4—出射狭缝；
5—千分表；6—法线；7—光电倍增管；
8—光栅；9—罗兰圆；10—反射镜

型。非真空型直读光谱仪工作在紫外和可见光区（200～800nm），真空型直读光谱仪可在波长下限更低的范围工作（120～800nm）。

从仪器的结构来分，光电直读光谱仪分为固定的多道型和单道扫描型两种。固定多道型直读光谱仪适应于工厂大规模生产（产品种类变化不大）。其具有分析精度高、速度快的特点。但无法分析所设置的固定道以外的元素或新增加分析元素。而单道扫描型直读光谱仪则更适应产品多变的用户，不过分析速度和精度要稍逊于固定型。

然而，随着新型电子元器件 CCD、CID、PDA 的广泛使用，20 世纪 90 年代出现的全谱直读仪器使得分析的灵活性、高精度、速度快的特点得到较好的结合。

　　A　光电直读光谱仪的特点

光电直读光谱仪具有分析速度快、选择性好、检出限低

（直接分析的相对检出限可以达到 0.1～10μg/g）、准确度高（相对标准偏差能达到 0.5%～1.0%）、操作简便。当然，光电直读仪价格昂贵，光电直读分析方法需依赖同种合金的标样，这是限制它使用的方面。

B　光电直读分析对光源的要求

激发光源是光电直读光谱仪中关键部分。由于照相、测量过程已由计算机处理替代，所以光电直读光谱分析的主要不确定度来源于光源。选择光源时应尽量满足以下要求：高的灵敏度，低的检出限，良好的稳定性，标准曲线线性范围宽，分析速度快，安全，易操作。

目前，常用的光源有高压控波光源、低压火花高速光源、等离子体光源、辉光光源等。

C　控制气氛的使用

分析气氛对分析结果的准确性和检出限有很大的影响，使用氩气能取得较好的效果。当样品在氩气气氛中激发时，防止了样品在激发过程中的选择性氧化，使放电状态稳定。同时减少了带状光谱的出现（CN、CO、NO），降低了背景。并且，由于氩气的使用，使氧对短波区（140～195nm）的强烈吸收大大降低，有利于对这一波段中 C、P、S、B、Sn 等的分析，扩大了分析范围。

火花放电一般有两个极端状态：凝聚放电和扩散放电。有氧存在时，激发斑点呈白色，放电中心与边沿无明显分界，是扩散放电；没有氧存在时，激发斑点边沿呈黑色，中心为麻点状，是凝聚放电。凝聚放电能形成均匀的熔融层，易得到稳定的分析结果；而扩散放电得不到均匀的熔融层，分析结果不稳定。

影响凝聚放电的因素有：

（1）氩气的纯度。一般要求氩气要达到 99.995% 以上（可通过净化器获得较高纯度）。

（2）元素对氧的亲和力。越易氧化的元素越易形成扩散放电。如含有 Al、Si、Cr 的样品就易产生扩散放电。

（3）样品状况。氧化膜、汗渍、油渍、气泡、夹杂等都影响凝聚放电。

D 定量分析方法

在光电直读分析中也存在着类似罗马金公式的关系：$V = Kw^b$（V 是分析元素对应的电容的电压值，w 为分析元素的含量，b、K 是系数）。

当分析元素含量较低时，b 接近于 1，V 与 w 呈线性关系；当分析元素含量较高时，可用 $\lg V$ 对 $\lg C$ 的线性关系进行定量分析。

也可以用多项式展开：$w = a_0 + a_1 V + a_2 V^2 + a_3 V^3 + \cdots + a_n V^n$（通常最多取三次方）。

在铜合金分析中，由于铜的高热导率和高电导率以及主量元素变化大等因素，使得第三元素影响和基体影响比较严重。在标样的选择时要注意尽可能使用与待测试样基体相近的标样。

a 标准曲线法（三标准试样法）

在相同条件下激发试样与标样的光谱，测量标准样品的电压值，绘制标准曲线。根据被测试样中元素的强度，求出该元素的含量。

用 3 个或 3 个以上的标准样品，在选定的工作条件下测得各自的相对强度值（相对电压）R_1、R_2、R_3，与各自的标准值 w_i 联立方程：

$$w_1 = aR_1^2 + bR_1 + c$$

$$w_2 = aR_2^2 + bR_2 + c$$

$$w_3 = aR_3^2 + bR_3 + c$$

求解三元方程，得出系数 a、b、c，代入该方程，可得出未知样中元素的含量。

b 控制试样法

在实际工作中，由于分析试样和标准试样在组织结构等物理状态方面的差异（企业常规分析的试样，一般是铸态的，而标准样品一般是加工变形状态的），常使标准曲线发生偏移，需要使用一个与分析试样的物理状态（组织、结构、密度、表面等）一致的控制试样（控样）来校正，确保分析正确性。

在日常分析时，将控样与分析试样在相同的条件下进行激发，通过点（$R_控$，$w_控$）作原曲线的平行线，得到控样法的校准曲线。

用一个标准样品作控样，进行曲线的漂移校正（图 1-11），只能是在微小含量区间进行校正。

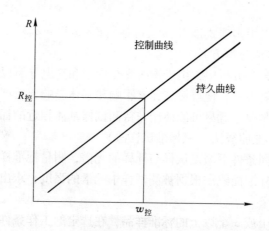

图 1-11　控制试样法，曲线漂移校正示意图

所以，除了要求控样定值准确、成分均匀之外，要严格保证与待分析试样含量尽可能一致、物理状态一致。尤其是曲线发生非平移的漂移时，校正更是有局限性。

c　标准化

标准化是对持久曲线的修正。由于受温度、湿度、振动、透镜和电极被沾污等影响，持久曲线会发生位移、转动，在实际分析中需定期对它进行修正，这就是标准曲线的标准化。方法是，选取含量分别在标准曲线上限和下限的两个标样进行测量。测得 R_1，R_2，与原始值 R_1^0，R_2^0 组成方程组：

$$R_1 = aR_1^0 + b$$

$$R_2 = aR_2^0 + b$$

解出 a、b，即可修正曲线的变化，这就是两点标准化。

单点标准化仅选择一个含量靠近上限的点，利用 $R_1 = aR_1^0$ 进行校正。

d　高合金试样的定量分析方法

光电直读分析纯铜和合金元素含量低的试样时，常用基体铜作内标，并认为基体含量固定不变。但是对一些合金元素含量高的试样，由于主量元素的变化使基体组成发生较大变化，使结果发生较大偏移。此时，常采用以下方法进行校正：

（1）基体校正法（基体和部分主要成分的含量已知）：

基体元素质量分数 = 100% − 所有其他元素质量分数之和。

被测元素的校正质量分数 =（被测元素质量分数/基体元素质量分数）×100%。

被测元素的实际质量分数通过计算机对上述公式逆运算完成。

（2）诱导含量法（基体含量未知，合金中其他元素含量已知）：将各元素分析含量（不包括基体）全部考虑，基体质量分数 = 100 −（各元素质量分数之和）。

以4个元素分析为例，其含量分别是 a、b、c、d。

诱导含量分别为：$a' = a/[100 − (a + b + c + d)]$；

$$b' = b/[100 − (a + b + c + d)]；$$

$$c' = c/[100 − (a + b + c + d)]；$$

$$d' = d/[100 − (a + b + c + d)]。$$

绘制校正曲线时用诱导含量作为替代来制作曲线，分析时得出的是未知样的诱导含量，再经计算机解出实际含量。

1.8.6　铜及铜合金光电直读分析方法行业标准简介

《铜及铜合金分析方法　光电发射光谱法》（YS/T 482—

2005）标准涉及了铜及铜合金常见分析元素 21 个，覆盖 GB/T 5231—2001《加工铜及铜合金化学成分和产品形状》中合金牌号 60 多个，同时可满足 ISO、ASTM、JIS、BS 等诸多标准系列的数百个合金牌号的分析。

    本小节只介绍主要内容，在原标准基础上，个别部分做了文字和技术上的改动。

1.8.6.1 各元素的测定范围

    各元素的测定范围如表 1-23 所示。

表 1-23 各元素的测定范围

元素	测定范围（质量分数）/%	元素	测定范围（质量分数）/%
Pb	0.0005 ~ 5.00	Si	0.0005 ~ 6.00
Fe	0.0005 ~ 8.00	Cr	0.0002 ~ 1.50
Bi	0.0002 ~ 0.10	Al	0.0005 ~ 15.00
Sb	0.0004 ~ 0.50	Ag	0.0005 ~ 0.20
As	0.0005 ~ 0.20	Zr	0.0005 ~ 1.00
Sn	0.0005 ~ 15.00	Mg	0.0010 ~ 0.50
Ni	0.0005 ~ 30.00	Te	0.0005 ~ 0.15
Zn	0.0005 ~ 35.00	Se	0.0005 ~ 0.10
P	0.0005 ~ 0.50	Co	0.0005 ~ 1.00
S	0.0005 ~ 0.050	Cd	0.0005 ~ 0.10
Mn	0.0002 ~ 10.00		

    注：表中 Zn、Ni 等元素的测定上限分别达到 35%、30%，需严格仪器条件，精心操作，否则相对不确定度难以达到 1.8.6.7 小节列出的允许值。

1.8.6.2 对仪器的要求

    仪器应具有良好的稳定性和灵敏度。其主要技术参数应满足或优于表 1-24 所示的技术参数。

表 1-24   技术参数

性能指标	技术参数	性能指标	技术参数
光栅焦距/mm	1000	预燃时间/s	5
波长/nm	120~800		
氩气冲洗时间/s	3	积分时间/s	5

1.8.6.3 标准样品、再校准样品、控制样品

A   标准样品（标准物质）

建立标准曲线用的标准样品应采用：

（1）国家级标准样品或公认的权威单位研制的标准样品。

（2）原则上选用的标准样品应是与分析试样的化学组成及冶金过程基本一致的。

（3）具有适当的质量分数间隔（梯度）的 4 个以上的标准样品作为一个系列。

（4）标准样品系列能覆盖所分析元素的测定范围。

B   再校准样品

再校准样品是日常分析时，用来校正仪器工作状态的成分均匀、稳定的样品。

再校准样品可以从标准样品系列中选取，也可从满足基本要求的均匀、稳定、再现性好的试样中选取。

C   控制样品

控制样品是具有准确定值并与待测试样具有化学组成相近、组织结构相近的标准样品。

1.8.6.4 试样及制备

A   试样尺寸

带状试样：厚度不小于 0.5mm，有效面积尺寸不小于 30mm×30mm。

棒状试样：直径不小于 6mm，长度适于试样台。

块状试样：厚度不小于 5mm，有效面积尺寸不小于 30mm × 30mm。

B　取样

分析试样应具有代表性，均匀、无气孔、无夹渣、无裂纹，试样表面无氧化，光洁平整。

样品可以从熔体中取，也可以从铸锭或加工件上取。

从熔融状态取样时，用预热过的铸铁模或钢模浇铸成型。若分析易挥发的元素（如磷），应采用坩埚直接从熔体中取样。

从铸锭或加工件上取样时，应从有代表性的部位取样（一般产品标准中有规定）；若有成分偏析时，供需双方协商取样。

C　试样加工

棒状和块状试样的分析面，用车床或铣床加工成光洁的平面，并保证在制样中试样不氧化，制样中不可用切削液（可用无水乙醇冷却）。

对不能用车床或铣床加工的试样，如带状试样，用水砂纸打磨样面（确保试样的代表性，注意热轧的表面脱锌问题），再用无水乙醇擦拭表面，必要时（如氧化）用（1 + 1）硝酸清洗表面，并立即浸入水中，流水清洗表面酸液，吹干以防氧化。

1.8.6.5　环境

仪器应放置在无电磁干扰、无震动、无气体腐蚀的场所。温度、湿度的控制按仪器要求配置。一般 8h 内，温差不超过 ±2℃。湿度 <75%。

仪器应具备稳定、净化的单相 220V 电源。计算机应配备 USP 电源。

1.8.6.6　分析步骤

（1）开机按仪器使用要求预热。

（2）仪器工作状态控制及校准：

1）运用仪器提供的诊断功能，定时（每天或每班）对仪器状态进行诊断，如有异常及时予以处理，以保证其处于正常受控状态。

2）定期进行描迹，以使各元素强度获得最佳值。

3）定期按校准规范对仪器进行校准，以使各性能指标达到较佳值。

（3）根据试样的种类和合金牌号选择相应合适的标准样品。

（4）根据试样的种类和合金牌号选择分析程序，依据试验或说明书推荐，选择合适的激发条件和分析线对（内标线及分析线例如表 1-25 所示）。

表1-25 常用的分析线和内标线例

元　素	波　长/nm	适用分析质量分数范围/%
背　景	171.090, 231.450, 310.500, 319.600	内标线
Cu	296.117, 327.394	内标线
Pb	405.782	0.0001~5.00
Fe	371.994	0.0002~8.00
Bi	306.772	0.0001~0.10
Sb	287.792, 206.833	0.0001~0.50
As	189.042	0.0001~0.20
Sn	175.790	0.0002~2.00
	317.502	2.00~15.00
Ni	341.54	0.0002~1.00
	380.71	1.00~35.00
Zn	334.502	0.0002~40.00
P	178.287	0.0001~0.50
S	180.731	0.0002~0.10
Mn	403.449	0.0002~10.00
Si	288.160	0.0002~6.00
Cr	357.869	0.0002~1.50
Al	305.993	0.0005~1.00
	396.153	1.00~15.00

元 素	波 长/nm	适用分析质量分数范围/%
Ag	338. 289	0. 0005 ~ 0. 50
Zr	343. 823	0. 0005 ~ 1. 00
Mg	285. 213	0. 0005 ~ 0. 50
Te	185. 720	0. 0001 ~ 0. 10
Se	196. 092	0. 0001 ~ 0. 10
Co	345. 351	0. 0002 ~ 1. 00
Cd	228. 802	0. 0001 ~ - 0. 10

（5）工作曲线的建立和再校准样品原始强度的获得：根据待测试样的种类，选择建立工作曲线所需的标准样品和再校准样品，连续激发测量。每个样品激发 3 ~ 5 次，取其平均值存储。用标准样品的平均强度与对应的质量分数建立工作曲线并存储。获得的再校准样品测得强度即为再校准样品的原始强度（期望值）。

（6）仪器再校准：根据待测试样种类，选择再校准样品，按仪器说明书再校准程序进行，每个再校准样品连续激发 3 次，当重现性良好时，取其平均强度存储（获得值）。由获得值和原始强度（期望值）求得再校准系数。此步骤可根据情况按一定的周期进行（如一周或一个月）。

（7）控制样品分析：根据待测试样的种类，选择控制样品，按仪器说明书控制样品分析程序进行，每个控制样品激发 3 次，当重现性良好时，取其平均值存储。获得的平均值与控制样品的定值结果比较，当满足一定的不确定度范围时，可继续下一步分析。否则需重复进行仪器再校准或控制样品分析（或查明原因），直到控制样品分析程序通过为止。

（8）试样分析：试样至少激发 2 次，数据稳定一致时取其平均值作为分析结果。分析结果以质量分数（%）表示，按 GB/T 8170—1987 修约到产品标准规定的位数。

1.8.6.7 分析精密度

A 重复性

在重复性条件下获得的两次独立测试结果的绝对差值应不超过表1-26所列重复性限 r，超过重复性限 r 的几率不超过5%。

表1-26 铜及铜合金光电发射光谱法不同质量分数的重复性限 r 和再现性限 R

元素的质量分数/%	重复性限 r/%	再现性限 R/%
0.0002	0.0002	0.0002
0.0010	0.0004	0.0005
0.010	0.002	0.002
0.10	0.008	0.01
1.00	0.03	0.05
10.00	0.20	0.30
35.00	0.52	0.70

注：重复性限 r 为 $2.8S_r$，S_r 为重复性试验标准偏差；再现性限 R 为 $2.8S_R$，S_R 为再现性试验标准偏差。

其他质量分数的重复性限 r 按表1-26所列数据，采用线性内插法求得（见1.2.4节）。

B 再现性

在再现性条件下获得的两次独立测试结果的绝对差值应不超过表1-26所列再现性限 R，超过再现性限 R 的几率不超过5%。

其他质量分数的再现性限 R 按表1-26所列数据，采用线性内插法求得。

1.9 X射线荧光光谱分析法

X射线荧光光谱分析法也属于原子发射光谱分析，但因其是原子内层的电子跃迁，有别于原子发射光谱分析的原子外层电子跃迁。因此，无论是仪器构造，还是分析方法，与一般原子发射光谱分析都不同。

X 射线荧光光谱分析（XFS），是利用物质吸收 X 射线辐射后再发射 X 射线的性质建立起来的分析方法。由于入射光是 X 射线，发射出的光（荧光）亦在 X 射线范围内，因此又称它为二次 X 射线光谱分析法。主要用于常量元素分析。

X 射线荧光光谱分析的特点是：操作简便，分析速度快，自动化程度高，可多元素同时分析；非破坏性分析，可进行镀层分析；谱线简单，干扰少；分析范围宽，可用于元素周期表C(12)至 U (92) 几十个元素分析，含量可覆盖 $XX\mu g/g$ 至接近 100%（表 1-27 列出目前 X 射线荧光光谱仪器分析黄铜组分的质量分数范围实例）；分析稳定性好，不确定度小。

表 1-27　X 射线荧光光谱仪器分析黄铜组分的质量分数范围实例

元　素	Cu	Zn	Ni	Sn	Pb	Al
质量分数 分析范围,%	55 ~ 98	0.01 ~ 45	0.005 ~ 20	0.01 ~ 15	0.005 ~ 15	0.03 ~ 15
元　素	Fe	Si	Mn	P	Cr	Sb
质量分数 分析范围,%	0.005 ~ 6	0.01 ~ 6	0.005 ~ 5	0.002 ~ 1	0.005 ~ 1	0.001 ~ 1
元　素	Te	Zr	S	As	Cd	Bi
质量分数 分析范围,%	0.005 ~ 1	0.005 ~ 1	0.001 ~ 0.5	0.005 ~ 0.5	0.005 ~ 0.5	0.005 ~ 0.1

注：本表摘自岛津多道 X 射线荧光光谱仪 MXF-2400 说明书。

但是，X 射线光谱分析是相对分析方法，需要使用标准样品校准；X 射线荧光光谱仪结构复杂，价格高；对实验室环境要求较高；检出限不如光电直读发射光谱法，不适合痕量元素的分析；X 射线光谱是表层分析，要求样品均匀性好。

1.9.1　X 射线光谱

X 射线与可见光一样是一种电磁波，波长范围为 0.01 ~

10nm。用于 X 射线荧光分析的波段为 0.04 ~ 4.4nm。

X 射线光谱分为连续光谱和特征光谱。

1.9.1.1 连续 X 射线的产生

当高速运动的电子撞击金属靶面被突然停止时，有的电子在一次碰撞时全部丧失能量变成 X 光子；有的电子同靶进行多次碰撞逐步失去能量，产生具有不同波长的 X 光子，产生连续 X 射线光谱。首次碰撞就被停止的电子产生的光子能量最大，波长最短（短波限）。短波限与加速电压的关系为

$$\lambda_{min} = 1.24/V$$

式中　λ_{min}——短波限，nm；

　　　V——加速电压，kV。

1.9.1.2 特征 X 射线的产生

特征 X 射线是样品元素的原子受高能辐射的激发，从原子内层逐出电子产生空穴，由外层电子填充空穴，并以光子形式释放多余能量的结果。不同原子的电子能量不同，相应产生的 X 射线光谱的波长也不同，这就是元素的特征谱线。

X 射线的波长为：

$$\lambda = hc/(E_a - E_b) \tag{1-12}$$

式中　λ——X 射线的波长，nm；

　　　h——普朗克常数；

　　　c——光速；

　　　E_a——外层电子能量；

　　　E_b——内层电子能量。

在 X 射线荧光光谱仪中，施加到 X 光管的电压必须达到一定的值，才能产生 X 射线。这个电压称为临界激发电压。原子序数越大，临界电压越高。

特征谱线的波长与原子序数存在一定的关系，符合莫塞莱定律：

$$1/\lambda = KR(Z - \sigma)^2 \tag{1-13}$$

式中　λ——波长，nm；

　　　K——常数；

　　　R——里德伯常量；

　　　Z——原子序数；

　　　σ——屏蔽常数。

电子不能从任意高能量轨道向任一低能量轨道跃迁，而必须遵循莫塞莱定律的选择定则。

1.9.1.3　分光晶体

分光晶体是波长型色散 X 射线荧光光谱仪的核心。常见的分光晶体如表 1-28 所示。

表 1-28　常见的几种分光晶体

晶体名称	分子式　　　（简称）		衍射面	$2d/\mathrm{nm}$
氟化锂	LiF		200	0.4027
酒石酸乙二胺	$C_6H_{14}N_2O_6$	（EDDT）	020	0.8803
异戊四醇	$C(CH_2OH)_4$	（PET）	002	0.876
锗	Ge		111	0.6533
氯化钠	NaCl		200	0.564
石墨	C		002	0.6708

注：d 为晶体的晶格常数。

晶体具有规则的几何点阵结构，X 射线荧光光谱的波长较短，有一些晶体的晶面间距与 X 射线荧光的波长相当，可以起到衍射作用，所以选择晶体作为 X 射线荧光的分光元件。

1.9.1.4　X 射线的衍射——布拉格公式

如图 1-12 所示，平行的 X 射线束 λ 以入射角 θ 照射到晶体上，并以同样的衍射角 θ 射出，晶面间距为 d，光程差为 $AO' + BO'$，也就是

$$d\sin\theta + d\sin\theta = 2d\sin\theta$$

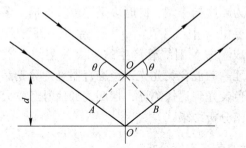

图 1-12　晶体衍射示意图

要想满足衍射加强，必须使光程差等于波长的整数倍，即

$$n\lambda = 2d\sin\theta \qquad (1\text{-}14)$$

式中　n——入射光波长 λ 的整数倍数；

　　　d——晶面间距；

　　　θ——衍射角。

这就是布拉格公式，也是荧光衍射色散的原理。

1.9.2　X射线荧光光谱仪

X射线荧光光谱仪按分离特征谱线的方法可分为波长色散型（波谱）和能量色散型（能谱）两类仪器。在有色金属定量分析

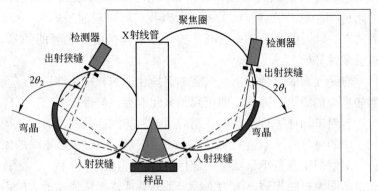

图 1-13　波长色散型 X 射线荧光光谱仪构造示意图

中多数使用的是波长色散型 X 射线荧光光谱仪（图 1-13）。该类仪器又可分为顺序扫描型、同时多道型以及扫描＋多道混合型。

仪器主要由 X 射线发生器、分光系统、探测系统、数据处理系统等组成。由 X 射线管产生的一次 X 射线，激发试样，试样发出的各元素的混合荧光光束经准直器到达分光晶体，经晶体衍射后的单色荧光到达探测器，探测到的信号经放大整形，由计算机处理得出分析结果。

1.9.3　X 射线荧光定性分析

X 射线荧光光谱分析利用的是原子内层电子跃迁发出的辐射，所以谱线比较简单，相对干扰少，比较适宜于定性分析。

通常的定性分析分为两类：一类是利用现有的固定通道对有限元素进行定性分析，确定这些元素是否存在及大致含量；另一类是利用扫描道对样品进行分析，记录下顺序出现的谱峰，再对谱线一一解析。

1.9.3.1　定性分析原理

由莫塞莱定律可知，分析元素产生的特征 X 射线的波长与其原子序数具有一一对应的关系，这是荧光定性分析的基础。在波长色散型 X 射线光谱仪中，由布拉格公式可知波长和衍射角之间也存在着一一对应的关系，所以我们就可以通过式（1-13）和式（1-14）两个公式中波长、原子序数与衍射角之间的关系，进行定性分析。

对某元素的定性分析，只需要选择合适的分析条件，对该元素的主要谱线进行确认，即可判断该元素存在与否。

若对未知样进行全定性，则需用不同的测量条件，对元素周期表中的可分析元素进行扫描，然后由熟悉 XRF 专业知识的人员，对谱图中的各个谱峰逐一进行解析。

谱图解析的步骤一般为：标出靶的特征线；从强度最大的谱峰着手，暂定归属；通过对暂定元素的其他线的分析判定暂定的正误；选次强峰来判断；选下一个次强峰来判断；依此类推。

现代的荧光分析仪器，具有自动定性解析程序，可以大大提高定性分析的速度。

1.9.3.2 定性分析的注意事项

（1）探测角度的位移：先选择衍射角已知的高、中、低样品（如 Ti、Cu、Sn），对扫描器定标，确认后进行分析。如角度位移大于 0.1 时应调整仪器后再分析。

（2）谱线重叠时，如像 PbLa 和 AsKa 重叠时，要检查该元素的其他谱线。例如 PbLa 和 PbLb1 的强度比是几乎不变的，当不存在这种关系时就要怀疑是否有重叠现象。

（3）检出非常见元素时，不要轻易下结论，可能是主量元素的高次线，也可能是重元素的高次线，有时还会出现元素的其他线系的线。要从样品的性质、来源加以判断，慎重处理。

（4）区别样品峰和衬底材料峰时：有时样品不够大，不能盖严试样盒，衬底材料的衍射线也进入计数器，此时要进行空白分析，也就是对衬底材料进行分析，以扣除其干扰。

1.9.4 X射线荧光定量分析

影响 X 射线荧光定量分析准确度和精密度的主要因素有两个：一是制样技术，二是分析方法。

1.9.4.1 铜合金X射线荧光光谱分析样品的制备

X 射线荧光光谱分析是一种相对分析方法，即在相同条件下，测量出待测样品中元素的 X 射线荧光强度，与标准样品的 X 射线荧光强度进行对比，由标准样品的元素含量，来计算待测样品中元素的含量。因此，必须保证标准样品与待测样品之间有尽可能一致的物理性质（表面、组织、结构、密度等）和尽量相近的化学组成。

X 射线荧光光谱分析的样品有块状样品、粉末样品、溶液、熔融样品等。铜及铜合金分析中最常使用的是块状样品。

A　熔体样品的取样和制样

（1）所取样不允许有气孔、夹杂；为使样品有代表性，要考虑取样部位、取样时熔体温度、样品的浇注形状；为了细化颗粒、减少偏析，浇注的样品应进行淬火。白铜样品的热收缩能力较强，淬火时不要在水中放凉后再取出，要让试样的余热烘干水分。

（2）铜合金样品一般采用车床或铣床进行加工，样品的表面粗糙度要达到 $10\mu m$ 以下。为此，在样品加工时要注意刀具的选择：硬度较小普通黄铜、紫铜、白铜等选用白钢刀（高速钢车刀）；硬度较大的铝青铜、铅黄铜、硅黄铜等合金选用合金车刀。

锡磷青铜和锡锌铅系列青铜的化学成分容易偏析，为确保样品的代表性，要把表层车去几毫米。要防止铅、锡等元素加工时的涂抹现象（车制过程中，由于车刀钝等原因，使软金属不能顺利车削掉，而被挤压成薄层形式涂覆在样品表面）。

不同合金牌号的样品不应当用同一把车刀，否则会出现"记忆效应"（如车铝青铜的刀具紧接着就车制铅黄铜，就会影响铅黄铜中铝的分析）。

B　加工材成品、半成品样品的制样

对于准确检测来说，待测试样与标准样品激发表面粗糙度的一致性，比样面本身加工的粗糙度更为重要。

薄片状样品无法进行车制，用砂纸打磨时要注意磨料的污染问题。一般磨料有 SiO_2、Al_2O_3、SiC、ZrO_2，要根据待分析的元素，选用时考虑回避磨料的影响。薄片状试样多是经过热轧的样品，有些样品在热轧中存在表层元素变化的问题（如黄铜脱锌等），分析这一类样品时，要磨去一层分析一次，直到分析结果稳定为止。

C　防止试样氧化

试样制备好后应尽快分析，否则，样面会随时间的变化而变化（氧化、附着、潮湿等）。

1.9.4.2 分析方法

X 射线荧光光谱定量分析另一个主要影响因素是所谓基体效应。为消除基体效应必须采取合适的分析方法。

A 基体效应

基体效应是指样品的基本化学组成之间相互影响，包括元素间相互吸收和增强效应以及样品的表面结构、颗粒度和不均匀性效应等。

增强效应是指基体元素发射的 X 射线荧光波长在分析元素吸收线的短波侧（能量高于分析元素的激发能），被分析元素再吸收而激发出二次荧光，使分析元素的特征谱线增强。

吸收效应是指基体元素对入射 X 射线的吸收以及基体元素对分析元素产生的特征线的吸收。前者影响分析元素的激发，后者影响分析元素的探测计数。

例如：在分析 QAl10-4-4 时，试样中的 Cu、Fe、Ni 之间就存在吸收和增强效应。如图 1-14 所示，试样元素发射的荧光 X 射线 CuKa、NiKa 都在 Fe$_{吸}$ 的短波侧，能量足以再次激发 Fe 产生二次荧光，从而使 FeKa 的谱线强度加强。同时由于一部分的 CuKa、NiKa 用来激发 FeKa，使得 CuKa、NiKa 的强度被吸收掉一部分，测得值降低。这样，在 Cu、Fe、Ni 之间，形成吸收和

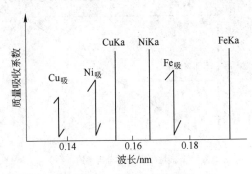

图 1-14 吸收效应示意图

增强效应。

表面效应是指固体样品表面的粗糙程度影响谱线的强度。表面越平滑，谱线强度越高，一般将标准样品和试样加工到一致的粗糙度，以减小表面效应的影响。铜合金分析中，试样表面加工的方法多为车和铣，车和铣的光滑程度应尽可能一致。

B　分析方法

定量分析就是用各种分析方法，减小或消除上述基体效应，以求得到准确的分析结果。这些方法可分为实验校正方法和数学校正方法两类。前者包括标准曲线法、内标法、散射线标准法等，后者包括经验系数法、基本参数法、半基本参数法。下面介绍其中三种方法。

a　标准曲线法

标准曲线法是应用最广的一种方法。当样品基体变化不大、合金中元素含量相对变化较小时，选择合金成分与试样相近的多个标准样品，以含量和 X 射线荧光强度的关系绘制标准曲线。标准曲线法基体影响小、含量范围窄、曲线简单、绘制容易，测定未知样品的荧光强度，即可从标准曲线上求得未知元素的含量，如图 1-15 所示。

b　经验系数法

当基体的变化较大，并存在谱线重叠等影响时，简单的标准曲线已不能满足分析准确度的要求。在经验的基础上，建立一个

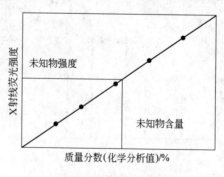

图 1-15　标准曲线

数学模型，用大量的标准样品计算出模型中的系数，然后将系数代入模型进行未知物的分析。

经验模型较多，常见的有：

Beattie-Brissey 模型
$$\left(1 - \frac{1}{R_i}\right)w_i + \sum_{j \neq i} K_{ij}w_j = 0 \tag{1-15}$$

Lachance-Traill(L-T) 模型
$$w_i = R_i\left(1 + \sum_{j \neq i} a_{ij}w_{ij}\right) \tag{1-16}$$

Rousseau 模型
$$w_i = R_i \frac{1 + \sum_j a_{ij}w_j}{1 + \sum_j b_{ij}w_j} \tag{1-17}$$

以 L-T 模型为例，说明在一个四元体系（Cu-Ni-Fe-Zn）中对 Cu 的分析：

$$w(\mathrm{Cu}) = (AI(\mathrm{Cu})^2 + BI(\mathrm{Cu}) + C)(1 + \alpha(\mathrm{Cu-Fe})w(\mathrm{Fe}) +$$
$$\alpha(\mathrm{Cu-Ni})w(\mathrm{Ni}) + \alpha(\mathrm{Cu-Zn})w(\mathrm{Zn})) \tag{1-18}$$

式中，w_i 为各元素的已知含量；I 为分析元素的 X 射线荧光强度；A、B、C 为基本校正曲线系数；α_{ji} 为 j 元素对 i 元素的基体校正系数。在本例中需要 6 个或 6 个以上有准确定值的标准样品参与回归计算，求出各未知系数的值。分析未知样时只需要测得元素的强度，代入公式即可得到未知物含量。

c　基本参数法

基本参数法几乎是一种纯理论的分析方法，其摆脱或基本摆脱了对标准样品的依赖。简单说，基本参数法是根据各元素实际测得的 X 射线荧光强度，假设未知样品的近似组成，由假设含量计算出理论强度，将理论强度和测量强度相比较，调整假设含量，重新计算理论强度。经多次迭代回归，使理论强度与测量强度之差小于某一固定值，此时认为求得的含量为未知样品的含量。由于其需要输入相关的一系列参数，需要较为复杂的数学计算。该方法在现代仪器分析中正得以不断开发使用，尤其是其较少地依赖标准样品，所以更使人们关注。不过就目前来看，其准确度还逊于经验系数法。

经验系数法和基本参数法是典型的数学校正法，在实际应用中往往互相结合。

1.9.5　铜及铜合金 X 射线荧光光谱分析方法行业标准简介

有色金属行业标准 YS/T 483—2005《铜及铜合金分析方法　X 射线荧光光谱法（波长色散型）》，涉及了铜及铜合金常见分析元素 14 个，覆盖 GB/T 5231—2001《加工铜及铜合金化学成分和产品形状》中合金牌号 50 多个，同时可满足 ISO、ASTM、JIS、BS 等诸多标准系列的数百个合金牌号的分析。

本节只介绍标准的主要内容，在标准基础上，对个别部分做了文字和技术上的改动。

1.9.5.1　各元素的测定范围

该标准规定了铜及铜合金中 14 个常见元素的 X 射线荧光光谱分析方法。各元素的测定范围列于表 1-29。

表 1-29　各元素的 X 射线荧光光谱法测定范围

元　素	质量分数测定范围/%	元　素	质量分数测定范围/%
Cu	40.00 ~ 98.00	Mn	0.010 ~ 15.00
Ni	0.010 ~ 35.00	Si	0.010 ~ 6.00
Zn	0.010 ~ 45.00	Cr	0.010 ~ 2.00
Al	0.010 ~ 15.00	As	0.010 ~ 0.50
Fe	0.010 ~ 10.00	P	0.010 ~ 1.00
Sn	0.010 ~ 15.00	Mg	0.010 ~ 1.00
Pb	0.010 ~ 10.00	Ag	0.010 ~ 1.00

1.9.5.2　方法原理

由大功率 X 射线管发射的一次 X 射线，照射试样平面使元素的原子激发，产生具有被测元素特征的二次 X 射线（即荧光

X射线)，该混合光经分光晶体色散分光，对应的单色光由检测器接收，由计数器等部件记录其强度。根据标准样品制作的工作曲线，检测出试样中各待测元素的质量分数。

1.9.5.3　对仪器的要求

X射线荧光光谱仪应能满足该标准所规定的各元素的分析要求，具有良好的稳定性和灵敏度。其技术参数应满足或优于表1-30所示的技术参数例。

表1-30　技术参数例

X射线发生器	3kW 铍窗管，Rh 靶，端窗
	最大功率：3kW（50kV，100mA）
分光晶体	LiF，PET，NaCl，TAP，Ge
探测器	Ne，Ar，Kr-exatron Ne，Ar，Kr-multitron 闪烁计数器（SC）

1.9.5.4　标准样品、再校准样品和控制样品

A　标准样品（标准物质）

建立标准曲线用的标准样品应具备以下条件：

（1）国家级标准样品或公认的权威单位研制的标准样品。

（2）选用的标准样品应与分析试样的化学组成及冶金过程基本一致。

（3）具有适当的质量分数间隔（梯度）的3个以上的标准样品作为一个系列。

（4）标准样品系列能覆盖所分析元素的测定范围。

B　再校准样品

再校准样品是日常分析时用来校正工作曲线漂移的样品。再校准样品可以从标准样品系列中选取，也可从满足基本要求的均匀、稳定、再现性好的试样中选取。

C　控制样品

控制样品具有准确定值并与待测试样化学组成相近、化学成分均匀、组织结构相近的样品，特别要求与待测试样的铸造或加工过程尽量一致。

1.9.5.5　试样及制备

A　试样尺寸

厚度不小于 0.2mm，直径为 25～50mm（参照仪器的试样容器的尺寸）。

B　取样

分析用试样应具有代表性、均匀、无气孔、无夹渣、无裂纹，试样表面无氧化、光洁平整。

样品可以从熔体中取，也可以从铸锭或加工件上取。

从熔融状态取样时，用预热过的铸铁模或钢模浇铸成型。若分析易挥发的元素（如磷），应采用坩埚直接从熔体中取样。

从铸锭或加工件上取样时，应从有代表性的部位取样（一般产品标准中有规定）；若有成分偏析时，供需双方协商取样。

C　试样加工

试样用车床或铣床加工成光洁的平面。样面粗糙度对结果有一定的影响，尤其是分析含量较高的成分时，样面粗糙度的差异对分析结果有严重影响。故待测试样应与标准样品以及控制样品的加工方式、使用的刀具一致，以保证表面粗糙度尽可能一致。

1.9.5.6　环境

（1）仪器应放置在无电磁干扰、无震动、无气体腐蚀的场所。温度、湿度的控制按仪器要求配置，一般在 8h 内温差不超过 ±2℃。湿度 <75%。

（2）仪器室应具备稳定的、经净化的三相 380V 和单相 220V 电源（必要时要配备稳压电源）；为确保分析数据不被意外破坏，应为计算机配备 UPS 电源。

1.9.5.7 分析步骤

（1）按仪器说明书将仪器设置到工作状态，稳定 30min。

（2）仪器工作状态控制及校准：

1）运用仪器提供的诊断功能，定时（每天或每班）对仪器各部件状态进行诊断，如有异常及时予以处理，保证仪器性能正常。

2）定期按校准规范对仪器进行校准，以使各性能指标达到最佳值。

（3）根据试样的种类和合金牌号选择相应合适的标准样品。

（4）根据试样的种类和合金牌号选择分析程序；依据试验或说明书推荐，选择合适的分析条件和分析线（见表1-31）。

表1-31 分析条件例

X光管：铑靶端窗管；管电压45kV；管电流50mA									试样自转 40r/min	面罩：ϕ25mm 钛面罩
分析元素	Cu	Pb	Fe	Mn	Ni	P	Si	Sn	Zn	As	Ag
分析晶体	LiF	LiF	LiF	LiF	LiF	Ge	PET	LiF	LiF	闪烁计数器	LiF
分析线	Ka	Lb	Ka	Ka	Ka	Ka	Ka	Ka	Ka	Kb	Ka
波长/nm	0.154	0.098	0.194	0.210	0.165	0.616	0.713	0.049	0.144	0.106	0.056

（5）工作曲线的建立和再校准样品原始 X 射线荧光强度的获得：根据待测试样的种类，选择建立工作曲线所需的标准样品和再校准样品，连续激发测量。每个样品测量 3～5 次，取其平均值存储。用标准样品的平均强度与对应的质量分数，建立工作曲线并存储。获得的再校准样品测得强度即为再校准样品的原始强度。

（6）根据仪器提供的方法，考虑共存元素和基体的差别所带来的干扰影响，对测定值进行校准，得出相关系数并存储。

基体校正方法示例：采用 Lachance-Traill 校正模型

$$w_{i,\text{后}} = w_{i,\text{前}}\Big(1 + \sum_{i=1,i\neq j}^{n} \alpha_{ij}w_j\Big) \qquad (1\text{-}19)$$

式中　$w_{i,\text{后}}$——i 元素校正后的质量分数，%；

　　　$w_{i,\text{前}}$——i 元素校正前的质量分数，%；

　　　w_j——标准样品中 j 元素的质量分数（已知），%；

　　　α_{ij}——j 元素对 i 元素的吸收增强系数；

　　　i——分析元素；

　　　j——干扰影响元素。

（7）分析曲线的再校准：应定期对分析曲线进行再校准，确保分析曲线稳定、受控，校准系数一般为 0.8 ~ 1.2。

（8）控制样品分析：每天正式分析试样之前，应先进行控制样品分析，并确认控制样品的分析结果与其标准值的差在允许误差范围内。

（9）试样分析：在上述条件都正常的情况下，试样重复分析 3 次，数据稳定一致时取其平均值作为分析结果。分析结果以质量分数（%）表示，按数据修约规则（GB/T 8170）修约到产品标准规定的有效数字位数。

1.9.5.8　分析精密度

A　重复性

在重复性条件下获得的两次独立测试结果的绝对差值应不超过表 1-32 所列的重复性限 r，超过重复性限 r 的几率不超过 5%。

表 1-32　铜及铜合金 X 射线荧光光谱分析方法
不同质量分数的重复性限 r 和再现性限 R

元素的质量分数/%	重复性限 r/%	再现性限 R/%
0.010	0.0025	0.003
0.10	0.015	0.020
0.50	0.05	0.075
> 5.00 ~ 10.00	0.08	0.10

续表 1-32

元素的质量分数/%	重复性限 r/%	再现性限 R/%
>10.00~20.00	0.10	0.12
>20.00~40.00	0.12	0.15
>40.00~98.00	0.15	0.20

注：1. 重复性限 r 为 $2.8S_r$，S_r 为重复性试验标准偏差；再现性限 R 为 $2.8S_R$，S_R 为再现性试验标准偏差。

　　2. X 射线荧光光谱分析较高质量分数时，其重复性限 r 和再现性限 R 在一定范围内数值变化不大。所以，一个质量分数段，可以有同一个 r 或 R。

重复性限 r 按表 1-32 所列的数据，采用线性内插法求得（见 1.2.4 节）。

B　再现性

在再现性条件下获得的两次独立测试结果的绝对差值应不超过表 1-32 所列再现性限 R，超过再现性限 R 的几率不超过 5%。

再现性限 R 按表 1-32 所列的数据，采用线性内插法求得。

1.10　红外吸收分析法

铜合金对碳、硫、氧元素含量有限制要求。高频脉冲加热红外吸收气体分析法是目前准确快速分析碳、硫、氧的方法。方法干扰少，速度快，分析精密度和准确性好，已作为标准分析方法被广泛采用。

1.10.1　碳、硫的测定

（1）方法提要：称量碎屑样品，置于瓷坩埚中，在高频炉中通入氧气，加热熔融，碳、硫分别转化为气体二氧化碳、二氧化硫，并随载气（氧气）流经二氧化碳红外检测器和二氧化硫红外检测器，二氧化碳、二氧化硫吸收红外光，根据红外光被吸收程度进行定量测定。方法可检测铜及铜合金中碳或硫质量分数大于 0.0003% 的试样。

（2）瓷坩埚质量要求及处理：瓷坩埚的尺寸 $\phi \times h = 25\text{mm} \times 25\text{mm}$，应不含碳、硫或含碳、硫量很低，而且同一批的瓷坩埚必须质量稳定。

瓷坩埚一般先经高温 1200℃灼烧 1~4h（根据产品质量、产地而定），冷却后置于干燥器中待用。

在日常控制检测中，质量好的瓷坩埚，使用一次后只要不破损，可以再使用一次，以便降低分析成本。

（3）试样：碎屑状，用丙酮清洗 1~2 次，冷风吹干，装入磨口瓶中备用。每次称取 0.5~1g 试样。

（4）脉冲加热红外吸收仪预热与校准（标定）：仪器的高频炉功率 1~2.5kW，频率 6MHz 以上。仪器预热 4h 左右，检查仪器是否处于正常状态。

分析前，选择与待测样品中碳、硫的质量分数相近的标准样品，按仪器的校准程序进行校准。校准的结果与标准样品给出标准值之差，应在标准样品的标准值的允许差范围之内或小于检测方法给出的重复性限 r。否则，应重新校准。

（5）载气：作为载气的氧气参与形成二氧化碳、二氧化硫的化学反应。因此，要保证氧气的纯度高、含水少、质量稳定。

（6）助熔剂：为了降低样品的熔点，一般加入助熔剂，如钨粒、铁粉、锡等。助熔剂的量少于试样量，并覆盖在试样上。

（7）测定：按仪器说明书操作。独立进行两次分析。仪器自动给出碳、硫的质量分数。

1.10.2　氧的测定

（1）方法提要：将预先制备的试样，投入经过高温脱气的石墨坩埚中，在氦气（或氩气）气流中，加热熔融，试样中的氧与坩埚中的碳生成 CO，并被氦气（或氩气）气流带入 400℃的稀土氧化炉，CO 被氧化为 CO_2，导入红外检测器，CO_2 吸收红外光，根据红外光被吸收程度进行定量测定。此方法可检测铜及铜合金中氧质量分数大于 0.0002% 的试样。

（2）石墨套坩埚：采用光谱纯的石墨加工而成。外坩埚内径 $\phi14mm$、高 22mm、壁厚 2mm；内坩埚外径 $\phi12.8mm$、高 18.8mm、壁厚 2.8mm。

（3）试样处理：

1）试样车成 $\phi3 \sim 5mm$、长度大于 40mm 的圆棒或块状。加工时不要太热，防止氧化。

2）以专用钢锉或手锯，将加工的圆棒或块截成所需试样（0.5～1g，长度小于 12mm）。

3）将试样放入混合酸中（28mL 磷酸（1.69g/mL）＋10mL 硝酸（1.42g/mL）与 62mL 冰乙酸（1.05g/mL）混匀），浸蚀 10min，取出后立即用纯水洗净，再用无水乙醇洗涤，冷风吹干后立即投入加样器分析。

4）若发现试样氧化变暗，需按试样上述处理程序重复处理。

（4）脉冲加热红外吸收仪的标定及分析条件：脉冲加热红外吸收仪加热功率不小于 6.5kW（炉温不低于 2400℃），仪器的系统空白应低于 0.00005%（分析试样前，要按分析条件进行空白试验）。

分析前，选择与待测样品中氧的质量分数相近的标准样品，进行标定，确定校正系数，对仪器校正。

推荐分析条件例子如：脱气功率 5.5kW，分析功率 4.5kW，分析时间 30s。

（5）气体：氦气（或氩气），纯度不低于 99.95%；动力气，氩气或氮气，含油和水小于 0.5%。

（6）测定：

1）将试样投入加样器内。

2）用专用金属刷清扫脉冲炉膛，装入新坩埚。

3）按推荐分析条件例子分析。

4）计算机自动给出氧的质量分数。

1.11　化学分析用标准样品研制

1.11.1　术语

（1）标准样品（标样）：经过技术鉴定的、足够均匀的、附有有关性能（化学的、物理的、生物学的、工程技术的或感官的性能特征）数据证书的一批样品。

（2）均匀性：对同一编号的标准样品，不论其是否取自同一包装，通过检验，其被测定特性值都落在规定的不确定度范围内，就该标准样品的这一特性值而言称为均匀。

（3）稳定性：标准样品在规定的条件下储存，在规定的时间间隔内，其特性值保持在规定的限值范围内的能力。

（4）有效期：由研制单位说明并经标准化管理机构确认的日期。指在规定的条件下储存时，能作为标准样品使用的最终有效日期。

（5）定值：采用技术上正确的方法，确定标准样品的一个或多个测定值的程序。

（6）标准值：该值为经过技术上有效的程序鉴定，并在证书或随同标准样品所附的其他文件上所确认的数值。

1.11.2　标样的基本要求和在分析测试中的应用

1.11.2.1　标样的基本要求

标准样品应具备材质均匀、定值准确、性能稳定的条件，并附有证书。证书中一般包括：标准值及不确定度；简要制备程序；定值方法及定值实验室；均匀性及检验方法；正确的使用方法等。

1.11.2.2　标样在分析测试中的应用

（1）用于评价分析方法：用一个新的分析方法，独立检测标准样品 n 次，计算其算术平均值 $\bar{x}$，标准偏差 S。

1）评定精密度：计算 $F = S^2/S_n^2$ （S_n 是标样证书给出的定值实验室室内标准偏差）。

若 $F \leqslant F_{\alpha, f, j}$，则被评价的新方法精密度相当或优于标样定值所用的方法。$F_{\alpha, f, j}$ 由表 1-34 F 检验临界值表查出（显著性水平 α，计算 S 时的自由度 f，计算 S_n 时的自由度 j）。

2）评定准确度：若 $|\bar{x} - A_c| \leqslant 2S_j$，则被评定的新方法准确度至少与标准样品定值方法相当。式中，A_c 是标样的标准值，S_j 是标准定值实验室室间标准偏差。

需要注意的是，当评价标准分析方法时，要选用一级标准样品，甚至只能使用基准物来验证。

（2）用于仪器分析的工作标准（工作曲线、标准曲线、校准曲线）：仪器分析多为相对分析方法，常使用同类合金标准样品绘制工作曲线，然后分析未知试样。这样，不仅有利于消除基体影响和第三元素干扰，而且使用方便。

（3）校准分析仪器：由于温度、湿度、震动、真空性能改变、粉尘等污染，造成仪器输出信号漂移。需用标准样品进行校准，以保证分析数值的准确性。

（4）用于监控分析过程，保证分析质量：使用标准样品与待测试样同时分析，可监控分析中所用试剂、仪器、分析方法、操作程序有无偏差。尤其在仲裁分析时，更需用标准样品监控分析过程。

（5）用来考核、评价试验室或分析人员的分析能力和水平。

1.11.3　有色金属标准样品研制相关技术标准

（1）国家标准：有 GB/T 15000.1《在技术标准中陈述标准样品的一般规定》。

GB/T 15000.2《标准样品常用术语及定义》。

GB/T 15000.3《标准样品定值的一般原则和统计方法》。

GB/T 15000.4《标准样品证书内容的规定》。

GB/T 15000.5《化学成分标准样品技术通则》。

（2）行业标准：有 YB/T 082《冶金产品分析用标准样品技术规范》。

YS/T 409《有色金属产品分析用标准样品技术规范》。

（3）计量技术规范：有 JJG 1006—94《一级标准物质技术规范》。

1.11.4　铜合金标准样品研制程序

1.11.4.1　调研、下达任务

调查国内外该种标样市场供应状况，判断研制的必要性。申报标准管理部门。依据下达的研制任务，按相应的研制标准展开工作。

1.11.4.2　成分设计

（1）产品标准定型合金的标样，其主成分含量，一般在该合金技术条件所规定的范围上、下限向外延伸 5% ~ 15%；其杂质含量取上限值，一般不超过规定上限的 30%。

（2）系列标准样品应合理安排各元素含量值的梯度变化，以较少的标准样品覆盖更多的产品种类。每个元素的有效点一般设计 5~6 个点，最少 4 点。各标样点主量元素含量之和相差要小。不能因主量元素的变化导致样品性质发生变化。

（3）控制样和校准样的成分设计时，一般主量元素的含量取产品标准的中间值，杂质元素取规定上限的 90% ~ 100% 即可。

（4）在一套标准样品中各点元素含量的设计应采取一部分元素含量递增，而另一部分元素含量递减相交叉的组合方法。同时还要考虑理论上相互干扰的元素，尽量使其含量随机变化，无

规律可寻。

（5）低熔点、低沸点的元素在熔化过程中极易损失，另一些氧化性较强的元素又极易氧化造渣而损失，如 As、P、Zn、Cr、Mn、Si、Al、Fe 等。因此必须考虑各元素加入有一定的余量。对多数中、低、微量元素应以中间合金的形式加入，以减少损失。

1.11.4.3 备料

熔炼标样前要先将相关的纯金属、中间合金备好，分析其化学成分。有时需对备料的表面进行去皮、酸洗等处理。

1.11.4.4 熔炼铸造

（1）熔炼：可以在中、低频电炉或真空电炉中进行。要求炉温能达到 1500℃，确保铜及其他金属、合金的熔化。

经预计配好的料按一定的顺序和时间间隔投入熔炼炉。占炉料量最大的金属先加，再加较难熔化而易还原的金属，易氧化、易挥发的金属后加，易熔且量少的金属最后加。

加铝和加锌的操作：铝和锌的熔解会产生大量的熔解热。加入铝、锌时必须降低炉温，甚至有时需要有意识剩余一部分铜与铝、锌一起加入，使部分热量用于新加入的铜的熔化。并注意将铝、锌压入炉底熔化。

（2）脱氧：使金属氧化物还原而除去氧的过程称为脱氧。一般将表面脱氧剂和熔于金属中的脱氧剂结合使用。如用木炭或烟灰进行表面脱氧，同时加入一定量的铜磷合金脱氧。

（3）标样熔炼中易产生的缺陷及防止办法：

1）气孔：气体在高温时以一定的量熔入铜水中。温度降低时气体从铜水中逸出，如在凝固前来不及跑出就形成气孔。

防止办法：加覆盖剂，控制温度，控制时间，加脱氧剂，控制铜液凝固时间。

2）偏析：结晶过程中，合金中各组分化学、物理性能有较大差异时易偏析。铸件越大凝固越慢，偏析程度越大。

防止办法：控制铸造速度，采用半连续铸造。

3）夹杂：金属氧化剧烈或脱氧方法不当或加料方法不当易造成氧化物夹杂，而操作不当则造成夹灰等。

防止办法：熔炼过程中，尽量使金属液面不暴露在大气中；脱氧要彻底；浇铸前把浮渣清除干净。

（4）铸造：合金熔化完后，过热200℃左右即可出炉。扒去覆盖剂，加入脱氧剂，搅拌，加入易熔的元素，搅拌均匀，即可铸造。

要保证合金成分的均匀，必须保证在尽可能短的时间里完成浇铸。一般半连续铸造的速度约10m/h。应严格控制浇铸速度一致。

（5）铸锭低倍检验：从两端切取试片，观察有无气孔、疏松、明显裂纹和夹杂物等缺陷。

1.11.4.5　均匀性初检

采用高灵敏度和高精密度的方法，在重复性条件下由同一人短时间内完成。可以钻取碎屑，溶样湿法化学法检验；也可切片用发射光谱法检验。

对棒状样品应从头、中、尾、1/4、3/4 处取样；短铸锭（不超过1m的）可以截去头和尾的铸造缺陷后，从两端取样。每个端面按上、中、下 3 个点取样，进行有限次（一般 3 次）独立测量，计算出标准偏差 S，然后与分析方法的允许差 Δ（或重复性限 r）进行比较。

若 $3S \leqslant \Delta$ 时，均匀度初检合格。

1.11.4.6　标样加工

铸锭通过车、铣、刨等方法，按要求尺寸加工成块状或柱状或碎屑。也可经水压机、油压机挤制成型，再车制成所需大小。

热挤过程的退火有利于组分的均匀化。

加工后按要求包装成可销售商品单元。

1.11.4.7　均匀性检查

（1）抽样数量 m：总体单元数少于 1000 个（套）时，取 15~20 个（套）；总体单元数大于 1000 个（套）时，抽取 $2 \times \sqrt[3]{N}$ 个（N 为单元个数）。

（2）抽样时采用随机抽样法。

（3）检测：在相同条件下（同一人员、同一仪器、短时间内），选择有代表性和易偏析的元素，使用高精密度分析方法，以随机次序、每样重复测定次数 n 不少于 2 次（测定数据包括了检测不确定度和样品不均匀引起的不确定度）。

均匀性检验数据的保留位数应与仪器的精度保持一致，不得低于标准值的有效位数。

（4）均匀度的方差检验（F 统计量法）：方差检验的实质是：通过组间方差与组内方差的比较，判断各组数值之间有无系统偏差，即是否均匀。

设抽样 m 个（1，2，…，i，…，m），每样检测 n 次；

样品 i 的 n 次检测得 X_{i1}，X_{i2}，…，X_{ij}，…，X_{in}；

所抽样品 i 的 n 次检测值的算术平均值

$$\overline{X}_i = \frac{1}{n} \sum_{j=1}^{n} X_{ij} \tag{1-20}$$

m 个样品的总平均值

$$\overline{\overline{X}} = \frac{1}{m} \sum_{i=1}^{m} \overline{X}_i \tag{1-21}$$

1）组间（m 个样品之间）方差和

$$Q_1 = \sum_{i=1}^{m} n_i (\overline{X}_i - \overline{\overline{X}})^2 \tag{1-22}$$

式中，n_i 是样品 i 的检测次数。

测量自由度

$$f_1 = m - 1 \tag{1-23}$$

2）组内（样品 i 的 n 次检测值之间）方差和

$$Q_2 = \sum_{i=1}^{m} \sum_{j=1}^{n} (X_{ij} - \overline{X}_i)^2 \tag{1-24}$$

测量自由度

$$f_2 = m(n - 1) \tag{1-25}$$

当每样检测次数不同时

$$f_2 = \sum_{i=1}^{m} n_i - m \tag{1-26}$$

3）统计量

$$F = (Q_1/f_1)/(Q_2/f_2) \tag{1-27}$$

若 $F < F_{\alpha, f_1, f_2}$，则均匀度检验合格。说明组间与组内无明显差异，样品均匀；

若 $F > F_{\alpha, f_1, f_2}$，则怀疑各组间有系统误差，样品均匀性不合格。

F_{α, f_1, f_2} 值根据所取的显著性水平 α，查表 1-34 F 检验临界值表。

【**例 1-2**】　表 1-33 所示是从一批 T_2 标准样品（分装 1000 瓶）随机取 20 个样品，每个样品用红外吸收法检测 3 次的数据，此时 $m = 20$，$n = 3$。用方差法检验该批标准样品是否均匀。

表 1-33　$w(O)/\%$

m	n			$\overline{X}_i$
	1	2	3	
1	7.5×10^{-3}	6.7×10^{-3}	7.5×10^{-3}	7.2×10^{-3}
2	7.5×10^{-3}	7.5×10^{-3}	6.7×10^{-3}	7.2×10^{-3}
3	7.5×10^{-3}	6.7×10^{-3}	6.7×10^{-3}	7.0×10^{-3}
4	7.5×10^{-3}	6.7×10^{-3}	6.7×10^{-3}	7.0×10^{-3}
5	6.7×10^{-3}	6.7×10^{-3}	6.7×10^{-3}	6.7×10^{-3}

m	n			$\overline{X}_i$
	1	2	3	
6	6.7×10^{-3}	7.5×10^{-3}	6.7×10^{-3}	7.0×10^{-3}
7	6.7×10^{-3}	6.7×10^{-3}	7.5×10^{-3}	7.0×10^{-3}
8	6.7×10^{-3}	6.7×10^{-3}	6.7×10^{-3}	6.7×10^{-3}
9	6.7×10^{-3}	6.7×10^{-3}	6.7×10^{-3}	6.7×10^{-3}
10	6.7×10^{-3}	6.7×10^{-3}	6.7×10^{-3}	6.7×10^{-3}
11	6.7×10^{-3}	6.7×10^{-3}	7.5×10^{-3}	7.0×10^{-3}
12	6.7×10^{-3}	6.7×10^{-3}	6.7×10^{-3}	6.7×10^{-3}
13	7.5×10^{-3}	6.7×10^{-3}	6.7×10^{-3}	7.0×10^{-3}
14	6.7×10^{-3}	6.7×10^{-3}	6.7×10^{-3}	6.7×10^{-3}
15	6.7×10^{-3}	6.7×10^{-3}	6.8×10^{-3}	6.7×10^{-3}
16	6.7×10^{-3}	6.7×10^{-3}	6.7×10^{-3}	6.7×10^{-3}
17	6.7×10^{-3}	6.7×10^{-3}	6.7×10^{-3}	6.7×10^{-3}
18	6.7×10^{-3}	6.7×10^{-3}	6.7×10^{-3}	6.7×10^{-3}
19	7.5×10^{-3}	6.7×10^{-3}	6.7×10^{-3}	7.0×10^{-3}
20	6.7×10^{-3}	7.5×10^{-3}	6.7×10^{-3}	7.0×10^{-3}

1）总平均值 $\overline{\overline{X}} = \dfrac{1}{m} \sum\limits_{i=1}^{m} \overline{X}_i = (6.7 \times 10 + 7.0 \times 8 + 7.2 \times 2)$

$\times 10^{-3}/20 = 6.87 \times 10^{-3}$

2）组间方差和 Q_1 为每组平均值 $\overline{X}_i$ 与总平均值 $\overline{\overline{X}}$ 之差的平方，乘以 n，然后加和。

即 $Q_1 = \sum\limits_{i=1}^{m} n_i (\overline{X}_i - \overline{\overline{X}})^2$,若每组的3个数据都有效,则 $n_i = 3$。

$Q_1 = 3 \times [(\overline{X}_1 - \overline{\overline{X}})^2 + (\overline{X}_2 - \overline{\overline{X}})^2 + \cdots + (\overline{X}_m - \overline{\overline{X}})^2]$

$= 3 \times \{ 10 \times [(6.7 - 6.87) \times 10^{-3}]^2 +$

$$8 \times [(7.0 - 6.87) \times 10^{-3}]^2 +$$

$$2 \times [(7.2 - 6.87) \times 10^{-3}]^2 \}$$

$$= 3 \times (0.289 + 0.135 + 0.218) \times 10^{-6} = 1.926 \times 10^{-6}$$

测量自由度 $f_1 = m - 1 = 20 - 1 = 19$。

3）组内方差和 Q_2 为每组的每个测量值 X_{ij} 分别与该组平均值 $\overline{X}_i$ 之差的平方并加和。

即　　$Q_2 = \sum_{i=1}^{m} \sum_{j=1}^{n} (X_{ij} - \overline{X}_i)^2$

$$= (X_{11} - \overline{X}_1)^2 + (X_{12} - \overline{X}_1)^2 + (X_{13} - \overline{X}_1)^2 +$$

$$(X_{21} - \overline{X}_2)^2 + \cdots + (X_{m1} - \overline{X}_m)^2 + (X_{m2} - \overline{X}_m)^2 +$$

$$(X_{m3} - \overline{X}_m)^2$$

将 60 个方差同类项合并，简便计算：

$$Q_2 = (0.0075 - 0.0072)^2 \times 4 + (0.0067 - 0.0072)^2 \times 2 +$$

$$(0.0075 - 0.0070)^2 \times 8 + (0.0067 - 0.0070)^2 \times 16 +$$

$$(0.0067 - 0.0067)^2 \times 29 + (0.0068 - 0.0067)^2 \times 1$$

$$= 431 \times 10^{-8}$$

自由度 $f_2 = m(n-1) = 20 \times (3-1) = 40$。

4）$F = (Q_1/f_1) / (Q_2/f_2)$

$$= (1.96 \times 10^{-6}/19) / (4.31 \times 10^{-6}/40)$$

$$= 0.103/0.1077$$

$$= 0.96 < F_{0.05,19,40}$$

$$= 1.84（查表 1-34.2）$$

5）结论：均匀度合格。

（5）均匀度的极差检验：

各样品检测平均值之间的极差

$$R = \overline{X}_{\max} - \overline{X}_{\min}$$

各样品内检测值的极差之和的平均值

$$\bar{r} = \frac{1}{m} \sum_{i=1}^{m} (X_{i(max)} - X_{i(min)}) \qquad (1-28)$$

若 $(R/\bar{r}) \leqslant A_{\alpha,m,n}$，则认为均匀性合格。

查表 1-35 均匀度的极差检验 A 值表得 $A_{\alpha,m,n}$。

1.11.4.8 标准样品的定值分析

均匀性检验合格后方可定值，定值人员和定值方式应满足以下要求：

（1）人员、资质：定值人员应具备丰富分析专业知识和熟练的操作技能；负责定值的实验室应该经认可和授权。

（2）定值方式有 3 种：

1）1 个实验室，用绝对测量方法（重量法、库仑法等）；2 个以上分析者独立测定，最好使用不同的仪器。

2）1 个实验室，用 2 种或 2 种以上的准确方法，并对方法准确度进行验证。

3）至少 6 个实验室，用 1 种或多种准确方法，每个样品的每个元素报出 4 个独立分析数据为一组，总共不少于 8 组。铜合金标样研制多采用该方式。

（3）根据所用方法的精密度，确定有效数字。

1.11.4.9 数据统计处理

（1）数据汇总：若共抽取 m 组（即 m 个样品），每组检测得 n 个数据；列表汇总。

（2）离群值（各室一致性）检验、数据补充：用狄克逊（Dixon）法（表 1-36）或格鲁布斯（Grubbs）法（表 1-37），分别对室内数据和各室平均值检验，确定离群值，通知该室补充检测数据。离群值检验方法见本书 7.4.2 节。

（3）数据分布正态性检验：

1）直方图法：将各室数据按大小排列，分成组，分组数等于总数据的数目的平方根，但不少于 5 组（比如共 8 组、每组 4 个数据，总数据的数目为 32 个，$\sqrt{32} = 5.6$，可分 6 组）。以横坐标为检测值，纵坐标为每组数据的个数，画成直方图，观察是否服从正态分布（单峰，以平均值为中心两边对称）。

2）夏皮罗-威尔克法（Shapiro-Wilk）：将一组数据从小到大排列成数列：X_1，X_2，$\cdots$，X_i，$\cdots$，X_n，检验是否按正态分布。

数列中 n 个数据的平均值为 $\overline{X}$，设 k 取值 $1 \sim h$（即 1，2，$\cdots$，h）。

h 值的确定：n 为偶数时，$h = n/2$；

$\qquad\qquad\qquad n$ 为奇数时，$h = (n-1)/2$。

计算统计值

$$W = \Big[\sum_{k=1}^{h} \alpha_k (X_{n+1-k} - X_k)\Big]^2 \Big/ \sum_{i=1}^{n} (X_i - \overline{X})^2 \qquad (1\text{-}29)$$

系数 α_k 值可查夏皮罗-威尔克法系数 α_k 值表（表 1-38）

由 n 和置信度 p，查表 1-39 得临界值 $W_{n,p}$。

若 $W > W_{n,p}$，则该组数据符合正态分布。

（4）各室平均值等精度检验：等精度检验就是用科克伦法（Cochran）比较各组方差中的最大值 $S^2_{\max}$ 与各组方差之和 $\sum\limits_{i=1}^{m} S^2_i$ 的比值（方差计算见式（7-5））。

统计量：$\qquad\qquad C = S^2_{\max} \Big/ \sum_{i=1}^{m} S^2_i \qquad\qquad\qquad (1\text{-}30)$

查表 1-40 得临界值 $C_{\alpha,m,n}$。

若 $C < C_{\alpha,m,n}$，则可判断各室平均值等精度检验合格。

若 $C > C_{\alpha,m,n}$，则把最大方差的一组舍去。

若选用 0.01 和选用 0.05 的显著性水平，查表结果为：$C_{0.01,m,n} > C > C_{0.05,m,n}$，则应斟酌后，再决定取舍。

（5）稳定性：铜合金固体标样，在干燥保存条件下只要不发生氧化，其组成至少 15 年不变。

（6）计算总平均值 $\overline{\overline{X}}$（等精度情况下）：

$$\overline{\overline{X}} = \frac{1}{m} \sum_{i=1}^{m} \overline{X}_i \qquad (1\text{-}31)$$

($\overline{X}_i$ 为 i 室 4 个数据的算术平均值)

(7) 评估不确定度: 不确定度 S 有: 定值分析和数据取平均值带来的不确定度 $S_{\overline{X}}$, 样品不均匀性带来的不确定度 S_L, 化学成分稳定性带来的不确定度 S_W。

则 $$S = \sqrt{S_{\overline{X}}^2 + S_L^2 + S_W^2} \qquad (1\text{-}32)$$

其中 $$S_{\overline{X}}^2 = \sum_{i=1}^{m} (\overline{X}_i - \overline{\overline{X}})^2 / m(m-1) \qquad (1\text{-}33)$$

$$S_L^2 = 1/n[(Q_1/f_1) - (Q_2/f_2)] (由均匀度检查时数据得到) \qquad (1\text{-}34)$$

S_W 以最大偏差法估计: 每半年对标样分析一次, 持续两年。若分析值与定值的最大偏差为 $|d_i|_{max}$, 查表 7-2 得 C_n, 则

$$S_W = C_n |d_i|_{max} \qquad (1\text{-}35)$$

一般 S_L 和 S_W 的值与 $S_{\overline{X}}$ 相比都很小, 可不计, 只考虑 $S_{\overline{X}}$。

以 $t_{\alpha,m-1}$ 作为扩展因子, 查表 7-3, 则总不确定度为

$$U = t_{\alpha,m-1} S_{\overline{X}} \qquad (1\text{-}36)$$

1.11.4.10 定值结果表达

$$\overline{\overline{X}} \pm t_{\alpha,m-1} S_{\overline{X}} \qquad (1\text{-}37)$$

表 1-34.1 两个方差比较——F 检验临界值表 ($\alpha = 0.01$)

f_2	f_1														
	1	2	3	4	5	6	7	8	9	10	12	14	16	20	∞
1	405	500	540	563	576	586	593	598	602	606	611	614	617	621	637
2	98.5	99.2	99.2	99.2	99.3	99.3	99.4	99.4	99.4	99.4	99.4	99.4	99.4	99.4	99.5
3	34.1	30.8	2905	2807	28.2	27.9	27.7	27.5	27.3	27.2	27.1	26.9	26.8	26.7	26.1
4	21.2	18.0	16.7	16.0	15.5	15.2	15.0	14.8	14.7	14.5	14.4	14.2	14.2	14.0	13.5
5	16.3	13.3	12.1	11.4	11.0	10.7	10.5	10.3	10.2	10.1	9.89	9.77	9.68	9.55	9.02

f_2	f_1														
	1	2	3	4	5	6	7	8	9	10	12	14	16	20	∞
6	13.7	11.0	9.78	9.15	8.75	8.47	8.26	8.10	7.98	7.87	7.72	7.60	7.52	7.40	6.88
7	12.2	9.55	8045	7.85	7.46	7.19	6.99	6.84	6.72	6.62	6.47	6.36	6.27	6.16	5.65
8	11.3	8.65	7.59	7.01	6.63	6.37	6.18	6.01	5.91	5.81	5.67	5.56	5.48	5.36	4.86
9	10.6	8.02	6.99	6.42	6.06	5.80	5.61	5.47	5.35	5.26	5.11	5.00	4.92	4.81	4.31
10	10.0	7.56	6.55	5.99	5.64	5.39	5.20	5.06	4.94	4.85	4.71	4.60	4.52	4.41	3.91
11	9.65	7.21	6.22	5.67	5.32	5.07	4.89	4.74	4.63	4.54	4.40	4.29	4.21	4.10	3.60
12	9.33	6.93	5.95	5.41	5.06	4.82	4.64	4.50	4.39	4.30	4.16	4.05	3.97	3.86	3.36
13	9.07	6.70	5.74	5.21	4.86	4.62	4.44	4.30	4019	4.10	3.96	3.86	3.78	3.66	3.17
14	8.86	6.52	5.56	5.04	4.70	4.46	4.28	4.14	4.03	3.94	3.80	3.70	3.62	3.51	3.00
15	8.68	6.36	5.42	4.89	4.56	4.32	4.14	4.00	3.90	3.81	3.67	3.56	3.49	3.37	2.87
16	8.53	6.23	5.29	4.77	4.44	4.20	4.03	3.89	3.78	3.69	3.55	3.45	3.37	3.26	2.75
17	8.40	6.11	5.19	4.67	4.34	4.10	3.93	3.79	3.68	3.59	3.46	3.35	3.27	3.16	2.65
18	8.29	6.01	5.09	4.58	4.25	4.02	3.84	3.71	3.60	3.51	3.37	3.27	3.19	3.08	2.57
19	8.18	5.93	5.01	4.50	4.17	3.94	3.77	3.63	3.52	3.43	3.30	3.19	3.12	3.00	2.49
20	8.10	5.85	4.94	4.43	4.10	3.87	3.70	3.56	3.46	3.37	3.23	3.13	3.05	2.94	2.42
22	7.95	5.72	4.82	4.31	3.99	3.76	3.59	3.45	3.35	3.26	3.12	3.02	2.94	2.83	2.31
24	7.82	5.61	4.72	4.22	3.90	3.67	3.50	3.36	3.26	3.17	3.03	2.93	2.85	2.74	2.21
26	7.72	5.53	4.64	4.14	3.82	3.59	3.42	3.29	3.18	3.09	2.96	2.86	2.78	2.66	2.13
28	7.64	5.45	4.57	4.07	3.75	3.53	3.36	3.23	3.12	3.03	2.90	2.79	2.72	2.60	2.06
30	7.56	5.39	4.51	4.02	3.70	3.47	3.30	3.17	3.07	2.98	2.81	2.74	2.66	2.55	2.01
40	7.31	5.18	4.31	3.83	3.51	3.29	3.12	2.99	2.89	2.80	2.66	2.56	2.48	2.37	1.80
50	7.17	5.06	4.20	3.72	3.41	3.19	3.02	2.89	2.79	2.70	2.56	2.46	2.38	2.27	1.68
60	7.08	4.98	4.13	3.65	3.34	3.12	2.95	2.82	2.72	2.63	2.50	2.39	2.31	2.20	1.60
100	6.90	4.82	3.98	3.51	3.21	2.99	2.82	2.69	2.59	2.50	2.37	2.26	2.19	2.07	1.43
∞	6.63	4.61	3.78	3.32	3.02	2.80	2.64	2.51	2.41	2.32	2.18	2.08	2.00	1.88	1.00

注：在标准样品均匀性方差检验中，f_1、f_2 为自由度，$f_1 = m - 1$，$f_2 = m(n-1)$。使用方法见 1.11.4.7 中的（4）均匀度的方差检验的统计量：$F = (Q_1/f_1) / (Q_2/f_2)$。

表1-34.2 两个方差比较——F检验临界值表（$\alpha=0.05$）

f_2 \ f_1	1	2	3	4	5	6	7	8	9	10	12	14	16	20	∞
1	405	500	540	563	576	586	593	598	602	606	611	614	617	621	637
2	98.5	99.2	99.2	99.2	99.3	99.3	99.4	99.4	99.4	99.4	99.4	99.4	99.4	99.4	99.5
3	34.1	30.8	2905	2807	28.2	27.9	27.7	27.5	27.3	27.2	27.1	26.9	26.8	26.7	26.1
4	21.2	18.0	16.7	16.0	15.5	15.2	15.0	14.8	14.7	14.5	14.4	14.2	14.2	14.0	13.5
5	16.3	13.3	12.1	11.4	11.0	10.7	10.5	10.3	10.2	10.1	9.89	9.77	9.68	9.55	9.02
6	13.7	11.0	9.78	9.15	8.75	8.47	8.26	8.10	7.98	7.87	7.72	7.60	7.52	7.40	6.88
7	12.2	9.55	8045	7.85	7.46	7.19	6.99	6.84	6.72	6.62	6.47	6.36	6.27	6.16	5.65
8	11.3	8.65	7.59	7.01	6.63	6.37	6.18	6.01	5.91	5.81	5.67	5.56	5.48	5.36	4.86
9	10.6	8.02	6.99	6.42	6.06	5.80	5.61	5.47	5.35	5.26	5.11	5.00	4.92	4.81	4.31
10	10.0	7.56	6.55	5.99	5.64	5.39	5.20	5.06	4.94	4.85	4.71	4.60	4.52	4.41	3.91
11	9.65	7.21	6.22	5.67	5.32	5.07	4.89	4.74	4.63	4.54	4.40	4.29	4.21	4.10	3.60
12	9.33	6.93	5.95	5.41	5.06	4.82	4.64	4.50	4.39	4.30	4.16	4.05	3.97	3.86	3.36
13	9.07	6.70	5.74	5.21	4.86	4.62	4.44	4.30	4019	4.10	3.96	3.86	3.78	3.66	3.17
14	8.86	6.52	5.56	5.04	4.70	4.46	4.28	4.14	4.03	3.94	3.80	3.70	3.62	3.51	3.00
15	8.68	6.36	5.42	4.89	4.56	4.32	4.14	4.00	3.90	3.81	3.67	3.56	3.49	3.37	2.87
16	8.53	6.23	5.29	4.77	4.44	4.20	4.03	3.89	3.78	3.69	3.55	3.45	3.37	3.26	2.75
17	8.40	6.11	5.19	4.67	4.34	4.10	3.93	3.79	3.68	3.59	3.46	3.35	3.27	3.16	2.65
18	8.29	6.01	5.09	4.58	4.25	4.02	3.84	3.71	3.60	3.51	3.37	3.27	3.19	3.08	2.57
19	8.18	5.93	5.01	4.50	4.17	3.94	3.77	3.63	3.52	3.43	3.30	3.19	3.12	3.00	2.49
20	8.10	5.85	4.94	4.43	4.10	3.87	3.70	3.56	3.46	3.37	3.23	3.13	3.05	2.94	2.42
22	7.95	5.72	4.82	4.31	3.99	3.76	3.59	3.45	3.35	3.26	3.12	3.02	2.94	2.83	2.31
24	7.82	5.61	4.72	4.22	3.90	3.67	3.50	3.36	3.26	3.17	3.03	2.93	2.85	2.74	2.21
26	7.72	5.53	4.64	4.14	3.82	3.59	3.42	3.29	3.18	3.09	2.96	2.86	2.78	2.66	2.13
28	7.64	5.45	4.57	4.07	3.75	3.53	3.36	3.23	3.12	3.03	2.90	2.79	2.72	2.60	2.06
30	7.56	5.39	4.51	4.02	3.70	3.47	3.30	3.17	3.07	2.98	2.81	2.74	2.66	2.55	2.01

f_2	f_1													
	1	2	3	4	5	6	7	8	9	10	12	14	16	20	∞
40	7.31	5.18	4.31	3.83	3.51	3.29	3.12	2.99	2.89	2.80	2.66	2.56	2.48	2.37	1.80
50	7.17	5.06	4.20	3.72	3.41	3.19	3.02	2.89	2.79	2.70	2.56	2.46	2.38	2.27	1.68
60	7.08	4.98	4.13	3.65	3.34	3.12	2.95	2.82	2.72	2.63	2.50	2.39	2.31	2.20	1.60
100	6.90	4.82	3.98	3.51	3.21	2.99	2.82	2.69	2.59	2.50	2.37	2.26	2.19	2.07	1.43
∞	6.63	4.61	3.78	3.32	3.02	2.80	2.64	2.51	2.41	2.32	2.18	2.08	2.00	1.88	1.00

注：在标准样品均匀性方差检验中，f_1、f_2 为自由度，$f_1 = m - 1$，$f_2 = m\,(n - 1)$。使用方法见 1.11.4.7 中的（4）均匀度的方差检验的统计量：$F = (Q_1/f_1) / (Q_2/f_2)$。

表 1-35　极差法检验——A 值表（$\alpha = 0.05$）

n	m								
	15	16	17	18	19	20	21	22	23
2						3.582	3.597	3.602	3.608
3	1.777	1.790	1.802	1.811	1.820	1.827	1.837	1.846	1.855
4	1.221	1.243	1.252	1.260	1.266	1.273	1.282	1.289	1.296

n	m								
	24	25	26	27	28	29	30	31	32
2	3.613	3.623	3.633	3.640	3.647	3.652	3.657	3.666	3.675
3	1.863	1.870	1.877	1.883	1.888	1.894	1.898	1.905	1.912
4	1.302	1.309	1.315	1.320	1.326	1.331	1.335		

n	m							
	33	34	35	36	37	38	39	40
2	3.683	3.690	3.696	3.702	3.707	3.714	3.716	3.720
3	1.921	1.926	1.928					
4								

注：在标准样品均匀性极差检验中，m 个样品，每个样品检测 n 次。计算各样品平均值之间的极差 R（$= \bar{X}_{\max} - \bar{X}_{\min}$）与各样品内检测值极差之和的平均值 $\bar{r}$ $\left[= \dfrac{1}{m} \sum\limits_{i=1}^{m} (X_{i(\max)} - X_{i(\min)}) \right]$ 之比，比值若 $\leqslant A$ 值，则均匀度合格。使用方法见 1.11.4.7 中的（5）均匀度的极差检验。

表1-36 离群值检验——Dixon（狄克逊）舍弃商 Q 值表

n	统计量	显著性水平 α 0.01	0.05	n	统计量	显著性水平 α 0.01	0.05
3	$r_1 = \dfrac{X_2 - X_1}{X_n - X_1}$ 和	0.988	0.941	14		0.641	0.546
4		0.889	0.765	15		0.616	0.525
5	$r_n = \dfrac{X_n - X_{n-1}}{X_n - X_1}$	0.780	0.642	16		0.595	0.507
6		0.698	0.560	17		0.577	0.490
7	中较大者	0.637	0.507	18	$r_1 = \dfrac{X_3 - X_1}{X_{n-2} - X_1}$ 和	0.561	0.475
8	$r_1 = \dfrac{X_2 - X_1}{X_{n-1} - X_1}$ 和	0.683	0.554	19		0.547	0.462
9	$r_n = \dfrac{X_n - X_{n-1}}{X_n - X_2}$	0.635	0.512	20	$r_n = \dfrac{X_n - X_{n-2}}{X_n - X_3}$	0.535	0.450
10	中较大者	0.597	0.477	21	中较大者	0.524	0.440
11	$r_1 = \dfrac{X_3 - X_1}{X_{n-1} - X_1}$ 和	0.679	0.576	22		0.514	0.430
12	$r_n = \dfrac{X_n - X_{n-2}}{X_n - X_2}$	0.642	0.546	23		0.505	0.421
13	中较大者	0.615	0.521	24		0.497	0.413
				25		0.489	0.406

注：表内列出 $\alpha = 0.01$ 和 $\alpha = 0.05$ 时的舍弃商 Q 值，与计算出的统计量 r_1 或 r_n 比较。若统计量 r_1 或 r_n 大于舍弃商 Q 值，则最小的数值 X_1 或最大的数值 X_n 判为离群值。使用方法见 7.4.2.4 节狄克逊——Q 值检验法。

表1-37 离群值检验——Grubbs（格鲁布斯）舍弃界限 T 值表

n	α 0.01	0.05	n	α 0.01	0.05	n	α 0.01	0.05
3	1.155	1.155	9	2.387	2.215	15	2.806	2.549
4	1.496	1.481	10	2.482	2.290	16	2.852	2.585
5	1.764	1.715	11	2.564	2.355	17	2.894	2.620
6	1.973	1.887	12	2.636	2.412	18	2.932	2.651
7	2.139	2.020	13	2.699	2.462	19	2.968	2.681
8	2.274	2.126	14	2.755	2.507	20	3.001	2.709

n	α		n	α		n	α	
	0.01	0.05		0.01	0.05		0.01	0.05
21	3.031	2.733	48	3.464	3.111	75	3.648	3.282
22	3.060	2.758	49	3.474	3.120	76	3.654	3.287
23	3.087	2.781	50	3.483	3.128	77	3.658	3.291
24	3.112	2.802	51	3.491	3.136	78	3.663	3.297
25	3.135	2.822	52	3.500	3.143	79	3.669	3.301
26	3.157	2.841	53	3.507	3.151	80	3.673	3.305
27	3.178	2.859	54	3.516	3.158	81	3.677	3.309
28	3.199	2.876	55	3.524	3.166	82	3.682	3.315
29	3.218	2.893	56	3.531	3.172	83	3.687	3.319
30	3.236	2.908	57	3.539	3.180	84	3.691	3.323
31	3.253	2.924	58	3.546	3.186	85	3.695	3.327
32	3.270	2.938	59	3.553	3.193	86	3.699	3.331
33	3.286	2.953	60	3.560	3.199	87	3.704	3.335
34	3.301	2.965	61	3.566	3.205	88	3.708	3.339
35	3.316	2.979	62	3.573	3.212	89	3.712	3.343
36	3.330	2.991	63	3.579	3.218	90	3.716	3.347
37	3.343	3.003	64	3.586	3.224	91	3.720	3.350
38	3.356	3.014	65	3.592	3.230	92	3.725	3.355
39	3.369	3.025	66	3.598	3.235	93	3.728	3.358
40	3.381	3.036	67	3.605	3.241	94	3.732	3.362
41	3.393	3.046	68	3.610	3.246	95	3.736	3.365
42	3.404	3.057	69	3.617	3.252	96	3.739	3.369
43	3.415	3.067	70	3.622	3.257	97	3.744	3.372
44	3.425	3.075	71	3.627	3.262	98	3.747	3.377
45	3.435	3.085	72	3.633	3.267	99	3.750	3.380
46	3.445	3.094	73	3.638	3.272	100	3.754	3.383
47	3.455	3.103	74	3.643	3.278			

注：使用方法见 7.4.2.3 格鲁布斯——T 值检验法。统计量 $T_1 = (\overline{X} - X_1)/S$ 或 $T_n = (X_n - \overline{X})/S$，若大于表中 $T_表$，则判 X_1 或 X_n 为离群值。

表1-38 数据分布正态性检验——Shapiro-Wilk
（夏皮罗-威尔克）系数 α_k 值表

k	\multicolumn{11}{c}{n}
	2	3	4	5	6	7	8	9	10	11	12
1	0.7071	0.7071	0.6872	0.6646	0.6431	0.6233	0.6052	0.5888	0.5739	0.5601	0.5475
2		0.0000	0.1677	0.2413	0.2806	0.3031	0.3164	0.3244	0.3291	0.3315	0.3325
3			0.0000	0.0875	0.1401	0.1743	0.1976	0.2141	0.2260	0.2347
4				0.0000	0.0561	0.0947	0.1224	0.1429	0.1586
5					0.0000	0.0399	0.0695	0.0922
6							0.0000	0.0303

k	\multicolumn{11}{c}{n}
	13	14	15	16	17	18	19	20	21	22	23
1	0.5359	0.5251	0.5150	0.5056	0.4968	0.4886	0.4808	0.4734	0.4643	0.4590	0.4542
2	0.3325	0.3318	0.3306	0.3290	0.3273	0.3253	0.3232	0.3211	0.3185	0.3156	0.3126
3	0.2412	0.2460	0.2495	0.2521	0.2540	0.2553	0.2561	0.2565	0.2578	0.2571	0.2563
4	0.1707	0.1802	0.1878	0.1939	0.1988	0.2027	0.2059	0.2085	0.2119	0.2131	0.2139
5	0.1099	0.1240	0.1353	0.1447	0.1524	0.1587	0.1641	0.1686	0.1736	0.1764	0.1787
6	0.0539	0.0727	0.0880	0.1005	0.1109	0.1197	0.1271	0.1334	0.1399	0.1443	0.1480
7	0.0000	0.0240	0.0433	0.0593	0.0725	0.0837	0.0932	0.1013	0.1092	0.1150	0.1201
8		0.0000	0.0196	0.0359	0.0496	0.0612	0.0711	0.0804	0.0878	0.0941
9			0.0000	0.0163	0.0303	0.0422	0.0530	0.0618	0.0696
10					0.0000	0.0140	0.0263	0.0368	0.0459
11							0.0000	0.0122	0.0228
12									0.0000

k	\multicolumn{11}{c}{n}
	24	25	26	27	28	29	30	31	32	33	34
1	0.4493	0.4450	0.4407	0.4366	0.4328	0.4291	0.4254	0.4220	0.4188	0.4156	0.4127
2	0.3098	0.3069	0.3043	0.3018	0.2992	0.2968	0.2944	0.2921	0.2898	0.2876	0.2854
3	0.2554	0.2543	0.2533	0.2522	0.2510	0.2499	0.2487	0.2475	0.2463	0.2451	0.2439
4	0.2145	0.2148	0.2151	0.2152	0.2151	0.2150	0.2148	0.2145	0.2141	0.2137	0.2132
5	0.1807	0.1822	0.1836	0.1848	0.1857	0.1864	0.1870	0.1874	0.1878	0.1880	0.1882
6	0.1512	0.1539	0.1563	0.1584	0.1601	0.1616	0.1630	0.1641	0.1651	0.1660	0.1667
7	0.1245	0.1283	0.1316	0.1346	0.1372	0.1395	0.1415	0.1433	0.1449	0.1463	0.1475

续表 1-38

k	n										
	24	25	26	27	28	29	30	31	32	33	34
8	0.0997	0.1046	0.1089	0.1128	0.1162	0.1192	0.1219	0.1243	0.1265	0.1284	0.1301
9	0.0764	0.0823	0.0876	0.0923	0.0965	0.1002	0.1036	0.1066	0.1093	0.1118	0.1140
10	0.0539	0.0610	0.0672	0.0728	0.0778	0.0822	0.0862	0.0899	0.0931	0.0961	0.0988
11	0.0321	0.0403	0.0476	0.0540	0.0598	0.0650	0.0697	0.0739	0.0777	0.0812	0.0844
12	0.0107	0.0200	0.0284	0.0358	0.0424	0.0483	0.0537	0.0585	0.0629	0.0669	0.0706
13		0.0000	0.0094	0.0178	0.0253	0.0320	0.0381	0.0435	0.0485	0.0530	0.0572
14				0.0000	0.0084	0.0159	0.0227	0.0289	0.0344	0.0395	0.0441
15						0.0000	0.0076	0.0144	0.0206	0.0262	0.0314
16								0.0000	0.0068	0.0131	0.0187
17										0.0000	0.0062

注：表中 n 为测定次数；k 及使用方法见 1.11.4.9 中的数据分布正态性检验。

表 1-39　数据分布正态性检验——Shapiro-Wilk（夏皮罗-威尔克）
正态性检验的临界值 $W_{n,p}$ 表

n	p		n	p		n	p	
	0.99	0.95		0.99	0.95		0.99	0.95
3	0.753	0.767	15	0.835	0.881	27	0.894	0.923
4	0.687	0.748	16	0.844	0.887	28	0.896	0.924
5	0.686	0.762	17	0.851	0.892	29	0.898	0.926
6	0.713	0.788	18	0.858	0.897	30	0.900	0.927
7	0.730	0.803	19	0.863	0.901	31	0.902	0.929
8	0.749	0.818	20	0.868	0.905	32	0.904	0.930
9	0.764	0.829	21	0.873	0.908	33	0.906	0.931
10	0.781	0.842	22	0.878	0.911	34	0.908	0.933
11	0.792	0.850	23	0.881	0.914	35	0.910	0.934
12	0.805	0.859	24	0.884	0.916	36	0.912	0.935
13	0.814	0.866	25	0.888	0.918	37	0.914	0.936
14	0.825	0.874	26	0.891	0.920	38	0.916	0.938

注：表中 n 为测定次数；p 为选择的置信概率，使用方法见 1.11.4.9 中的数据分布正态性检验。

表 1-40　等精度检验——Cochran(科克伦)检验临界 $C_{\alpha,m,n}$ 值表

m	n								
	2	3	4	5	6	7	8	9	10
3	0.9669	0.8709	0.7977	0.7457	0.7071	0.6771	0.6530	0.6333	0.6167
4	0.9065	0.7679	0.6841	0.6287	0.5895	0.5538	0.5365	0.5175	0.5017
5	0.8412	0.6838	0.5981	0.5441	0.5065	0.4783	0.4564	0.4387	0.4241
6	0.7808	0.6161	0.5321	0.4803	0.4447	0.4184	0.3980	0.3817	0.3682
7	0.7271	0.5612	0.4800	0.4307	0.3974	0.3726	0.3535	0.3384	0.3259
8	0.6798	0.5157	0.4377	0.3910	0.3595	0.3362	0.3185	0.3043	0.2926
9	0.6385	0.4775	0.4027	0.3584	0.3285	0.3067	0.2901	0.2768	0.2659
10	0.6020	0.4450	0.3733	0.3311	0.3029	0.2823	0.2666	0.2541	0.2439
12	0.5410	0.3924	0.3264	0.2880	0.2624	0.2439	0.2299	0.2187	0.2098
15	0.4709	0.3346	0.2758	0.2419	0.2195	0.2034	0.1911	0.1815	0.1736
20	0.3894	0.2705	0.2205	0.1921	0.1735	0.1602	0.1501	0.1422	0.1537
24	0.3434	0.2354	0.1907	0.1656	0.1493	0.1374	0.1286	0.1216	0.1160
30	0.2929	0.1980	0.1593	0.1377	0.1237	0.1137	0.1061	0.1002	0.0958
40	0.2370	0.1576	0.1259	0.1082	0.0968	0.0887	0.0827	0.0780	0.0745
∞	0	0	0	0	0	0	0	0	0

注：使用方法见 1.11.4.9 中平均值等精度检验。要点是：

　　m 个实验室（或 m 个方法），各有 n 个数据。

1. 按式 (7-5)，分别计算各实验室的样本方差：S_1^2、S_2^2、$\cdots$、S_m^2；

2. 计算 m 个实验室的样本方差之和：$\sum\limits_{i=1}^{m} S_i^2 = S_1^2 + S_2^2 + \cdots + S_m^2$；

3. 比较实验室的样本方差中的最大值 S_{max}^2 与各组方差之和 $\sum\limits_{i=1}^{m} S_i^2$ 的比值：

　　统计量

$$C = S_{max}^2 \Big/ \sum_{i=1}^{m} S_i^2$$

4. 依据所取的显著性水平 α 和 m，n 值，从表中查临界 $C_{\alpha,m,n}$ 值；

5. 若 $C < C_{\alpha,m,n}$，表明各实验室（方法）平均值间为等精度。

2 铜及铜合金组织结构分析

组织结构分析是揭示金属的化学成分、力学性能与组织结构之间的联系，发现金属内部缺陷的实验技术。金属材料的组织结构是由材料的化学成分及熔炼铸造、加工变形和热处理工艺决定的。通过组织结构的分析，可以反过来指导成分的优化配比和工艺改进。

按照从宏观到微观的研究层次，组织结构包括了宏观组织结构、显微组织结构、原子（或分子）结构和电子结构等。金属的组织结构分析必然要涉及金属的晶体结构和相，本章将首先介绍晶体结构和相的基本知识，重点介绍铜合金的相和相图，然后再结合铜合金的特点依次介绍各种具体的检测方法。

2.1 金属的晶体结构及铜合金的相

2.1.1 金属和合金的晶体结构

2.1.1.1 晶体、晶系和空间点阵

晶体是由原子、离子、分子按照一定规则在三维空间呈周期性排列所构成的固体。为了研究方便，常将构成晶体的原子、离子或分子质点抽象成纯粹的几何点，称为阵点或结点。这些阵点在空间呈周期性排列并具有等同的周围环境，这种模型称为空间点阵，简称点阵。

空间点阵的最基本单元是晶胞，每一个晶胞是空间点阵中按照一定原则选取的平行六面体。为了描述晶胞的形状和大小，通常采用所选取的平行六面体交于一点的三个棱边长度 a、b、c 和

棱间夹角 α（b、c 之间）、β（a、c 之间）、γ（a、b 之间）等 6 个参数来描述，如图 2-1 所示。

晶体学家布拉维（Bravais）根据晶胞在空间排列的对称性，按上述 6 个参数组合研究，将全部空间点阵归属于 7 种类型，即 7 种晶系。7 种晶系内又存在 7 种简单晶胞和 7 种复合晶胞，共 14 种空间点阵。表 2-1 列出了 7 种晶系和 14 种空间点阵及其参数。

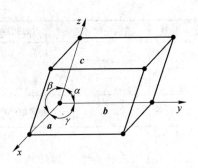

图 2-1　晶胞示意图

表 2-1　7 种晶系和 14 种空间点阵

晶系	晶轴长度和夹角	点阵和符号	阵点坐标
立方系	$a=b=c$ $\alpha=\beta=\gamma=90°$	简单（P）	000
		体心（I）	000, $\frac{1}{2}\frac{1}{2}\frac{1}{2}$
		面心（F）	000, $\frac{1}{2}\frac{1}{2}0$, $\frac{1}{2}0\frac{1}{2}$, $0\frac{1}{2}\frac{1}{2}$
正方系 （四方）	$a=b\neq c$ $\alpha=\beta=\gamma=90°$	简单（P）	000
		体心（I）	000, $\frac{1}{2}\frac{1}{2}\frac{1}{2}$
正交系 （斜方）	$a\neq b\neq c$ $\alpha=\beta=\gamma=90°$	简单（P）	000
		体心（I）	000, $\frac{1}{2}\frac{1}{2}\frac{1}{2}$
		底心（C）	000, $\frac{1}{2}\frac{1}{2}0$
		面心（F）	000, $\frac{1}{2}\frac{1}{2}0$, $\frac{1}{2}0\frac{1}{2}$, $0\frac{1}{2}\frac{1}{2}$
菱方系 （三角）	$a=b=c$ $\alpha=\beta=\gamma\neq90°$	简单（P）	000
六方系	$a=b\neq c$ $\alpha=\beta=90°$, $\gamma=120°$	简单（P）	000

晶系	晶轴长度和夹角	点阵和符号	阵点坐标
单斜系	$a \neq b \neq c$ $\alpha = \gamma = 90° \neq \beta$	简单（P）	000
		底心（C）	$000,\ \dfrac{1}{2}\ \dfrac{1}{2}\ 0$
三斜系	$a \neq b \neq c$ $\alpha \neq \beta \neq \gamma \neq 90°$	简单（P）	000

2.1.1.2　三种典型晶体结构

实测表明，绝大多数金属都具有三种简单晶体结构：面心立方结构（表示符号为 A_1 或 fcc）、体心立方结构（表示符号为 A_2 或 bcc）和密排六方结构（表示符号为 A_3 或 hcp）。只有少数亚金属具有比较复杂的结构。

三种典型晶体结构的基本特点是原子尽可能地紧密堆垛、对称性高、结构简单。

图 2-2 ~ 图 2-4 分别为面心立方、体心立方和密排六方的结构模型。

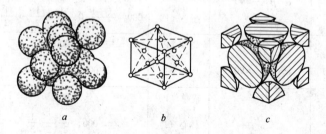

a　　　　　　b　　　　　　c

图 2-2　面心立方

面心立方晶胞的平行六面体的三个棱长 $a = b = c$，三个夹角均为 90°，即成为一个正方体，原子位于 8 个顶点和 6 个面的中心，点阵常数用一个棱长 a 表示即可。具有面心立方结构的金属有 Cu、Al、Ni、Au、Ag、Pd、Pt、γ-Fe 等。

体心立方晶胞同面心立方一样，所不同的是 6 个面没有原子

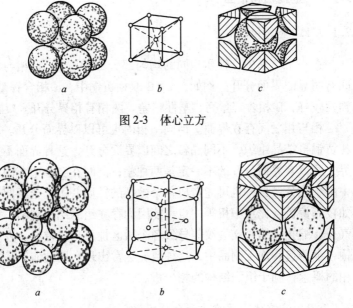

图 2-3　体心立方

图 2-4　密排六方

而体立方中心有一个原子，其点阵常数也是用一个棱长 a 表示。具有体心立方结构的金属有 α-Fe、δ-Fe、W、Mo、V、Nb、Ta、β-Ti 等。

密排六方结构的晶胞有两种取法：一种是三轴系的平行六面体，原子位于简单六方的 8 个顶点和体内 $\frac{2}{3}$ $\frac{1}{3}$ $\frac{1}{2}$ 处；另一种是四轴系的六方柱体，是 3 个上述结构结合在一起，原子位于 12 个顶点、上下两个面的中心和体内（3 个）。简单六方的 3 个夹角分别为 90°、90°和 120°，3 个棱长 $a = b \neq c$，其点阵常数用 a 和 c 两个参数表示，其 c/a 比值在 1.568(Be) 和 1.886(Cd) 之间变动。具有密排六方结构的金属有 Mg、Zn、Cd、α-Be、α-Ti、α-Zr、α-Co 等。

2.1.2　金属相和相图

2.1.2.1　金属相

在一个体系中，性质相同的均匀部分称为"相"，相与相之间有明显的界面分开。例如：α + β 双相黄铜中，α 相含锌量低，塑性较好；β 相含锌量高，塑性稍差。两相有相界分开。

相与相之间存在界面。但同一相内也可以界面分开。如单相黄铜再结晶组织，不同晶粒之间以界面分开，这种界面不是相界，所以有界面分开的不一定是两种相；同时在合金中，同一相中由于成分偏聚，也可能造成各个微区的性质并不完全相同，比如枝晶偏析、比重偏析等，也可能因为存在组织结构缺陷，比如气孔、缩孔、缩松、裂纹等导致各个微区性质出现差异。在铜及铜合金铸造和加工制品中，这种情况经常出现。因此应正确把握相的概念，利于组织结构的相分析。

2.1.2.2　液溶体、固溶体和金属间化合物

在合金中，多数金属在液态下能互相溶解而形成均匀的溶液；但也有在液态下只能部分互溶，形成有界面分开的成分不同的两种溶液，比如 Cu 和 Pb 在一定温度和成分范围内形成浓度不同而界面分开的两层溶液；还有两组元在液态下几乎完全互不溶解，比如 Cu 和 W 等。

溶质原子（离子或分子）溶入溶剂的晶体点阵中所形成的相称为固溶体。固溶体的晶体结构与溶剂的晶体结构相同。溶质原子溶入溶剂晶体中有两种方式：一种是溶质原了置换溶剂原子，称为置换固溶体；另一种是溶质原子填入溶剂的晶体点阵的间隙中，称为填隙固溶体，如图 2-5 所示。

在合金系中，除了形成固溶体外，组元间（金属与金属或金属与非金属）发生相互反应，形成金属间化合物。这种化合物具有自己独特的晶体结构和性质，与各组元的结构和性质不

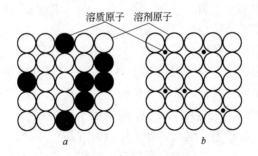

图 2-5 固溶体的类型

a—置换固溶体；*b*—填隙固溶体

同。由于金属间化合物在相图中处于中间位置，故又称中间相。比如 Cu-Al 二元合金中出现较多化合物，其中出现的 γ_2 相属复杂立方，结构式为 Al_4Cu_9，出现粗大 γ_2 相会使合金变脆，尤其是呈链条状分布时危害更大。

金属间化合物对材料性能影响很大。许多金属间化合物具有较高的熔点、硬度和复杂的结构，对提高合金的强度、硬度、耐热性和耐磨性作用很大。也有些金属间化合物熔点较低或脆性较大，导致合金变脆。还有些具有特殊的物理化学性质。在铜合金研究领域，传统合金大多是简单合金，相的变化较少。而近年来开发的一系列新型合金大多是具有复杂成分的多元合金，相的变化较为复杂，有些是专门利用相的特殊性能开发成为具有特殊用途的功能材料。因此研究合金固溶体和金属间化合物的结构和性质，控制材料的成分和工艺，有利于控制材料的应用性能。

2.1.2.3 相图、相变和相律

合金相图是指采用图的形式表示纯金属或合金系的成分、温度和相态之间的关系。通过相图可以知道某一成分的合金在各温度下的相态、相含量及温度变化时对应的组织变化规律，同时还可显示各种成分合金的熔点、相变温度。因此，相图是研究合金组织变化的有效工具。相图所表示的状态是热力学平衡状态，与

工业生产中的非平衡状态有一定差异，但二者有密切的关系。因此，研究非平衡状态也应以相图为基础。

常见的相图有纯金属相图、二元相图和三元相图等。

在合金系中，一个相转变为另一个相的过程称为"相变"。如果系统中同时共存的各相在长时间内不相互转化，即认为处于"相平衡"状态。实际上，这种平衡属于动态平衡。在微观上，即使处于平衡状态，组元仍会不停地通过各相界面进行转移，只是同一时间内相互转移的速度相等而已。

在平衡条件下，合金组元数、平衡相数以及影响相平衡的参数（诸如温度、压力、相成分等）之间存在着一定关系，这种关系称为"相律"。相图上所有变化均满足相律。相律的数学表达式为：

$$f = C - P + 2$$

式中　　C——合金组元数；

　　　　P——平衡共存的相数；

　　　　f——自由度；

　　　　2——参数的数目为 2 个，指温度和压力。

所谓自由度是指在平衡系中不改变相数的前提下可独立变化的因素数目。在研究不包括气相反应在内的合金相变时，压力的影响不大，故相律的表达式可改写为

$$f = C - P + 1$$

因此，纯金属最多只有两相平衡；二元系则存在三相平衡，在三相平衡时，自由度为零。

2.1.2.4　二元相图及杠杆定律

金属和合金的相态是由其成分和所处的温度及压力等外界条件决定的。由于一般的压力变化对金属固/液和固/固变化影响较小，因此二元合金状态的因素只有两组元的浓度和温度。一般以横坐标表示成分，常用质量分数 $w(B)$ 表示，纵坐标表示温度

（t/℃），如图 2-6 所示。

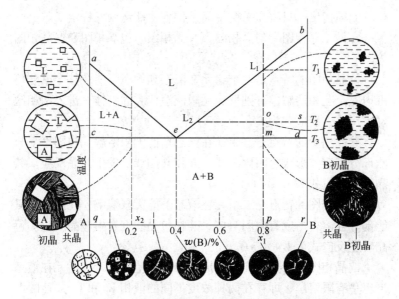

图 2-6 二元相图及各成分合金的组织变化示意图

图 2-6 中的各个线条表示相转变的温度和平衡相的成分，被线条划分的区域称为相区，各相区内注明了合金存在的状态。从相图上可以看出任一成分的合金在任一温度下存在的相态，以及相转变温度、类型、熔点等。

根据相律，二元合金两相平衡只有一个自由度，因而在给定温度下这两个平衡相的成分均为固定值。在该温度作一水平线，使之与两侧的相区边界线相交，由交点的成分坐标即可确定两个平衡成分。如图 2-6 所示，过 o 点作水平线，交两相区的两条边界线于 L_2、s 点，即分别为 T_2 温度时 L 和 B 的成分点。

如果将 L 和 B 的成分坐标当作杠杆长度，以合金成分点为支点，两相成分点分别为重点和力点，则与力学上的杠杆定律一样，可以计算两相的质量分数为

$$L = (os/L_2s) \times 100\%$$

$$B = (L_2o/L_2s) \times 100\%$$

但须指出，只有在平衡结晶条件下才能运用杠杆定律。

常见二元相图有匀晶相图、共晶相图、包晶相图和偏晶相图等。

匀晶相图的特点是两个组元在液态和固态都能在整个成分范围内完全互相溶解，分别形成无限液溶体和固溶体，进入两相区发生反应，反应式为 $L \rightarrow \alpha$。

共晶相图的特点是二组元在液态下能无限溶解，在固态下只能部分互溶，形成有限固溶体，并在共晶线上发生共晶反应。共晶转变反应式为 $L \rightarrow \alpha + \beta$。

包晶相图的特点是二组元在液态下能无限溶解，在固态下只能部分互溶，形成有限固溶体，并在包晶线上发生包晶反应。包晶转变反应式为 $L + \alpha \rightarrow \beta$。

偏晶相图的特点是在一定成分和温度范围内，二组元在液态下也呈有限溶解，即存在两种浓度不同的液相 L_1 和 L_2 共存的区域，并在偏晶线上发生偏晶反应。偏晶转变反应式为 $L_1 \rightarrow L_2 + \alpha$。

另外还有在固态下发生各种转变的相图，如共析转变 $\alpha \rightarrow \beta + \gamma$、包析转变 $\alpha + \beta \rightarrow \gamma$、偏析转变 $\alpha_2 \rightarrow \alpha_1 + \beta$、熔晶转变 $\beta \rightarrow \alpha + L$ 以及有序-无序转变。

2.1.2.5　三元相图、杠杆定律和重心法则

工业上应用的合金材料大多数是多元合金，即使是二元合金，一般均含有杂质，有时也当作三元合金来讨论。所以，三元相图也有重要的作用。

A　三元相图成分表示法

完整的三元相图是一个立体模型。因为三元合金的成分包括两个变量，仅成分一项就需要两个成分坐标，加上垂直此两坐标轴所确定平面的温度轴，构成由这三个坐标轴所限定的空间，在此空间内有一系列曲面组成三元相图立体模型。三元相图图形比

较复杂，类型很多，应用立体图形也不方便，因此在分析合金时，往往只研究那些有使用价值的截面图和投影图。

为了表示三元系的成分，目前通常采用浓度三角形。浓度三角形是一个等边三角形 ABC，如图 2-7 所示，三个顶点分别表示三个纯组元，三条边 AB、BC、CA 分别表示 A-B、B-C、C-A 简单二元合金的成分。凡是位于三角形边上的合金，都是二元合金，位于三角形内任一点的合金，都是三元合金。在图 2-7 的浓度三角形中，任选一点 o，通过 o 点分别向三边做平行线 1-1、2-2、3-3，顺时针（或逆时针）方向读取平行线的各边所截线段 a、b、c，这三条线段之和为一常数，等于三角形任一边长，即 $a + b + c = AB = BC = CA$。与二元合金相同，成分用质量分数 w 或摩尔分数 x 表示，即三角形三个边相应为 $w(A)$、$w(B)$、$w(C)$ 或 $x(A)$、$x(B)$、$x(C)$（分别为 40%、30%、30%）。

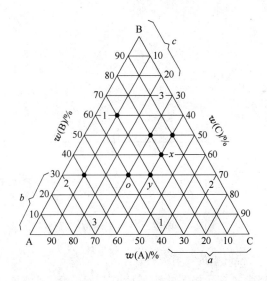

图 2-7　三元相图的浓度三角形

通常三元相图的浓度三角形常标上网格，这样可以很方便地由 x 点分别做各组元对边的平行线，交截于代表各组元的一边上，就可以直接读出 x 合金中 A、B、C 各组元的质量分数分别为 20%、40%、40%。反之，若已知 y 合金中三组元的质量分数分别为 30%、30%、40%，求该合金在浓度三角形内的位置，也可以从代表各组元浓度线上的相应点，分别做其对边的平行线，这些平行线的交点 y 即为该合金的成分点。

在分析实际问题时，可利用浓度三角形的两个性质：平行于浓度三角形任何一边的一直线，如图 2-8 中 de 线上所有点代表的三元合金（如 M_1、M_2），其中 B 的浓度相同，均为 $Ad\% B$；从浓度三角形的一个顶点到对边的任意直线 Bp（如 N_1、N_2）上所有点代表的三元合金，另外两组的浓度之比相同，均为 $A/B = Cp/Ap$。

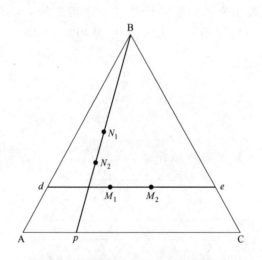

图 2-8　浓度三角形中的特性线

B　三元相图中的杠杆定律

根据相律，三元相图的相平衡有单相平衡、两相平衡、三相平衡和四相平衡。对平衡相的定量计算来说，单相平衡无须计算，四相平衡无从计算，两相平衡和三相平衡则可以用杠杆定律和重心法则来解决。

在一定温度下三元合金两相平衡时，合金的成分点和两个平衡相的成分点必须位于浓度三角形内的一条直线上，这一规律成为共线法则。这一法则可以用下述方法证明：

如图2-9所示，设在一定温度下，成分点 O 的合金成分分别为 D 点和 E 点的 α、β 两相状态。α 相中的 B 组元含量为 Ad_1，C 组元含量为 Ad_2；β 相中的 B 组元含量为 Ae_1，C 组元含量为 Ae_2。而合金 O 中 B 组元含量为 Ao_1，C 组元含量为 Ao_2。设此时 α 相的质量分数为 $w(\alpha)$，β 相的质量分数为 $1-w(\alpha)$。由 B 组元和 C 组元的物料平衡可得：

$$Ad_1 \times w(\alpha) + Ae_1(1 - w(\alpha)) = Ao_1 \times 1 \qquad (2\text{-}1)$$

$$Ad_2 \times w(\alpha) + Ae_2(1 - w(\alpha)) = Ao_2 \times 1 \qquad (2\text{-}2)$$

由式(2-1) 及式(2-2) 可得：

$$(Ae_1 - Ad_1)/(Ae_2 - Ad_2) = (Ae_1 - Ao_1)/(Ae_2 - Ao_2)$$

$$(2\text{-}3)$$

式 (2-3) 就是解析几何中三点共线关系，因此可证明 D、O、E 三点必在一条直线上。由式 (2-2) 还可以看出：

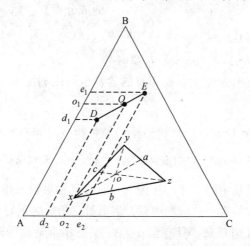

图 2-9　三元相图的杠杆定律和重心法则

$$w(\alpha) = (Ae_1 - Ao_1)/(Ae_1 - Ad_1)$$

$$= e_1o_1/e_1d_1 = EO/DE \tag{2-4}$$

则　　　　　$w(\alpha) = (OE/DE) \times 100\%$

　　　　　　$w(\beta) = (OD/DE) \times 100\%$

上式即杠杆定律的表达式，说明当一个三元合金 O 分解为两个不同成分的平衡相 α、β 时，两相的质量分数比与其成分点 O 点的距离成反比。如果已知一合金 O 在液相的凝固过程中，析出 α 相的成分不变时，则液相的成分点一定沿着 α 相的成分点和 O 点连线的延长线变化。

C　三元相图中的重心法则

当一个三元合金 o 分解为三个不同成分的平衡相 α、β 和 γ 时，合金成分点应位于由 α、β 和 γ 三相成分点所连成的三角形内。o 为合金成分点，x、y、z 分别为 α、β、γ 三相成分点，此时 α、β、γ 三相的质量分数可分别按杠杆定律进行计算：

$$w(\alpha) = (oa/xa) \times 100\% \ (a \text{ 点相当于 } \beta, \gamma \text{ 两相混合物}$$
$$\text{的成分点})$$

$$w(\beta) = (ob/yb) \times 100\%$$

$$w(\gamma) = (oc/zc) \times 100\%$$

当计算出 α 之后，β 和 γ 的含量也可以利用 yz 作杠杆进行计算：

$$w(\beta) = (az/yz) \cdot (1 - w(\alpha)) = az/yz \cdot ox/ax \times 100\%$$

$$w(\gamma) = (ay/yz) \cdot (1 - w(\alpha)) = ay/yz \cdot ox/ax \times 100\%$$

这就是三元系中的"重心法则"，$\triangle xyz$ 又称重量三角形，o 点即重量三角形的重心。应当注意，将重量三角形的重心和几何三角形的重心区别开来，只有当 α、β、γ 三相重量相等时，重量三角形和几何三角形的重心才会重合。

2.1.3 铜合金中的相和二元相图

2.1.3.1 铜合金中的相

铜加工制品金相分析中常见到三类相：α 固溶体、其他端际固溶体和金属间化合物。

铜的 α 固溶体是最常见的相之一，大部分变形铜合金的组织均为以 α 固溶体为基，其上分布有其他端际固溶体，如 Cr 相、Pb 相质点或 Cu 与其他元素形成的金属间化合物。α 固溶体为置换固溶体，晶体结构与纯铜一致，为面心立方结构。由于溶入了其他元素原子，因而晶格常数有所改变。几乎所有元素在铜中均能形成置换固溶体，但不同元素在铜中固溶度差别较大：比如 Ni 与 Cu 能无限互溶，Zn 在 Cu 中的最大溶解度达 39%，Al 在 Cu 中的最大溶解度达 9%，而 Pb 在固态铜中几乎不溶。可通过查阅相图了解元素在铜中的溶解情况。

在大多数液态产生混溶间隙（双液区）以及发生共晶反应、包晶反应但无中间相的铜合金系中固态第二相均为端际固溶体。常见的有：①Pb 相。Pb 在 Cu 中固溶度极小，常以单质相存在；②Ag 相。Ag 在 Cu 中有较大固溶度，若无第三组元存在，从过饱和固溶体析出的第二相或共晶中除 α 固溶体的第二相外均为以 Ag 为基的固溶体；③Fe 相。Fe 在 Cu 中有一定固溶度，若无第三组元或存在与 Fe 无化合作用的第三组元，则铜中含铁量超过一定值后，组织中就会出现单质 Fe 相，这种 Fe 相实际上是溶有一定量铜的 α-Fe 固溶体；④Cr 相。铬与铜不产生任何化合物，共晶中的 Cr 和从过饱和固溶体中析出的 Cr 均是以质点形式存在；⑤Bi 相。Bi 与 Cu 在固态基本上均不互溶，少量 Bi 以单独质点形式存在。

铜合金中的金属间化合物是最重要的一类相，对合金性能贡献较大，是研究的重点。它们在相图中表现为一根竖线，可用化学分子式表示，比如 Cu_5Zn_8、$Cu_{31}Sn_8$、Cu_3P、Al_4Cu_9 等，也有很多呈现出一定成分范围的单相区，即可以形成以这种化合物为基的二次固溶体。

2.1.3.2　常见二元铜合金中金属间化合物及其晶体结构

常见二元铜合金的金属间化合物及其晶体结构如表 2-2 所示。

表 2-2　常见 11 种二元铜合金的金属间化合物及其晶体结构

合金系	相的代号	相的结构式	相的晶体结构
Cu-Al	β	β-AlCu$_3$	体心立方
	γ	—	面心立方或复杂立方
	γ_1	—	有序体心立方
	γ_2	Al$_4$Cu$_9$	复杂立方
	χ	—	有序体心立方
	δ	—	—
	ε_1	—	—
	ε_2	Al$_2$Cu$_3$	伪立方
	ζ_1		六方
	ζ_2		单斜
	η_1	AlCu（高温）	斜方
	η_2	AlCu（高温）	底心斜方
	θ	Al$_2$Cu	体心正方
Cu-As	β	Cu$_{8\sim9}$As	密排六方
	γ	Cu$_3$As	三方
	δ	Cu$_5$As$_2$	正方或立方
Cu-Be	γ, γ_1	β-BeCu$_2$	体心立方
	γ_2	γ-BeCu	有序体心立方
Cu-Mg	β	CuMg$_2$	正交结构
	γ	Cu$_2$Mg	有序面心立方
Cu-O	β	Cu$_2$O	立方
	γ	CuO	单斜
Cu-P	β	Cu$_3$P	三角
Cu-S	β	Cu$_2$S II	六方
	β'	Cu$_2$S III	底心斜方
	γ	Cu$_{1.96}$S	正方
	δ	Cu$_9$S$_5$ 或 Cu$_{1.8}$S（高温）	立方
	δ'	Cu$_9$S$_5$（低温）	斜方
	ε	CuS	六方

合金系	相的代号	相的结构式	相的晶体结构
Cu-Si	β	ζ-Cu-Si	密排六方
	γ	β-Cu-Si（高温）	体心立方
	δ	γ-Cu$_5$Si	复杂立方
	ε	γ-Cu-Si	复杂立方
	ζ	ε-Cu$_{15}$Si$_4$	复杂立方
	η	—	复杂立方
	η′	—	复杂立方
	η″	—	复杂立方
Cu-Sn	β	Cu$_5$Sn	体心立方
	γ	γ-Cu$_3$Sn	面心立方
	δ	Cu$_{31}$Sn$_8$	复杂立方
	ε	Cu$_3$Sn	伪立方
	ζ	Cu$_{20}$Sn$_6$	三角
	η	—	
	η′	Cu$_6$Sn$_5$	六方
Cu-Zn	β	CuZn	体心立方
	β′	CuZn	有序体心立方
	γ	Cu$_5$Zn$_8$	有序体心立方
	δ	CuZn$_3$	有序体心立方
	ε	ε-Cu-Zn	密排六方
Cu-Zr	β	Cu$_5$Zr	复杂立方
	γ	Cu$_4$Zr	复杂立方
	δ, ε, ζ	—	—
	η	CuZr$_2$	正方

2.1.3.3 主要铜合金二元相图

二元铜合金相图大致可分为以下类型：

（1）液态产生混溶间隙且无中间相生成的二元系。属于此类的有 Cu-Cr、Cu-Pb、Cu-Ti、Cu-V 等二元系。

（2）形成连续固溶体或大范围固溶体的二元系。属于此类的有 Cu-Au、Cu-Mn、Cu-Ni、Cu-Pd、Cu-Pt、Cu-Rh 等二元系。

（3）产生共晶反应但无中间相的二元系，包括 Cu-Ag、Cu-B、Cu-Bi、Cu-Li 等二元系。

（4）产生包晶反应但无中间相的二元系，包括 Cu-Co、Cu-Fe、Cu-In、Cu-Nb 等二元系。

（5）生成中间相的二元系。其中相图铜侧发生共晶反应的有 Cu-Al、Cu-As、Cu-Ca、Cu-稀土金属、Cu-Mg、Cu-O、Cu-S、Cu-P、Cu-Se、Cu-Sb、Cu-Pu、Cu-Th、Cu-U、Cu-Zr 等二元系。相图铜侧发生包晶反应的有 Cu-Ba、Cu-Be、Cu-Cd、Cu-Ga、Cu-Ge、Cu-In、Cu-Si、Cu-Sn、Cu-Sr、Cu-Ti、Cu-Zn 等二元系。

（6）相图铜侧发生偏晶反应且生成中间相的二元系为 Cu-Te 系。

（7）第二组元在液态和固态铜中仅有极微溶解度的二元系有 Cu-C 和 Cu-H 系。

主要铜合金二元相图如图 2-10～图 2-22 所示。

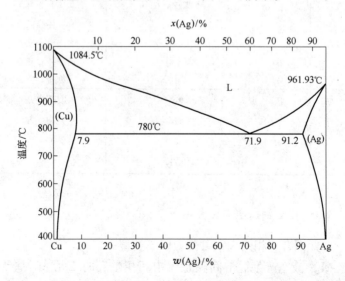

图 2-10　Cu-Ag 二元相图

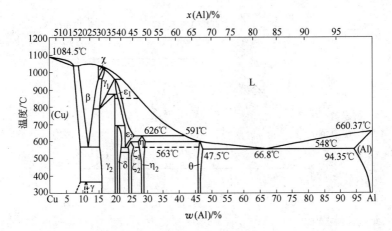

图 2-11　Cu-Al 二元相图

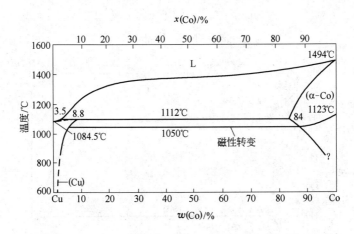

图 2-12　Cu-Co 相图

2.1.3.4　Cu-Zn 二元相图分析

　　铜锌相图是应用最为广泛的铜合金相图，几乎所有普通黄铜和复杂黄铜的金相分析都要依赖铜锌二元相图。在相图中，包含有五个包晶反应、一个共析转变和一个有序无序转变。在固态下

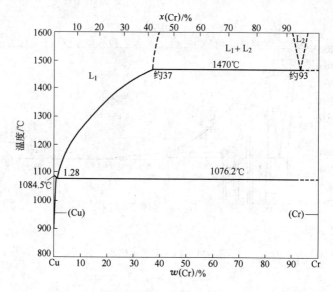

图 2-13　Cu-Cr 相图

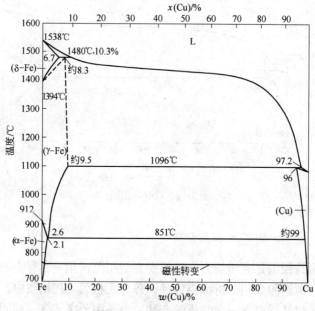

图 2-14　Cu-Fe 二元相图

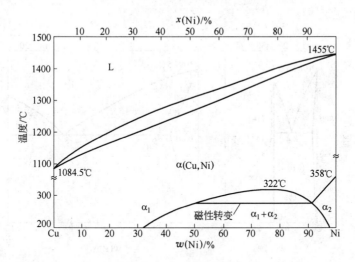

图 2-15　Cu-Ni 二元相图

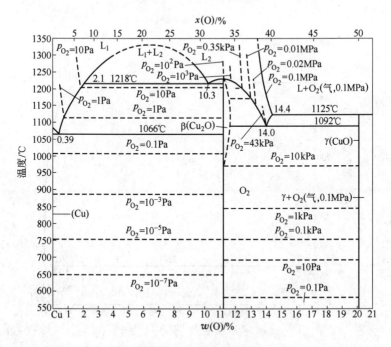

图 2-16　Cu-O 二元相图

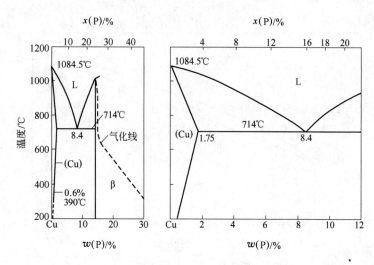

图 2-17　Cu-P 二元相图

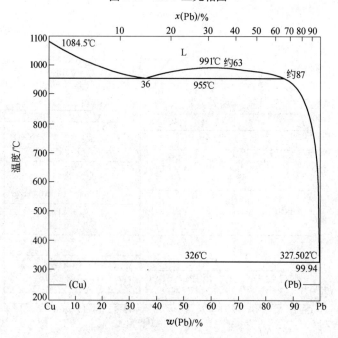

图 2-18　Cu-Pb 二元相图

有 α、β、β′、γ、δ、ε、η 七个相。

五个包晶反应分别是：

$$903℃, L + α → β;$$

$$835℃, L + β → γ;$$

$$700℃, L + γ → δ;$$

$$598℃, L + δ → ε;$$

$$424℃, L + ε → η。$$

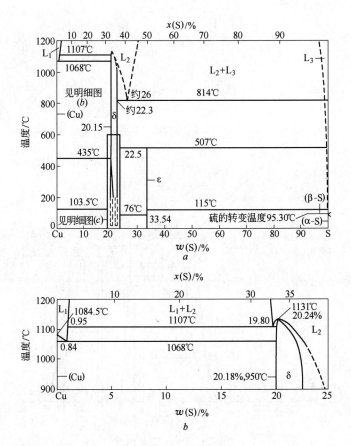

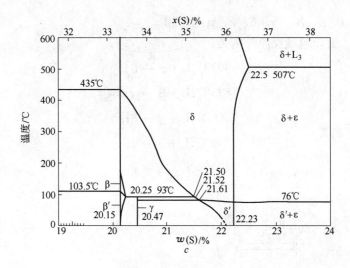

图 2-19　Cu-S 二元相图

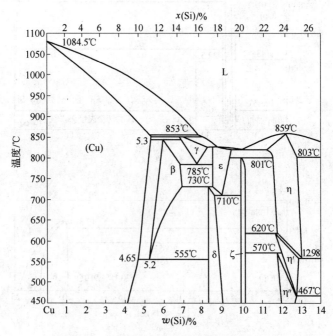

图 2-20　Cu-Si 二元相图

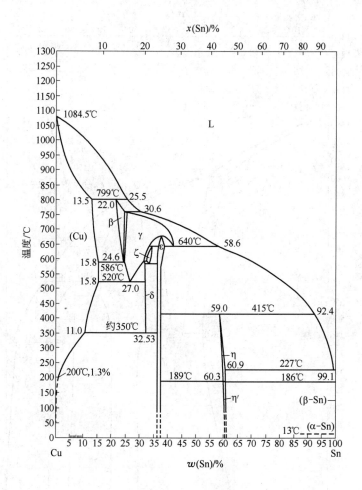

图 2-21 Cu-Sn 二元相图

一个共析反应是：

$$558℃,δ → γ + ε。$$

一个有序无序转变是：β→β′。

其中 α 相为面心立方结构，含锌量为小于 38%，β、β′、δ、γ 为体心立方结构，ε、η 为密排六方。

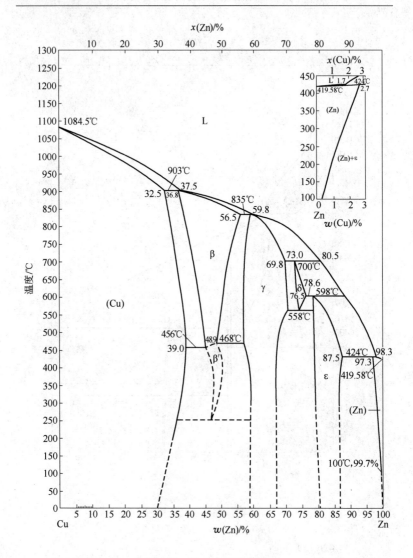

图 2-22   Cu-Zn 二元相图

2.2   宏观组织检验

宏观组织是指利用肉眼、放大镜或体视显微镜（≤30×）

观察到的金属及合金所具有的组成物的直观形貌。宏观组织也称低倍组织，观察的分辨率一般为 0.15mm。

宏观组织检验显示的是金属及合金的宏观组织特征、缺陷和组织不均匀性，它能在较大的范围内发现材料组织状况，有利于对材料的整体评价。其检验的方法简单、直观，一般不需要特殊的仪器设备，有时需借助体视显微镜进行观察研究。检验的操作包括试样的制备、试样侵蚀（断口检验无须侵蚀）和检验分析。

2.2.1　体视显微镜

2.2.1.1　体视显微镜的工作原理

体视显微镜又称实体显微镜，是一种具有正像立体感的目视仪器。其光学结构原理是由一个共用的初级物镜，物体成像后的两个光束被两组中间物镜（亦称变焦镜）分开，并组成一定的角度，称为体视角（12°～15°），再经各自的目镜成像。倍率变化是由改变中间镜组之间的距离而获得，因此又称为连续变倍体视显微镜（zoom-stereomicroscope）。利用双通道光路，双目镜筒中的左右两光束不平行，而是具有一定的夹角，为左右两眼提供一个具有立体感的图像，它实质上是两个单镜筒显微镜并列放置，两个镜筒的光轴构成相当于人们用双目观察一个物体时所形成的视角，以此形成三维空间的立体视觉图像。

2.2.1.2　体视显微镜的结构和特点

体视显微镜的结构与一般金相显微镜基本相同，由支座、光学系统和照明器三部分组成。支座除类似一般显微的小型机械框架外，主要还配置大型支架座，它是将主体部分固定在可以大范围升降、旋转甚至多角度倾斜的支架臂上，以满足大试样多方位的观察和照相，大支架是体视显微镜不同于一般金相显微镜的特点之一；光学系统包括物镜、目镜、辅助物镜（倍率转换器）

和调焦装置，它的会聚式变焦使图像立体感更强；照明光源除常用钨丝灯光源外，主要配有荧光环形光源和光纤点光源。环形光源提供均匀照明，点光源通过光纤直接照射到需研究的部位，最大特点是亮度高，可以从任意方向和角度去照射到任意位置，从而提高影像的反差和分辨率。

体视显微镜的最大特点为：视场直径大、焦深大，便于观察被检测物体的全部层面；虽然放大率不如常规显微镜，但工作距离很长；像是直立的，便于实际操作，这是由于在目镜下方的棱镜把像倒转过来的缘故。

体视显微镜对于微小零件和集成电路的观测、装配、检查特别有利，在宏观组织和断口研究上比肉眼、放大镜观察更为清晰真实。宏观组织检验一般不超过 30 倍，而体视显微镜的倍率最大可达 100 倍。另外体视显微镜还配置有照相装置，也可以通过各种数码接口和数码相机、摄像头、电子目镜等和图像分析软件组成数码成像系统接入计算机进行分析处理。

体视显微镜实物如图 2-23 所示。

2.2.2　宏观组织检验用样品

2.2.2.1　试样的选取和制备

一般情况下，铸造制品在浇口端横向切取宏观试样，挤压制品在切尾后沿尾端横向切取宏观试样。根据检验目的的需要，也可以在任意指定的部位取样。

除制品原始表面的检验外，试样被检验面均需铣削等加工，粗糙度 R_a 不大于 3.2μm。试样锯切加工时应防止过热，以免引起组织变化。为了得到更光洁的表面或观察更细小的缺陷，可以用金相砂纸进行打磨。

断口检验试样应在欲折断部位进行锯切、刻槽或加工成锲形槽，要求断裂截面以原截面的 1/3 ~ 2/3 为宜。试样放在压力机上折断、撕裂或采用其他折断方法，应一次完成，不许反复多

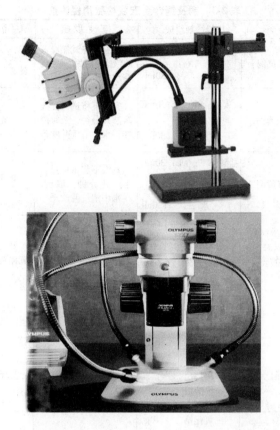

图 2-23　体视显微镜实物图

次。断口的表面应保持洁净，不允许受到污染或损伤。断口检验仅限于具有一定脆性的复杂合金，有时能检查出用酸侵蚀方法无法发现的质量缺陷。

2.2.2.2　试样侵蚀

宏观检验一般采用 30% ~ 50% 的硝酸溶液为侵蚀剂，也可根据合金类别选择表 2-3 推荐的其他侵蚀剂。采用工业等级的试剂即可，溶液应干净透明，无悬浮颗粒、渣滓等。

表2-3　铜及铜合金宏观检验用侵蚀剂

试验合金	侵蚀剂组成		侵蚀步骤	说　明
铜及所有黄铜	硝酸（浓）	20mL	室温下将试样浸入溶液几分钟，取出，在水中清洗并吹干	显示晶粒及裂纹
	水	80mL		
铜及所有黄铜	硝酸（浓）	50mL	室温下将试样浸入溶液几分钟，及时搅拌，水中清洗并吹干	一般观察
	水	50mL		
铜及所有黄铜	盐酸(1.19g/mL)	30mL	室温下将试样浸入溶液几分钟，取出，在水中清洗并吹干	良好的晶粒反差
	三氯化铁	10g		
	水	120mL		
铜、高铜（$w(Cu)$为80%以上）合金、磷青铜、锡青铜	氯化钠饱和溶液	4mL	室温下将试样浸入溶液 15~30min，而后用新配溶液擦拭，在温水中清洗并吹干	显示晶界及氧化物夹杂
	重铬酸钾	2g		
	硫酸（浓）	8mL		
	水	100mL		
所有合金	硝酸（浓）	50mL	将试样浸入溶液，然后在温水中清洗并吹干	用于需要深侵蚀的合金
	硝酸银	5g		
	水	50mL		
黄　铜	20%醋酸	20mL	将试样浸入溶液，然后在温水中清洗并吹干	显示应变线
	5%铬酸	10mL		
	10%三氯化铁水溶液	5mL		
	水	100mL		
硅黄铜或青铜	三氧化铬	40g	将试样浸入溶液，然后在温水中清洗并吹干	
	氯化铵	7.5g		
	硝酸（浓）	50mL		
	硫酸（浓）	8mL		
	水	100mL		
锡黄铜、白铜	硝酸（浓）	10mL	室温下将试样浸入溶液几分钟，取出，在水中清洗并吹干	锡青铜用硝酸侵蚀时易产生黑色膜，此试剂可有效避免
	双氧水（30%）	90mL		

　　配制侵蚀剂时必须小心，应将各种化学药品依次缓慢倒入水中或溶液中并搅拌。

　　侵蚀必须在通风橱内进行。可采用浸入法或均匀浇上一层侵蚀溶液等方法。侵蚀过程中应不断擦去腐蚀产生的表面膜，侵蚀时间以清晰显示组织及缺陷为准。侵蚀后迅速用大量清水冲洗。侵蚀要均匀适度：侵蚀过轻，组织和缺陷显示不充分；侵蚀过重，表面会出现腐蚀麻坑。

侵蚀后要立即擦干，如需保留或照相，应及时涂上一层透明保护油（如机油）以防氧化。

2.2.3 宏观组织检验及组织特点

宏观组织检验应根据技术标准或技术协议规定的质量要求进行。检查中应随时变换光线照射方向，详细观察各部位，如遇可疑之处，可用放大镜检验，也可进一步做断口或显微组织分析。对于细小的缺陷，用放大镜难以分辨时，可以借助体视显微镜予以确认。检验中应如实记录宏观组织和缺陷的形态、类型、大小和分布。

常规铸造制品宏观组织主要特点是存在三晶层，表面激冷层为细小等轴晶，中间为柱状晶，中心为粗大等轴晶。细小等轴晶不仅使锭坯获得较好的强度和塑性，并能改善杂质分布，提高断口均匀性和断口质量，反之粗大的晶粒，特别是严重的枝晶偏析和粗大第二相都可能影响产品加工与质量。

影响铸造组织的主要因素有合金的本质特性和铸造工艺。

纯铜类以及结晶间隔窄且不含高熔点元素、杂质含量少的多数黄铜和单相铝青铜等，生成粗大柱状晶的倾向最大，晶内偏析小。反之结晶间隔很宽的某些锡青铜和白铜以及大多数复杂合金则易于形成等轴晶，晶内偏析较严重。合金元素在基体中扩散速度慢，枝干同枝权间的成分差别愈难消除，树枝状组织也将愈明显。

高熔点元素或杂质在结晶过程中将作为非自发结晶核心堆积在结晶前沿，阻碍晶粒长大而得到细小晶粒组织。反之含低熔点杂质时，它们在缓慢冷却过程会沿晶界或枝晶网络分布而导致热脆。杂质含量高结晶核心就多，形成的晶粒多，晶粒就越细小。

在形成共晶组织的铜合金中，共晶的形态决定于共晶体中两相的相对含量、彼此间的表面张力、热导率、结晶学关系以及具体的冷却条件，通常缓冷使共晶体粗化，反之细密。

　　铸造工艺对宏观组织的影响也较大。铸造时冷却速度快，远大于元素扩散速度，造成实际结晶组织偏离平衡组织。冷速越大，偏离越严重。铸锭边部组织由于激冷常与冷却缓慢的中心组织有明显不同。锭坯横截面尺寸越大，差别越显著。

　　冷却速度与铸锭组织的一般关系是：冷速小时易出现粗大的晶粒和粗疏的枝晶网络；当冷速增大后使结晶前沿形成温度梯度，造成柱状晶的出现和不断长大，同时枝晶网趋于细密；若冷速进一步增大，过冷度也不断加大，铜液内结晶成核率将明显大于晶粒长大速度，晶粒此时将趋于细化，枝晶网可能很细，也可能因液相中的元素此时变得难以扩散，铜水不再作选分结晶而使枝晶偏析复又减轻。

　　宏观组织不仅用来反映铸造制品，也用来反映加工制品的表面、断口、横断面组织、缺陷以及加工流线等。典型宏观组织如图 2-24 ~ 图 2-29 所示。

图 2-24　QAl5 圆锭宏观组织柱状晶 （1/3 ×）

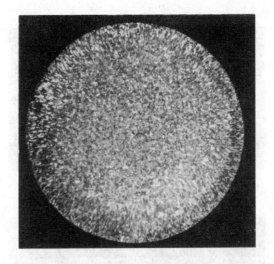

图 2-25　QAl59-3-2 圆锭宏观组织等轴晶（1/3×）

图 2-26　T2 扁锭宏观组织（1/3×）

图 2-27　QSn6.5-0.1 水平连铸带坯表面宏观
组织（原始表面）（1/3×）

图 2-28   HMn60-3-1 圆锭断面及纵剖面宏观组织 (6/5 ×)

图 2-29   QSn6.5-0.1 水平连铸带坯断面宏观组织 (1/3 ×)

2.3 显微组织检验

　　显微组织是指利用金相显微镜观察的金属及合金内部组织、相组成、相变、化学成分分布、夹杂物及缺陷等。显微组织也称高倍组织，观察的分辨率一般为 0.2 μm。

　　显微组织检验用以显示金属及合金的微观组织及缺陷等，采用的仪器主要为金相显微镜，检验的操作包括试样制备、抛光、试样侵蚀和检验分析。

2.3.1 金相显微镜

2.3.1.1 基本组成

　　金相显微镜是观察金属材料显微组织的重要光学仪器，其基本组成是光学放大系统、照明系统和机械框架三部分。光学系统主要由物镜、目镜以及倍率转换镜组成，是显微镜的主要部分；照明系统主要部件为光源垂直照明器，采用可见光照明。目前常用的光源有白炽灯和氙灯，另外光路中还装有孔径光阑和视场光阑，为了增加衬度和鉴别细微部分，吸收白光中波长不需要的部分，还可以安放各种滤色片；机械框架包括机械镜筒、物镜转换器、载物台、调焦装置和底座等。图 2-30 所示为显微镜实物和光路图。

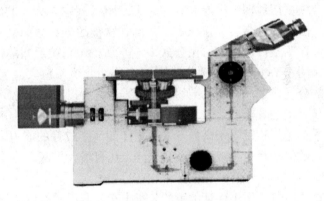

图 2-30　显微镜实物和光路图

2.3.1.2　主要参数

A　放大倍率

物镜的放大倍率 $M_物 = L/f_物$（L 为光学镜筒长度，mm；$f_物$ 为物镜的焦距，mm），目镜的放大倍率 $M_目 = 250/f_目$（250mm 为明视距离，$f_目$ 为目镜的焦距），则显微镜的放大倍率为 $M = M_物 \times M_目$。

如果显微镜使用倍率转换器（辅助透镜），其放大倍率用 $M_转$ 表示，则总放大倍率 $M = M_物 \times M_目 \times M_转$。

B　物镜的数值孔径、分辨率和景深

数值孔径表示物镜的聚光能力，增大聚光能力可提高物镜的鉴别率，数值孔径通常用 NA 表示。根据理论推导得到：

$NA = n\sin\alpha$，n 为物镜与试样之间的介质折射率，α 为半孔径角。增加孔径角和折射率将提高数值孔径。由于增大孔径角的办法是增大透镜直径或减少物镜焦距，就金相显微镜而言，α 不能够再大了。在干系物镜中 $n = 1$，NA 最大只能达到 0.95，若采用松柏油做介质，$n = 1.515$，NA 最大可达 1.40。

物镜的分辨率是指物镜能区分两个物点间的最小距离，用 D 表示。根据衍射理论推导得 $D = 0.61\lambda/NA$（式中 λ 为光的波长，μm）。由于理论与实际情况不尽相同，物镜的分辨率尚受衬度、外形和照明条件等影响，用公式 $D = 0.5\lambda/NA$ 更接近实际情况。上式表明：NA 愈大，λ 愈小，则 D 愈小，分辨率愈大。金相显微镜的分辨率最大只能达到物镜的分辨率，所以物镜的分辨率又称为显微镜的分辨率。

景深是指物镜对于高低不平的物体能清晰成像的能力，用 d 表示。数值孔径愈小或缩小孔径光阑，均可增大景深。

C　有效放大倍率

在显微镜应用中保证物镜的分辨率充分利用时所对应的显微镜放大倍率，称为有效放大倍率。根据人眼在明视距离处的分辨距离为 0.15～0.30mm 及显微镜的分辨距离 $D = 0.5\lambda/NA$，计算得到显微镜的有效放大倍数为 $M_{有效} = (0.30～0.60) NA/\lambda$。当采用黄绿光（$\lambda = 5.5 \times 10^{-4}mm$）照明时，$M_{有效} = (500～1000) NA$。因此正确选择物镜和目镜配合使用，充分发挥物镜的分辨能力，而不至于造成"放大不足"或"虚伪放大"。如果选择的 $M < 500NA$，说明显微镜的分辨率没有充分利用，物镜能分辨而人眼看不清楚；反之，若 $M > 1000NA$，说明无效放大，原来看不清的细节，过分放大后仍看不清楚。比如当采用 100 × 物镜其 $NA = 1.25$ 时，最高有效总放大倍率为 $1000NA$，即 $1000 \times 1.25 = 1250\times$，若选用 12.5 × 目镜，则 $M = M_{物} \times M_{目} = 100 \times 12.5 = 1250\times$，刚好符合上述要求，为有效放大；若选用 16 × 目镜，则 $M = M_{物} \times M_{目} = 100 \times 16 = 1600\times$，大于 $1000NA$（即 1250

×），为无效放大。

2.3.1.3 观察方法

显微镜的观察方法较多，主要有明场、暗场、偏光、相衬、微分干涉相衬等。

A 明场

明场照明是金相研究中的主要观察方法。入射光线垂直或近似垂直地照射在试样表面，利用试样表面反射光线进入物镜成像。如果试样是一个镜面，在视场内是明亮一片，试样上的组织将映衬在明亮的视场内，称之为"明场"。

B 暗场

照明光线不入射到物镜内，而是通过物镜的外围照明试样，入射光线有较大倾斜角，可以得到试样表面绕射光而形成的像。如果试样是一个镜面，由试样上反射的光线仍以较大的倾斜角向反方向反射，不可能进入物镜，视场内漆黑一片。如果试样磨面上有凸凹不平的显微组织，才能有光线反射进入物镜，其组织将以亮白影像映衬在漆黑的视场内，如同星星的夜空，称之为"暗场"照明。

暗场附件由环形光阑、环形反射镜和金属曲面反射镜组成。平行光线经环形光阑后仅有外围对应的环形光线通过，经环形反射镜转向后，沿着光轴为中心的环形管道从物镜外围投射到曲面反射镜上，再经反射使光线倾斜地照在试样上。使用暗场照明时，直接将暗场附件推进光路，对光阑做适当调节即可。暗场观察常用于鉴定非金属夹杂物。

C 偏光

自然光是沿垂直于传播方向的各个方向均衡振动的，如果光的振动局限于垂直于传播方向的平面内的某一个方向上，则称为偏振光。

偏光装置是在显微镜入射光路和观察光路中各加一个偏光镜构成的装置。光源前的称为起偏镜，其作用是把自然光变成偏振光。另一个称为检偏镜,其作用是分辨偏振光照射于金属磨面后反射光的偏振状态。使用时先插入起偏镜,调整至反射光最强,再插入检偏镜,调整至消光位置时就是两个镜的正交位置,调整至光强度最大时就是两个镜的平行位置。应用偏振光可以进行多相合金、各向异性金属研究和非金属夹杂物的鉴别。

D　相衬

装在物镜内的相位板使反射光和绕射光发生干涉,使相位转换成振幅差进行观察的方法。试样表面具有微小高度差,在一般明场下因衬度太低而不能分辨,通过相衬使高度差在 100 ~ 1000nm 范围的组织均能清晰地观察。

相衬装置由环形光阑和相位板组成。环形光阑安放在孔径光阑处,其作用是将直接反射光与绕射光分开。相位板安放在物镜后焦面上,与环形光阑的像重合,使直接反射光通过相环而绕射光通过相位板的其余部分。

相衬主要用于鉴别相变引起的浮凸、机械力引起的滑移线、抛光后较硬的第二相的凸起、轻度侵蚀后某些相的凸出或凹陷等。

E　微分干涉相衬(DIC)

微分干涉相衬是将试样磨面微小高度差所造成的光程差转变为人眼或感光材料所能感受的强度差,从而提高显微细节衬度的特殊光学装置。

DIC 的装置包括起偏镜、诺曼斯基棱镜、检偏镜和全波片。光线经过上述装置的转换将磨面微小不平形成易于分辨的干涉衬度。与相衬相比,DIC 可观察的高度差更小,在数十纳米范围。DIC 多应用于相的鉴别,能显示明场观察不到的某些组织细节。

2.3.1.4　图像分析系统

传统金相显微镜的图像采集主要是通过安装在显微镜上的照

相机和大底版成像装置，采用感光底片记录有关信息，利用暗室技术将图像印制成照片。随着计算机技术的发展，数码影像技术越来越广泛地应用于金相分析工作中，相互结合产生了图像分析系统。

图像分析系统由硬件和软件两部分组成。

硬件包括输入设备、计算机和输出设备。输入设备主要有数码相机或者数字摄像机或者 CCD 摄像头加图像采集卡。为了把金相照片输入到计算机中，还应配置扫描仪；输出设备主要为打印机和光盘刻录机（如图 2-31 所示）。软件是图像分析系统的关键，除了常规操作系统和应用软件外，主要是对图像进行处理的软件和金相常用测量软件。不同的仪器厂家提供和用户使用的软件稍有不同。一般系统软件具有如下特点：人性化的用户界面；图像采集、显示、增强反差功能；图像拼接、景深扩展和分割处理功能；参数测量、图像标注和编辑修改功能；基于标准的测量评级软件包。另外还具备记录管理、过程浏览、数据安全备份和灵活多样的报告风格等特点。

工作流程：摄像头将来自显微镜的光学图像转换成视频信

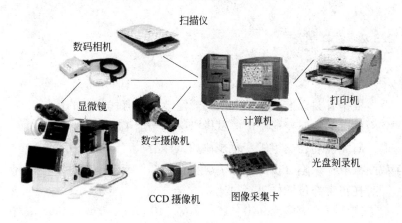

图 2-31 图像分析系统组成

号，通过图像采集卡数字化进入计算机，使用软件对数字图像进行处理，如果使用数码相机或数字摄像机，则直接进入计算机对图像进行处理，然后按照用户的需要对图像进行分析，编制报告输出打印。整个工作流程如图 2-32 所示。

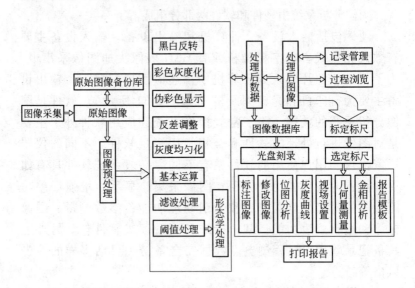

图 2-32　图像分析系统工作流程图

2.3.2　试样制备

2.3.2.1　试样选择及切割

根据有关标准或技术协议的规定，选取有代表性的部位。观察冷加工的金属变形程度的试样沿平行于加工方向的纵向切面截取；研究锭坯径向组织变化规律的试样沿垂直于锭坯轴线方向的截面截取；缺陷分析的试样，应在缺陷部位或缺陷附近取样，并同时在正常部位取样进行对比。

试样尺寸一般为 $\phi 10 \sim 15\text{mm}$ 或 $(10 \sim 15)\ \text{mm} \times 10\text{mm}$，对于带材厚度 $\leqslant 0.5\text{mm}$ 及具有小截面的加工制品，可视具体情况

灵活截取。对于细小的线材、丝材、箔材和颗粒状试样需要镶嵌，镶嵌方式有塑料镶嵌和机械镶嵌两类。

铜合金较软，不宜采用砂轮切取，可采用手锯、剪切、刨、车、铣等加工方式取样，精细样品应采用线切割取样，硬脆的中间合金可用锤击取样。取样时应避免样品变形以及温度过高等。

2.3.2.2 磨光

切取后的试样应首先用锉刀锉去 1~2mm，锉出一个平面。然后依次采用不同粒度的水砂纸磨光。磨光可以采用手工磨光，也可采用电动磨盘磨光。粗磨通常使用 150~180 号水砂纸，用水冷却。粗磨磨出方向一致的磨痕后，采用 320~350 号金相砂纸进行细磨。更换一次砂纸，磨制方向应转换 90°，细磨磨痕达到一致后，即可进行抛光。

2.3.2.3 抛光

抛光方式有：机械抛光、电解抛光和化学抛光等。

A 机械抛光

经细磨后的试样，水洗后移至装有帆布的抛光盘上先进行粗抛。抛光剂可选用三氧化二铬、氧化铝、氧化镁等水的悬浮液或金刚砂研磨膏。转速一般采用 500~1000r/min，抛至细磨痕完全消失为止，然后用水洗净，进行细抛光。

细抛光在装有毛毡的抛光盘上进行，抛光剂使用浓度较稀的三氧化二铬悬浮液或粒度更细的金刚石研磨膏，细抛达到划痕方向一致时，用水冲洗试样，然后进行精抛光。精抛在装有呢绒或丝绒的抛光盘上进行，精抛时可以用水润滑，抛到试样表面无划痕为止。

B 电解抛光

电解抛光装置如图 2-33 所示，电解槽的尺寸以 $\phi100mm \times 60mm$ 为宜，每次使用适量抛光液。铜及铜合金最常用的抛光液是由 3 体积正磷酸和 4 体积水配制而成，工作电压为 30~50V，时间 1~2s。将磨光好的试样，用夹子夹住，接通电源，抛光后取出，放入水中清洗。该方法适用于大批量生产检验和一般的组织检查。

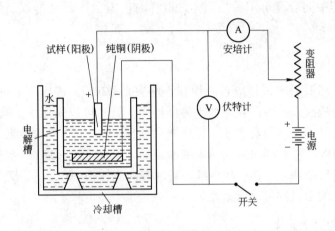

图 2-33　电解抛光装置示意图

C　化学抛光

通过化学试剂对试样表面的溶解，达到抛光的目的。常用化学抛光剂有两种：一种为正磷酸、硝酸和冰醋酸等体积混合，抛光温度为 60~70℃，时间 1~2min，适用于纯铜；另一种为正磷酸：盐酸：硝酸：冰醋酸 = 1∶1∶3∶4(体积比)，抛光温度为 70~80℃，时间 1~2min，适用于铜合金。

2.3.2.4　试样侵蚀

抛光好的试样，根据检查目的选用适当侵蚀剂以显示其显微组织。侵蚀剂应使用化学纯以上药品，并现用现配。铜及铜合金用侵蚀剂如表 2-4 所示。常用 1 号试剂和 3 号试剂。1 号试剂作用柔和，使用时加入少量的水可使单相铜合金晶粒染色；3 号试剂对晶界侵蚀能力较强。

表2-4 铜及铜合金显微组织检验用侵蚀剂

序号	试剂成分		侵蚀方法	适用范围	备 注
1	硝酸铁 无水乙醇	2g 50mL	擦拭	铜及铜合金	加少量水可使单相合金晶粒染色。纯铜、铬青铜、碲铜抛光时,将几滴侵蚀剂倒在最后一道抛光布上,抛几秒,然后倒上水,抛至表面发亮,反复数次,较好效果
2	三氯化铁/g 1 3 5 19(20) 盐酸/mL 20 10 10 6(5) 水/mL 100 100 100 100 注 ① ② ③		浸入或擦拭	纯铜、黄铜青铜	使用时加入50%酒精,黄铜中β相能变黑。①可加入1g二氯化铜;②格莱氏试剂2号,使用时可加入1g二氯化铜及0.5g二氯化锡;③称为格莱氏试剂1号(盐酸为ρ = 1.19 g/mL,下同)
3	三氯化铁 盐酸 无水乙醇	3g 2mL 96mL	擦拭	铜及铜合金	
4	三氯化铁 无水乙醇	3g 100mL	反复擦拭	硅青铜等	试剂现配现用,腐蚀速度较慢
5	氨水 水 双氧水(30%)	20mL 0~20mL 8~20mL	浸入或擦拭	铜及铜合金	先将氢氧化铵与水混合好,然后加入双氧水,必须现配现用(氨水ρ = 0.9g/mL,下同)
6	三氧化铬 重铬酸钾 冰醋酸 硫酸 加水至	7.2g 12g 7mL 58mL 100mL	浸入	铜及铜合金	可显现铜合金晶界,侵蚀后再用格莱氏1号试剂使晶粒染色(硫酸为ρ = 1.84g/mL,下同)
7	二氯化铜 氨水	8~10g 8~100mL	浸入	铍青铜、白铜	能使铍青铜α相变暗,β相呈亮白色

序号	试剂成分		侵蚀方法	适用范围	备 注
8	硝酸 冰醋酸 水	30mL 42mL 28mL	浸入	加工及退 火锡青铜	有良好晶粒对比（硝酸 $\rho = 1.42g/mL$，下同）
9	铁氰化钾 水	1~5g 100mL	浸入	锡磷青铜	能区分 δ 相及 Cu_3P 相， δ 相侵蚀后颜色不变， Cu_3P 相由蓝色变至深灰色
10	重铬酸钾 硫酸 氯化钠饱和水溶液	2g 8mL 4mL	浸入	纯铜及 铍、锰、 硅、铬、 青铜、 白铜	
11	醋酸(75%) 硝酸 丙酮	30mL 20mL 30mL	擦拭	白铜	
12	氨水 2.5%过硫酸铵溶液 水	25mL 50mL 25mL	冷浸或 热浸	铜及铜 合金	侵蚀后 Ni_3Al 呈鸠灰色， Ni_3Al 呈暗灰色
13	铬酸 水	1g 100mL	V：6V t：56s	铍青铜	铝作阴极
14	硫酸亚铁 氢氧化钠 硫酸 水	30g 4g 100mL 1900mL	V：8~ 10V t：10~ 15s	黄铜 青铜 白铜	纯铜作阴极
15	冰醋酸 硝酸 水	5mL 10mL 85mL	V：0.5~ 10V t：5~15s	白铜	纯铜作阴极

　　侵蚀时，先用夹子夹住醮有侵蚀剂的脱脂棉球，轻轻在试样面上擦拭几下，使表面变形层溶去；然后一边在试样表面滴上侵蚀剂，一边观察，待试样表面光泽变暗、组织显示后，迅速用水冲去多余侵蚀剂，然后用少量酒精冲洗残留水珠后，用电吹风吹干试样。

　　侵蚀程度视金属的性质、检验目的而定，以显微镜下观察组织清晰为准。一般要先进行浅侵蚀，在显微镜下观察，若认为侵蚀程度不足，可继续侵蚀，或重新抛光后再侵蚀；若侵蚀过度则必须重新磨制、抛光后再侵蚀。

2.3.3　显微组织检验

　　试样的显微组织检验包括侵蚀前检验和侵蚀后检验。侵蚀前主要检验试样的夹杂物、裂纹、气孔等缺陷以及铜及铜合金中的部分组织；侵蚀后主要检验试样的组织。

　　显微组织检验一般先由低倍率 50X ~ 100X 观察，对于有细微结构的组织，用高倍率做细致的观察分析。利用显微镜具有的多种照明方式，对组织的特征进行对比分析。比如：采用正交偏振光对退火样品的晶粒度观察。

　　显微组织是组织分析的重点。分析的方法除了要掌握上述分析检验设备、操作方法外，重要的是要根据不同合金的成分、工艺，结合相图进行具体分析。一般流程为：

　　(1) 首先研究合金的化学成分。分析各元素之间的相互作用，能否在给定的工艺条件下发生反应或相互溶解。一般铜合金以铜为基，分析其他元素在铜中的作用情况。比如纯铜中含有的少量元素大致分为三类：能部分或全部固溶于铜的元素有铝、镍、硅、锌、银、金、铂、钙、砷、锑等；几乎不固溶于铜，与铜形成低熔点共晶，共晶又几乎全由低熔点纯金属构成的元素铅和铋等；与铜生成脆性化合物或共晶，由于共晶温度较低，含量少时对室温机械性能影响不大的元素氧、硫、磷、硒、铈等。

　　(2) 研究相图。观察分析在一定工艺条件下可能的相组成，偏离平衡条件的情况，把握组织特点。相图是金相分析的基础，要熟练掌握相图的基本知识、分析方法。目前铜合金二元相图大约常见的有 50 多个，最常用的有 10 多个，要仔细研究。复杂合金的元素往往超过 3 个，但其他元素含量较少，大多可借助二元相图来研究。

（3）组织观察。在显微镜下仔细观察合金的组织特点，与相图和理论分析比较，确定组织状况，仔细描述相组成、含量多少、形态、分布等信息。组织分析的报告要以观察到的为准，不能以理论分析为准，任何组织都有它自身的特点，比如共晶、共析组织等，只有具备了它的组织特点，才能确定组织构成。

在 2.1 节中给出了常见二元合金的相，随着材料科学的发展，新型材料会不断出现，就会有新相出现，需要不断研究不断进步。金相分析不仅依靠传统金相显微镜，还要更加广泛地应用电子显微分析手段。

铜及铜合金常见显微组织如图 2-34 至图 2-39 所示。

 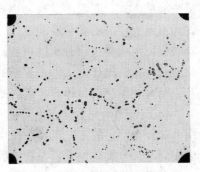

图 2-34　α 单相铜合金组织平均　　　图 2-35　T2 紫铜组织中的
晶粒度 0.035mm（100×）　　　　　Cu_2O 颗粒（200×）

2.3.4　晶粒度的测量

晶粒度是晶粒大小的量度，是单相铜及铜合金重要的特性指标。晶粒的大小反映了金属的软硬程度和塑性变形抗力即强度的

图 2-36 H68 单相组织经 23% 冷
加工率晶粒拉长（70×）

图 2-37 QSn7-0.2 冷拉棒晶粒
拉长出现滑移带（120×）

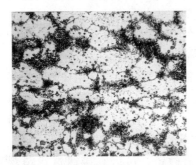

图 2-38 QAl10-4-4 $\alpha + (\alpha + K)$，
K 相呈颗粒及层状（400×）

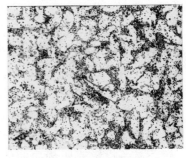

图 2-39 C62400 $\alpha + (\alpha + \gamma_2) +$
富 Fe 相（200×）

大小。晶粒度的测量是假定金属在完全退火状态，晶粒结构在任何被测量方向上的直径基本相同且呈等轴状。在实际金属组织中，晶粒的形状和大小总是不一致的，所以晶粒度是测定平均直径。即使所有的晶粒大小和形状都一样，而观察晶粒尺寸的试样表面是穿透金属组织的一个随机切面，因而看到的晶粒可能是从最大尺寸直到几乎接近于零。

GB/T 6394—2002《金属平均晶粒度测定方法》是根据 ASTME 112—1996《金属平均晶粒度测定的标准方法》修改起草，主要技术内容基本相同，测定结果以晶粒度级别数 G 或每平方毫米晶粒数 n_a 或晶粒平均直径 $\overline{d}(mm)$ 或晶粒平均截面面积

$\bar{a}(\mathrm{mm}^2)$ 报出。该标准的比较法中提供了四个系列标准评级图，其中系列图片Ⅲ有孪晶晶粒（深腐蚀）75 倍，适用于铜及铜合金。

YS/T 347—2004《铜及铜合金平均晶粒度测定方法》是参照 GB/T 6394，针对铜及铜合金而起草的标准。该标准采用晶粒平均直径表示晶粒度，同时增加了晶粒度"级"的表述；提供了一套制备精良、清晰完整的标准评级图，这套图片与 GB/T 6394—2002 系列图片Ⅲ基本一致，从而保证了与 ASTM 标准的接轨。

晶粒度的评定方法有比较法、面积法和截距法。通常测量可以用比较法，当有异议时，以截距法为仲裁方法。

（1）比较法：比较法是通过被测试样的图像与标准系列评级图对比来测定试样晶粒度。

试样制好后，在放大 100 倍的倍率下，通过金相显微镜投影图像或拍出有代表性视场的显微照片，与相应的标准评级图片直接比较，选出与试样图像最接近的标准图片，作为试样的晶粒度。通常应选择三个以上视场进行比较。

不具备投影或照相功能的显微镜，可以直接通过目镜观察，对照标准评级图，找出最接近的标准图片，报出试样晶粒度。

当试样晶粒度超过标准评级图片所包括的范围时，可采用其他放大倍率。在此放大倍率下的晶粒图像与标准放大倍率（100×）的标准评级图片进行比较，找出最接近的图片后，查标准中真实晶粒度与标准图的对照关系表，报出实际晶粒度。

（2）面积法：面积法是通过统计给定面积内晶粒数来测定试样晶粒度。在显微镜毛玻璃上或照片上划一个直径 79.8mm 的测量圆，面积近似为 5000mm²，选择适当放大倍率，使该圆内至少包含 50 个晶粒，计算测量圆包含的晶粒数，计算单位面积内的晶粒数，查标准中对应的表，得晶粒平均直径。

（3）截距法：截距法是通过统计一定长度的一条或几条线

段上所截的晶粒个数，计算晶粒平均截距来测定晶粒度的大小。在晶粒图像上，任画出一条或几条一定长度的线段作为测量线段，选择适当的放大倍率，以保证至少有50个晶粒被线段截过。统计出测量线段上截过的晶界总截点数。计算截点时，测量线段的终点不是截点的不计算；终点正好接触到晶界时，应计0.5个截点；测量线与晶界相切时，应计1个截点；测量线段明显与三晶界的汇合点重合时，应计1.5个截点。孪晶界不计算在内。为了获得准确的平均值，应选择3~5个视场进行测量。

根据线段的长度、放大倍率和截点数计算晶粒平均截距，查标准中对应的表得出晶粒平均直径。

（4）晶粒度的表述：使用任何一种测量方法，最终以晶粒平均直径表述晶粒度，需要时可查出对应的其他数值。

当试样存在着晶粒不均现象，且优势晶粒所占面积比例不大于视场面积的90%时，则应筛选出两种优势晶粒，测量出两种晶粒的平均直径及所占百分比，报出两种晶粒的平均直径及所占比例作为最终晶粒度结果。如0.025mm占40%和0.045mm占60%。否则，只报出优势晶粒的晶粒度。

2.3.5 纯铜中氧的测量（金相法）

氧是铜中的主要杂质元素，主要以氧化亚铜形式存在于铜中。根据铜-氧相图，氧化亚铜与铜形成共晶，凝固时主要聚集于晶界上，含量从低到高依次形成亚共晶、共晶和过共晶，含量极低时则看不到氧的存在。含氧铜经加工后，氧化亚铜呈弥散质点分布于铜基体上。

氧在纯铜中的主要危害是导致了铜的氢脆性；与其他杂质共存时，对铜的性能有复杂的影响。

铜中氧的测量主要有红外吸收法和金相方法。红外吸收法定氧是将试样在惰性气体熔融直接测量一定质量的铜中的氧，而金相法主要借助于金相显微镜判断氧在铜中存在的形态和量的大小。

　　金相方法包括利用显微镜检验（方法 A）和经氢气退火后再利用显微镜检验（方法 B）。

　　方法 A 是将试样精细制备，不经侵蚀直接在显微镜下检查，根据氧在铜中的存在特点，并结合氧化亚铜在明场下呈蓝色，在偏光下呈红宝石色来判断氧化亚铜的存在与否。对于铸造紫铜和加工紫铜，已作废的 GB 471—1964《紫铜中氧量的测定（金相法）》均给出了系列标准图片，在放大 200 倍下，与标准图片比较，判断氧量的大小。

　　方法 B 是将试样制备好后，在氢气气氛下退火，随炉升温至 825~875℃，保温 20min 以上，采用水淬或随炉冷却方式使试样冷却至室温，在显微镜下观察因含氧而导致起泡或开裂的程度，与 YS/T 335—1994《电真空器件用无氧铜含氧量金相检验方法》所提供的标准图片比较，判断开裂级别。这一方法又称"裂纹法"。

　　另外，检验铜中含氧还有闭合弯曲法（方法 C）和反复弯曲法（方法 D）两种。

　　ISO 2626《铜-氢脆试验》和 ASTMB 577《铜氢脆标准检验方法》均提出了检验无氧铜和脱氧铜中是否存在氧化亚铜的闭合弯曲和反复弯曲方法。试样在氢气气氛中经 825~875℃ 保温 30min，然后水淬或随炉冷却方式使试样冷却至室温。将上述经处理的试样按照标准规定的方法闭合弯曲或反复弯曲后，用肉眼检查表面是否出现裂纹，如果出现裂纹，则表明材料存在氢脆性。

　　以上方法 A、B、C、D 构成了完整的铜的含氧量（氢脆性）检验方法。

　　目前中国有色金属标准计量质量研究所正在组织起草《铜-氢脆试验方法》国家标准。目前应用的是 YS/T 335—1994《电真空器件用无氧铜含氧量金相检验方法》。该方法是以晶界是否开裂和裂纹严重程度为依据。在实际检验中，有时会出现同一批材料不同人员检验或不同时期检验结果有差异。主要有以下几方面原因：（1）样品制备不良。一是电解抛光掌握不好，造成晶界加宽；二是在制备过程中受力不当，造成晶界开裂，比如用剪板机剪切硬态厚板材。（2）氢气退火时保护不良，或者氢气中含有过多水分，造成表面氧化或出现一层灰雾从而影响观察，或者出现假现象甚至反应不彻底。（3）显微镜清晰度和分辨率不够，容易放大晶界导致判断失误。（4）使用复印的标准图片，图片质量不好。（5）材料方面原因。由于氧在铜中的特殊性，质量分数从小于$10\mu g/g$到$20\mu g/g$之间变化，裂纹从一级变化到严重开裂的六级。而任何元素在铜中都会有一个成分波动，如果平均质量分数控制在$10\mu g/g$，那么就可能出现开裂甚至严重开裂的情况，因此在检查中出现差异就在所难免。另一方面材料在挤压过程中将表面氧化层等挤进次表层，在热处理过程中气氛不当造成表面渗氧等都是引起含氧不合或不均匀的原因。

2.3.6 织构分析

多晶体材料是由许多细小晶粒组成的，如果这些晶粒的晶体学取向是完全任意分布的，则各个方向的性能是接近的，即各向同性。当材料冷加工（如冷拉、冷轧等）塑性变形量很大时，滑移过程中晶体的转动，使各晶粒的某一晶向，或者某一晶面和某一晶向，都不同程度地转到与外力接近的方向，原来位向杂乱的晶粒取向趋于一致，这种现象称为择优取向，或称为织构。

在冷加工变形过程中出现的织构称为变形织构。

同一种材料由于加工方式不同，可以出现不同的织构，常见的有丝织构和板织构。

丝织构是在拉丝时形成的，各晶粒的某一晶向与拉伸方向平行或接近平行；板织构是在轧制时形成的，各晶粒的某一晶向趋向于与轧向平行或某一晶面趋向于与轧制面平行。

变形织构即使经过再结晶退火也难以消除，有时还会出现再结晶织构（或称为退火织构）。再结晶织构的位向可能与原来变形织构相同，也可能不同。例如冷轧铜板在350℃以上再结晶退火，就从原来的 {110} 〈112〉板织构转变为立方织构 {100} 〈001〉。

当金属板材中重叠出现几种织构时，其方向性会减弱，因此，加工紫铜板材时，有时要考虑其织构的组合，以减弱方向性。

关于再结晶织构的形成机理有不同的解释，一种说法认为是由于定向生长而形成的。即在变形基体中存在不同取向的晶核，其中只有那些取向最有利的晶核，才能获得最快的移动速度，而其他晶核的生长受到限制，这样就得到了接近于同一取向的再结晶晶粒，形成再结晶织构。

金属材料除了在冷加工和再结晶过程中出现织构外，在凝固过程中由于定向生长，也会产生铸造织构，在电解沉积过程中也会形成相应的织构。

织构测定的主要方法是采用 X 射线透射，通过极图对晶体的指数进行标定。经过标定：紫铜丝织构为 〈111〉 + 〈100〉，板织构为 {110} 〈112〉；再结晶织构为 (100) [001]，(122) [21$\bar{2}$]。

对紫铜来说，最典型的莫过于深冲雷管带。经过对其工艺和织构进行详细的研究，在 850～920℃对厚度为 170mm 的扁锭退火 3～3.5h，轧至 12mm，然后连续冷轧到 0.25mm。经不同温度退火，通过 X 射线对轧制 (111) 极图和 (200) 极图的测定，再结晶织构为 (100) [001]，轧制织构为 (110) [1$\bar{1}$2] + (112) [11$\bar{1}$]。在 300～400℃退火 40min，两种相互重叠的织构，织构度相当，经冲制后不出现制耳或制耳不明显，且各个方向性能基本均匀一致。

图 2-40 至图 2-43 所示为纯铜薄带材的 X 光掠射相（仪器：YPC-70K 型 X 光机；条件：Cu 钯，110kV，X 光垂直于轧向）。由图可见，1 号样经 180℃、50min 退火，开始出现再结晶；

图 2-40　1 号样 180℃、50min 退火

图 2-41　1 号样 240℃、50min 退火

图 2-42　2 号样 140℃、50min 退火

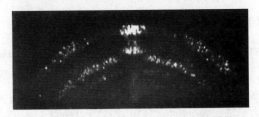

图 2-43　2 号样 200℃、50min 退火

240℃、50min 退火，则完全再结晶；2 号样经 140℃、50min 退火，开始再结晶；200℃、50min 退火，完全再结晶。

在实际生产检验中，除了采用 X 射线测定紫铜织构外，还可以通过拉力和冲杯试验来反映织构是否存在、织构的强弱以及组合情况。

分别在垂直和平行于轧制方向，以及与轧制方向呈45°方向取样，测量其伸长率。出现强再结晶织构的，45°方向试样的伸长率将大大高于平行和垂直于轧向的试样伸长率；制耳出现在与轧向呈45°方向的表明加工织构较强，出现在平行和垂直于轧向的表明再结晶织构较强。制耳的高低反映织构的强弱，不出现制耳则表明织构不明显或织构组合合理。

2.4　电子显微分析技术

随着材料科学技术的发展，对组织结构分析提出了更高的要求。由于传统光学显微镜的分辨率有限，不能满足对材料微观结构做进一步的深入研究，同时材料研究不仅要求分析更细微的组织，而且也希望对相的结构和微区的成分进行综合分析，这就催生了电子显微技术的发展。

电子显微分析技术是一个具有广泛内容的概念。它包括采用透射电镜、扫描电镜或扫描透射电镜对组织的分析；采用电子衍射分析相的晶体结构和采用X射线能谱仪、电子探针、离子探针以及俄歇电子等分析材料的微区成分（表2-6）。本节将依次介绍这些仪器的特点、分析方法和在铜合金中的应用。

2.4.1　透射电子显微技术

根据阿贝成像原理，显微镜的分辨率极限与所用照明源的波长成正比，与透镜的数值孔径成反比。波长越短，数值孔径越大，分辨率极限越小，即分辨率越高。实践证明数值孔径不能再大了，选用短波长的照明源是提高分辨率的最有效方法。传统的光学显微镜采用可见光作为照明源，其波长为400～800nm，分辨本领约在200nm左右，要想继续改善显微镜的分辨本领，只有减小波长，于是就出现了采用电子束照明的电子显微镜。

透射电子显微镜简称透射电镜（TEM），它是以波长极短的电子束（约为可见光波长的几十万分之一）作光源，以透射电子成像，具有高分辨率（0.14~0.3nm）、高放大倍数，能够同时进行微区形貌、晶体结构和成分分析的电子光学仪器。目前最高放大倍数可达100万倍，能够观察到金属原子结构的排列及微缺陷。

2.4.1.1 透射电镜的结构特点

透射电镜的结构原理与光学显微镜相似，主要由照明系统、成像系统和观察及照相记录系统构成，另外还有样品室、真空、供电等设施。照明系统包括电子枪、聚光镜、光阑和聚光镜消像器等。成像系统主要是物镜和投影镜，后者相当于光学显微镜的目镜。钨丝在真空中加热并在电场作用下发射出电子流，经会聚照射到样品上，从样品上发射出的电子波，经过物镜的聚焦成像作用在其像面上产生一次放大像，再经过投影镜在荧光屏上产生二次放大像，供观察照相记录。

电镜与光镜的结构比较如图2-44所示。

2.4.1.2 透射电镜的样品制备

由于透射电镜是电子透过样品成像，对试样的要求较严格。根据常用加速电压的不同（50~200kV），供观察的试样厚度一般要求为5~200nm。因此样品制备有一定的难度，通常有复型样品、萃取样品和薄膜样品。

A 复型样品的制备

复型材料本身必须是无结构的，因为如果它是有结构的，

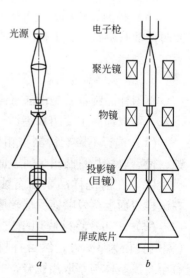

图2-44 电镜与光镜的结构对比
a—光学显微镜；b—电子显微镜

会由于它的结构特征干扰被分析样品的形貌特征，从而影响准确判断。复型技术中常用的复型材料有塑料（醋酸纤维脂）与沉积碳膜。

制备复型的金相样品显示金相组织时，应适当深侵蚀，使复型样品获得更好的衬度效果。断口样品复型前应避免氧化、撞击、污染并进行清洗。透射电镜观察用的大都是二级复型样品，其制备方法如下：

（1）将塑料（醋酸纤维脂）紧密贴合在滴有丙酮的试样表面，制成一级复型样品。

（2）为增加观察时的衬度效应，需将试样表面揭下的一级复型样品（负复型）放在真空镀膜装置中，喷镀重金属元素，常用纯金属铬。

（3）在真空喷镀装置中进行喷镀处理，使镀有重金属铬的一级复型表面沉积一层碳膜。

（4）将经过喷铬、喷碳的复型样品剪成许多小方块。

（5）将剪成的小方块置于盛有丙酮的器皿中，溶去塑料层，此时便能获得具有一定衬度且能较完美地反映被复制样品表面型貌的复型样品。

B　萃取样品的制备

萃取样品制备就是设法将需要定性的物相从金属基体中剥离下来。萃取样品主要用来鉴别材料的第二相。制备方法如下：

（1）选择不影响待测物相仅腐蚀金属基体的试剂进行深侵蚀，使萃取相尽量凸出金属表面。

（2）在清洗样品表面腐蚀产物后，置于真空喷镀装置中，在试样表面上蒸发喷镀一层较厚的碳膜（大于 20nm）。

（3）用刀片将碳膜切割成许多足以能使铜网捞起的小方块（铜网直径为 3mm），然后将附有碳膜的试样进行第二次侵蚀，直至金属基体与萃取相脱开，此时，那些漂浮在溶液上粘有萃取相的碳膜方块，便是所需要的萃取样品。

C　金属薄膜样品的制备

（1）切取薄膜：选取具有代表性的金属样品，用电火花或线切割的方法切取金属薄块（约 0.5 ~ 2mm）。

（2）机械抛磨：将薄块粘接在支撑样品上，在金相砂纸上抛磨，获得厚度大于 0.1mm 的金属薄片。

（3）预减薄：将薄片放在合适的化学溶液中，使其溶解减薄至 0.1mm 左右，此时薄片会漂浮在液面上。

（4）最后减薄：试验中常用的方法是双喷法（在双喷法电解抛光装置上进行），使薄片两侧中心位置同时经受化学溶液喷射，直至穿孔周围有略呈透明的薄膜区。该区厚度约为 50 ~ 200nm，能够满足薄膜投射分析的要求。此外，最后减薄的方法还有金相试样制备中常用的简易电解抛光法、普通的化学溶解减薄法、离子轰击法。

2.4.1.3 透射电镜的应用

塑料-碳膜二级复型样品，主要用于观察分析金属材料表面那些在光学显微镜下难以辨认的微小形貌，其不足是无法得到材料内部的信息，属于微观表面形貌观察。

而萃取样品主要用来鉴别材料的第二相，比如高倍下观察到的微小物相（夹杂物颗粒或析出质点）。当需要进行定性分析时，在观察的同时，可以采用电子衍射技术，获得反映其晶体特征的一套衍射斑点，通过指标化及计算分析，可求得被测物相的各种晶体参数（点阵常数、晶面指数、晶面夹角等）。

薄膜试样是直接从金属试样本身制取，不仅可以观察到各种微观组织的形貌与它们的规律，而且可以获取材料内部的晶体特征（点阵类型、位向关系、亚结构、晶体缺陷等）。如果带有加热、冷却、拉深装置，还可以进一步进行动态研究，观察到金属材料的相变和形变特征。近年来在透射电镜的分析中，金属薄膜透射技术的应用最为广泛。

图 2-45 至图 2-48 所示了几种铜合金的金属薄膜组织图片。

由图可见，合金元素在材料中存在的形态和分布以及细微组

图 2-45　C6801 合金基体上的
粒状 Ni_3-Al_2 相

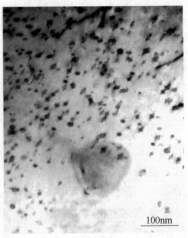

图 2-46　C6801 合金基体上的
共格析出 + 块状 Ni_3-Al_2

图 2-47　KFC 铸态组织基体 + 小于
10nm 的微粒析出物

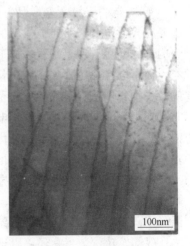

图 2-48　KFC 组织基体 + 微粒
析出物和轧制形成的位错

织的变化情况。

　　总之，在光学显微镜下不能辨别的精细结构及其变化规律，可以用金属薄膜在透射电镜中观察到，不少影响材料性能的内在因素，也能够通过金属薄膜的分析找到正确的结论。

2.4.1.4 透射电镜的电子衍射技术

透射电镜具有将观察微区形貌与分析晶体结构相结合的特长，获得这一结果的实验方法便是透射电镜的电子衍射技术。不同的物体具有不同的晶体结构，当电子束透过晶体时，在一定的晶面上会产生电子衍射现象（必须满足布拉格条件 $2d\sin\theta = n\lambda$），同时在荧光屏上出现表征不同物质各自晶体结构特征的衍射花样。这种衍射通常有两种特征：一种是多晶体的物质，它们的衍射花样是一组同心圆环；另一种是单晶体的物质，衍射则是一些呈规则排列的斑点（图2-49）。

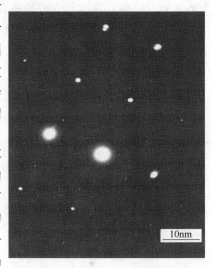

10nm

图2-49 C6801合金 $Ni_3\text{-}Al_2$ [101] 晶带轴选区电子衍射花样（SADP）

试验中通过对这些衍射花样的计算分析，便可知道被测物质的晶体结构特征，从而取得鉴别物相的结果。

由于电子散射较强，其在物质中的渗透度有限，因此电子衍射较适合于研究微晶、表面和薄膜的晶体结构。

2.4.2 扫描电子显微技术

扫描电子显微技术是利用扫描电子显微镜（scanning electron microscope，SEM）研究试样表面微观形态、成分和结晶学等的显微分析技术，其物理基础是入射电子与物质相互作用所伴生的各种物理现象。所以本节首先介绍电子束与固体样品的交互作用。

2.4.2.1 电子束与固体样品的交互作用

当具有高能量的电子束入射到样品表面时，能够激发出标志固体样品内部特征的各种信息（物理讯号），通过必要的检测和放大来加以应用。这些信息分别有背散射电子、二次电子、吸收光子、透射电子、特征 X 射线、俄歇电子、阴极荧光等。电子束与固体样品的交互作用及其电子束的作用范围如图 2-50、图2-51 所示。

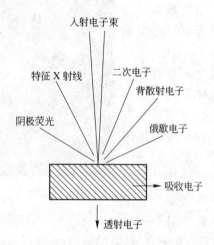

图 2-50　电子束与固体样品的交互作用

各种物理讯号的作用：

（1）二次电子：是被入射电子激发出来的试样表面金属原子的核外电子。它具有较高的分辨率，一般可达 5 ~ 10nm，有最好的成像效果，能有效地显示表面微观形貌。

（2）背散射电子：是被固体样品反射回来的入射电子，又称反射电子，可用于形貌观察、成分分析和晶体学研究。这种电子一般是在试样 0.1 ~ 1μm 深处发射出来的一次电子，成像分辨率在 50 ~ 200nm。

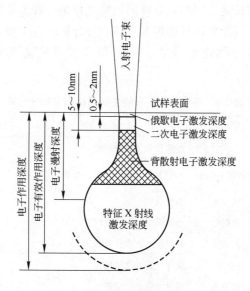

图 2-51 电子束的作用范围

（3）吸入电子：是入射电子与固体样品中原子核及其核外电子的作用，那些能量损失殆尽被样品吸收的电子。

（4）透射电子：是样品很薄时那些透过样品的入射电子，具有最高的空间分辨率，可用于形貌观察和晶体学研究。

（5）特征 X 射线：由于入射电子的作用，固体样品表面的核外电子被轰击而产生能级跃迁，在跃迁的过程中将会激发出 X 射线。由于不同元素所激发出的 X 射线的波长和能量释散是不同的，故称之为特征 X 射线。特征 X 射线主要用于微区成分分析。

（6）俄歇电子：是被入射电子激发的样品，其内层电子在能级跃迁过程中，因仍具有较大的激发能量而导致样品极表层（2 ~ 3 个原子层或 0.5 ~ 2nm）再次发生电离的二次电子，主要用于极表层的成分分析。

（7）阴极荧光：半导体、磷光体以及一些绝缘材料，在电子束高能电子作用下所发射的可见光讯号，由于不同物质的这种可见光的波长是不同的，所以阴极荧光也是一种表征物质特性的物理讯号，可用来进行形貌观察和成分分析。

以上各种物理讯号的空间分辨率及其主要功能如表 2-5 所示。

表 2-5　各种物理讯号的主要功能和空间分辨率

讯　号		主　要　功　能	空间分辨率/nm
成像讯号	二次电子	形貌观察（效果最佳）	10
	背散射电子	形貌观察、成分分析、晶体学研究	50～200，晶体学研究 500
	吸收电子	形貌观察	100～1000
	透射电子	形貌观察、晶体学研究	1～100
	阴极荧光	形貌观察、成分分析	100～1000
成分分析讯号	特征 X 射线	成分分析、化学键	100
	俄歇电子	成分分析、化学键	100

2.4.2.2　扫描电子显微镜的结构和性能特点

扫描电子显微镜主要有四部分组成：电子光学系统、信号收集及显示系统、真空系统、电源及控制系统等。电子光学系统与透射电镜的结构相同，不同的是它特殊的电磁透镜和扫描线圈。高能电子束聚焦到试样表面，通过扫描线圈在试样表面进行扫描，激发出各种讯号，这些讯号被相应的接收器接收，反映出不同的信息。用来成像的主要是二次电子，其次是背散射电子和吸收电子，用来分析成分的信号主要是 X 射线和俄歇电子。

目前扫描电子显微镜二次电子像的分辨率约为 4～10nm，可以从 10～200000 倍连续调节，具有较大的焦深（约 600μm），景深在 100 倍时大于 1000μm，10000 倍时大于 10μm，对不平整样品和断口样品的观察比光学显微镜和透射电镜更为有效，对失效分析十分有利，可以从大范围的断裂面很方便地搜索到断裂源。与透射电镜比较，试样制备简便，若配有能谱仪或波谱仪，可以有效地进行微区形貌与微区成分的分析。

透射电子显微镜相对光学显微镜是一个飞跃，而扫描电子显微镜则是从另一个角度对电子显微镜的补充和发展。

2.4.2.3 扫描电子显微镜样品制备

扫描电子显微镜所用样品的制备比较简单。导电的试样，只要符合尺寸要求，直接用导电胶粘附在样品座中即可送到扫描电镜中进行观察（观察金相组织时，粘附前仍需抛光、侵蚀）。导电性能不良或不导电的样品，则应对试样观察表面喷镀导电层，常用的喷镀材料有金、银或碳。一般喷镀层的膜厚控制在 20nm 左右，以保证电子束斑的形状和二次电子的行程，获得完美的图像质量。

断口分析是扫描电镜的主要分析内容。分析时一般应保护好原始面貌，如果断口表面的产物是断裂前产生的，往往从这些产物中能够找到反映材料性能优劣的某些特征，还可以获得更多表征材料破损原因的信息。如果断口表面的产物是断裂后产生的，为防止污染层遮住原始形貌造成假象，必须把污染层除去，可采用塑料薄膜（样品表面滴上丙酮）干剥或在适当的试剂中进行超声波清洗。

2.4.2.4 扫描电子显微镜的微区成分分析

在电子显微分析技术中，用于微区成分分析的物理讯号有特征 X 射线、背散射电子、吸收电子、俄歇电子、阴极荧光等，而扫描电镜以特征 X 射线的应用最为普通。特征 X 射线的波长与能量决定于试样微区被激发物质的原子序数，所以这一特征可用来进行元素的定性分析，根据它们的强度大小可以检测计算相对含量，进行定量分析。以此产生了微区成分分析的两种检测谱仪：X 射线波长分析谱仪和 X 射线能谱仪。

A 波长分析谱仪

波长分析谱仪简称波谱仪（wavelength dispersive spectrometer，WDS）。当入射电子束与试样发生交互作用，那些试样微区物质被激发出的 X 射线，经过适当的晶体分光，在符合布拉格条件（$2d\sin\theta = n\lambda$）的情况下能够产生衍射现象，不同物质 X 射线衍射角与波长是不同的，利用这个原理检测微区成分的仪器，就叫做波长分散谱仪。该仪器主要用于 $10\mu m$ 深度元素分析，探测极限为 0.01%。

波谱仪的主要优点是波长的分辨率高，那些波长十分接近的谱线也能清晰地分开，准确度高，可有效地进行定量分析。不足之处是束流低，弱 X 射线不适于使用，速度较慢。

B　能量分析谱仪

能量分析谱仪简称能谱仪（energy dispersive spectrometer，EDS），也叫做非色散谱仪（NDS），是一种以 X 射线能量的不同而展谱的微区成分分析仪器。在扫描电镜中，为提高二次电子像的图像效果，需尽量缩小入射电子束的直径，导致束流降低，试样中被激发的特征 X 射线也随之减弱；同时在使用波谱仪时，还要被分光晶体吸收掉大部分（80%），最后能够参与衍射的 X 射线就很弱了，这是波谱仪的主要缺点，而能谱仪则有效地弥补了这一不足。能谱仪主要用于 $10\mu m$ 深度元素分析，探测极限为 $75\mu g/g$。

能谱仪的优点是计数率高，X 射线光子检测率几乎可达 100%，使较弱的 X 射线也能获得足够的计数；分析速度快，一般在几分钟内对被测物质所含元素的全部能谱能够同时展示出来；另外仪器结构紧凑，不依赖谱仪分光，无机械转动，稳定性好。不足之处是只能分析 $Z \geqslant 11$ 的元素，氧以上的轻元素不能分析。为了防止锂的扩散以及降低场效应管的噪声，Si(Li) 探测器必须严格放置在液氮中，故保养较复杂。

总之，波谱仪与能谱仪在微区成分分析中各有所长。能谱仪作为扫描电镜的一个附件，它能够在低束流的条件下，迅速给出被测物质各元素的性质及半定量结果。

扫描电镜不仅能够进行表面形貌观察和微区成分分析，还可以进行结晶学研究。高能入射电子与晶体相互作用所伴随发生许多物理效应，如电子通道效应、电子背散射效应、电子衍射效应和电子诱发内 X 射线源的 X 射线衍射效应等，根据不同的效应和应用目的而采用不同的结晶学分析技术。电子通道花样（ECP）应用比较成熟，是扫描电镜最重要的结晶学分析技术。

2.4.3 电子探针 X 射线显微分析仪

电子探针 X 射线显微分析仪，简称电子探针仪（EPA 或 EP-MA）。它是在电子光学和 X 射线光谱学基础上发展起来的，是一种能够有效地进行微区化学成分分析的电子光学仪器。

工作原理是利用高能量的聚焦细电子束（直径为 $0.1 \sim 1\mu m$）入射至样品表面，大约在 $1\mu m$ 深（体积为 $3\mu m^3$）微小范围内激发出表征元素特征的 X 射线，采用谱仪（波谱仪、能谱仪）把不同波长或能量的 X 射线分开，它的波长、能量和强度就是对微区进行元素定性和定量分析的重要信息。电子探针仪的结构、原理和用以微区成分分析的谱仪与扫描电镜相似。

2.4.3.1 电子探针用试样

同扫描电镜一样，试样要求导电，不导电的样品需在表面蒸镀一层碳或铝、金、铬等导电薄膜，也可以用溅射的方法得到导电薄膜。

用波谱仪做成分分析时，要求样品表面平整，如果凹凸不平，X 射线与样品表面成一定角度的方向进行时，有可能阻挡掉一部分射线，造成测得的强度降低，因此样品需制成金相试样或更平整。用能谱仪分析时，由于接收的立体角大，可以定性分析凹凸不平的表面，例如夹杂物的分析。

试样尺寸依据仪器而定，一般最大为 $\phi 25mm \times 8mm$，特别小的试样要用导电材料镶嵌起来。

2.4.3.2　电子探针的分析方法

用电子探针仪进行微区成分分析有三个基本方法：定点分析、线扫描分析和面扫描分析。

A　定点分析

将电子束固定在对某一样品所选定的微区（基体、析出相、夹杂物等）上，进行定点分析，可获得该区所含元素的定性和半定量的结果。如果要进行较精确的定量分析，需在激发和接收条件完全相同情况下，分别测量试样中某元素的某一特征 X 射线的强度和成分已知的标样中同种元素的特征 X 射线的强度，从而计算其真实含量。

B　线扫描分析

电子束横截某一被测物或区域（界面、扩散面、偏析条带等），沿着一定的直线轨迹进行扫描，以获得电子束所到之处某一元素的特性 X 射线讯号，完成微区成分分析工作，特别是利用线扫描，可以更多地了解某一元素在指定直线上的强度分布曲线，也就是某元素的含量曲线，对金属材料表面处理的扩散层的分析也十分有效。

C　面扫描分析

使入射电子束对试样表面进行光栅扫描，根据某一元素特征 X 射线在不同位置讯号的强弱，通过谱仪的接收、放大与阴极射线管的调制，即可在荧光屏上呈现不同的黑白衬度，那些白亮的部位，便是某元素含量较高的地方。面扫描分析在帮助鉴别物相性质以及较大面积中搜索元素的分布特征方面都是比较理想的。

可以采用电子探针分析铜合金中的析出相的成分。

2.4.4　俄歇电子能谱仪

俄歇电子能谱仪（AES）简称俄歇谱仪，也叫俄歇探针。它是一种能够对金属材料及表层（几个原子表层，深度小于

0.005μm）进行元素测定的表面分析仪器，适用于分析轻元素。

工作原理如下：入射电子束与固体样品的交互作用，使得试样表面原子内层发生电离，原子的内层电子便会被激发而产生空位，较高能级的外层电子将会进行能级跃迁，使原子释放能量，激发出具有特征能量的 X 射线光子，这个能量还可以进一步使更外层的电子产生电离，从而在 2~3 个原子层的极表层中激发出具有特征能量的俄歇电子，通过谱仪的检测放大，根据俄歇电子的能量和强度来进行极表层的成分分析。由于被分析的范围极其浅薄以及俄歇电子产额低、讯号弱的缘故，所以要求被分析的样品十分洁净，不允许存在任何污染，除样品准备严格注意外，仪器的真空度应保证在（1.33~133）×10^{-6}Pa。

目前用于表面分析的仪器除俄歇谱仪外，还有离子探针、低能电子衍射装置、场离子显微镜、原子探针等。俄歇谱仪在晶界面、相界面、表面膜的元素分析方面的应用最广泛。

图 2-52 为 KFC 铸态夹杂物俄歇能谱图。

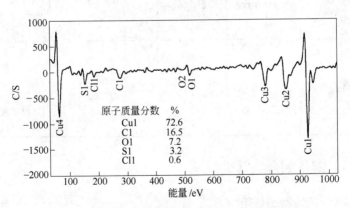

图 2-52　KFC 铸态夹杂物俄歇能谱图

（分析表明夹杂由 S/O/Cu 构成）

常用的显微分析仪器的主要性能及功能如表 2-6 所示。

表 2-6　常见几种显微分析仪器的性能及用途

分析仪器		分辨率	有效放大倍率	分析区域	质量灵敏度	元素范围	相对灵敏度	定量误差	主要功能
光学显微镜		200nm	10 ~ 2000						表面形貌
透射电镜(TEM)	复型	5 ~ 10nm	1000 ~ 40000						表面形貌
	萃取	5 ~ 10nm	1000 ~ 40000	衍射 ≥10nm					表面形貌 + 微区结构
	薄膜	0.4 ~ 1nm	1000 ~ 200000	衍射 ≥10nm					表面形貌 + 微区结构 + 晶体缺陷
扫描电镜(SEM)	二次电子像	4 ~ 10nm	10 ~ 200000						断口形貌
	X射线能谱	1μm	200	1μm^3	10^{-16}g	$Z \geqslant 11$	0.3% ~ 1%	5% ~ 10%	微区成分分析
电子探针(EPMA)		1μm	200	1μm^3	10^{-16}g	$Z \geqslant 4$	20 ~ 2000μg/g	1% ~ 5%	微区成分分析
俄歇探针(AES)		50nm	10000	50nm ×1nm	10^{-18}g	$Z \geqslant 3$	10 ~ 1000μg/g		极表面(深1nm微区成分,轻元素敏感)
离子探针		1 ~ 2μm	100 ~ 200	1μm^2 ×5nm	10^{-19}g	全元素	0.01 ~ 100μg/g		浅表面(5nm)微区(1μm^2)全元素分析(He、Hg灵敏度较差)

2.5　铜及铜合金常见缺陷

2.5.1　铸造制品缺陷

　　铸造制品主要缺陷有偏析、气孔、缩孔与缩松、夹杂、裂纹及冷隔,如图 2-53 ~ 图 2-59 所示。

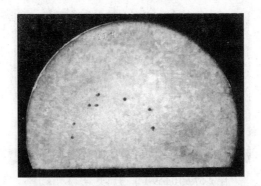

图 2-53 QSn10-1 锡偏析点 (1/2×)

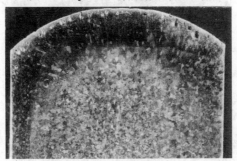

图 2-54 BA113-3 皮下气孔 (1/2×)

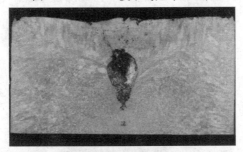

图 2-55 HPb59-1 集中缩孔 (1/3×)

图 2-56 QSn4-4-2.5 分散缩孔 (1/4×)

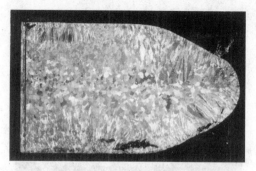

图 2-57　HPb59-1 非金属夹杂（1/4×）

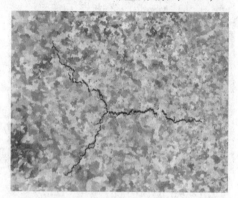

图 2-58　BZn15-20 中心热裂纹（1/2×）

图 2-59　T2 表面冷隔（1/6×）

2.5.1.1 偏析

金属凝固后，铸锭中化学成分不均匀现象称为偏析。偏析分为显微偏析和宏观偏析。显微偏析是指在一个晶粒范围内的偏析，它包括晶内偏析和晶界偏析。晶内偏析亦称枝晶偏析或树枝状偏析。宏观偏析是指在较大区域内的偏析，亦称区域偏析，它包括正偏析、反偏析、比重偏析等。

铜合金中最典型的反偏析合金为锡磷青铜，严重时铸锭表面出现大块状偏析瘤，这种偏析瘤表面呈灰白色，俗称"锡汗"。

引起偏析的原因较多：一是合金凝固特性引起显微偏析和正偏析，不同相比重不同，冷却缓慢引起比重偏析；二是在凝固过程中，由于体积收缩形成的较大压力差和粗大枝晶间孔隙构成的毛细管力联合作用以及其他原因而引起（锡磷青铜）反偏析。另外熔化温度低、时间短、搅拌不均匀等原因均能引起点状随机偏析或区域偏析。

2.5.1.2 气孔

金属在凝固过程中，气体未能及时逸出而滞留于熔体内形成气孔。气孔一般呈圆形、椭圆形或长条形，单个或成串状分布，内壁光滑。按气孔在铸锭中出现的位置分为内部气孔、皮下气孔和表面气孔。

气孔产生的主要原因有：炉衬、工模具、覆盖剂、原辅材料等潮湿或含气量高，除气、精炼不充分；铸造温度高，速度快，冷却水压大或二次冷却水射角大；熔铸时保护不良，熔体吸气或环境潮湿；另外结晶器渗水、润滑油中含水分或给油量过大等也能引起气孔。

2.5.1.3 缩孔与缩松

金属在凝固过程中，发生体积收缩，熔体不能及时补充，出现收缩孔洞，称为缩孔或缩松。容积大而集中的缩孔称为集中缩孔；细小而分散的缩孔称为缩松，其中出现在晶界和枝晶间借助于显微镜观察的缩松称为显微缩松。

缩孔表面多参差不齐，近似锯齿状，晶界和枝晶间的缩孔多带棱角。有些缩孔常为析出的气体所充填，孔壁较平滑，此时的缩孔也是气孔，缩孔内往往伴生低熔点物。

缩孔与缩松产生的主要原因有：熔炼工艺不合理，浇铸温度较低，补缩不良，断流；冷却强度较大，浇铸速度快；结晶器设计不合理，保温帽太低、潮湿；合金结晶温度范围宽，流动性差。

2.5.1.4　夹杂

与基体有明显分界面，性能相差悬殊的金属或非金属物称为夹杂。夹杂分金属夹杂和非金属夹杂两类。金属夹杂指不溶于基体金属的各种金属化合物初晶及未熔化完的高熔点纯金属颗粒以及外来异金属；非金属夹杂包括氧化物、硫化物、碳化物、熔剂、熔渣、涂料、炉衬碎屑以及硅酸盐等。

夹杂在金属基体内有一定的形状和颜色，常见的有点状、球状、不规则块状以及针、片状或薄膜状等，经侵蚀后，颜色与基体有较大差异。

夹杂产生的主要原因有：熔炼温度低，时间短，纯金属颗粒较大，搅拌不充分；去渣精炼不良，扒渣不净，润滑油或涂料过多；铸造温度低、速度快或熔体翻动剧烈以及铸造工艺不当或炉料混杂等。

2.5.1.5　裂纹

金属在凝固过程中产生的裂纹称为热裂纹，凝固后产生的裂纹称为冷裂纹。

裂纹形态各异，种类繁多。热裂纹多沿晶界扩展，曲折而不规则，常出现分枝，裂纹内可能夹有氧化膜或表面略带氧化色。冷裂纹常为穿晶裂纹，多呈直线扩展，裂纹较规则、挺拔平直。

裂纹产生的主要原因有：铸造温度不合适，速度快，冷却速度过大或过小，冷却不均匀；连铸拉停工艺不当；合金本身有热脆性，强度差；覆盖剂或润滑剂选择不合理；结晶器、坩埚、托座、浇铸管等设计不良，变形或安装不当。

2.5.1.6 冷隔

铸锭表面出现折皱或层叠状的缺陷，或者内部出现金属不连续现象统称冷隔。

冷隔的铸锭外表面不平整，层与层之间不连续，横断面分层，中间往往有氧化膜并伴生气孔等缺陷。冷隔按出现的部位不同分表面冷隔、皮下冷隔和中心冷隔。

冷隔产生的原因有浇铸温度低，冷却水压高，浇速不稳定，液面波动大；严重的表面冷隔向铸锭内延伸，引起皮下冷隔；中间断流，补缩不良；结晶器内壁结构设计不合理，选材不当。

2.5.1.7 表面缺陷

铸锭常见表面缺陷有铜豆、疤痕、麻面、麻坑、毛刺、纵向条痕、横向竹节等。

2.5.2 加工制品缺陷

加工制品缺陷主要有过热与过烧、裂纹或开裂、夹杂、异物压入、鼓泡、分层、机械损伤、腐蚀、脱锌、应力腐蚀开裂、板带材板形缺陷、挤制品缩尾、挤制品断口缺陷等，如图 2-60 至图 2-69 所示。

2.5.2.1 过热与过烧

金属在加热或加工过程中，由于温度高，时间长，导致组织及晶粒粗大的现象称为过热；严重过热时，晶间局部低熔点组元熔化或晶界弱化现象称为过烧。

过热后表面出现麻点、桔皮，晶粒粗大，塑性下降；过烧后表面粗糙，轧制时或挤制后出现晶界裂纹、板材侧裂、棒材头部

图 2-60　H62 过烧轧

成碎块（2/3 ×）

图 2-61　QAl10-4-4　挤制

棒纵向开裂（1/3 ×）

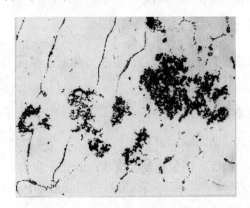

图 2-62　QCr0. 8 富铬夹杂（150 ×）

图 2-63　HPb59-1 热轧板表面鼓泡纵剖面（1 ×）

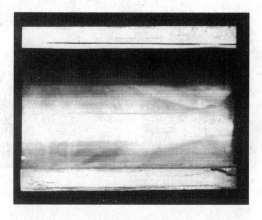

图 2-64 QAl10-3-1.5 分层 (2/5×)

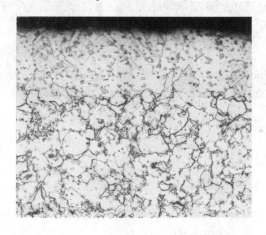

图 2-65 HMn57-2 脱锌 (100×)

开花、张口裂或裂成碎块，开裂部位能看到粗大枝晶和熔化的痕迹，显微组织中出现晶界加粗、熔化空洞或共晶球、熔化的液相网等。

产生过热与过烧的主要原因有：加热温度高、时间长或局部长时间处于高温源处；热加工终了温度过高或者在高温区停留时间过长；合金中存在低熔点组元，或低熔点夹杂较多。

图 2-66　QSn7-0.2 应力腐蚀　　　　图 2-67　Tu1 中心缩尾（1/3×）
　　　　开裂（2/3×）

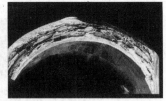

图 2-68　HPb59-1 特殊形状缩尾（1×）　　图 2-69　QAl10-3-1.5 层状
　　　　　　　　　　　　　　　　　　　　　断口（1×）

2.5.2.2　裂纹或开裂

　　加工或退火后形成断续或连续的不规则的分开裂缝，轻微的称为裂纹，严重的称为开裂。

　　裂开部位往往被氧化和有夹杂。裂纹或开裂的形态各异，常见的有表面开裂、侧裂、张口裂、周期性横裂、断裂（断带）、氢脆开裂、头部开裂、纵向开裂、45°方向开裂等。

　　产生裂纹或开裂的主要原因有：铸锭存在裂纹、夹杂、缩孔、冷隔等缺陷；铸锭存在有害杂质、结晶组织和化学成分严重不均匀；铸锭中存在较大应力或加工工艺不当产生较大应力；加热温度过高、时间过长导致过烧，或加热温度低、时间过短导致塑性不良，或者加热温度不均匀；板材压下量过大，或应变速率不合适；管棒材挤压速度过快，加工率过大；热处理工艺不当，加工或热处理处于材料的脆性温度区。

2.5.2.3 夹杂

制品表面和内部出现的与基体有明显分界面，性能相差悬殊的金属或非金属物称为夹杂。

夹杂一般呈颗粒状、长条状，沿加工方向分布，有一定形态和颜色，界面明显。

夹杂来源有：铸锭中未熔化完的金属颗粒，形成大块初晶或异金属进入；金属化合物；硅酸盐、覆盖剂等非金属化合物。

2.5.2.4 异物压入

金属或非金属压入制品表面称为异物压入。

金属压入物与基体有明显分界面，轮廓清楚，有不同的金属光泽，呈点状、块状，剥落后形成凹坑；非金属压入物形态不一，颜色各异，多呈脆性，无金属光泽，呈点状、片状、长条状沿加工方向分布，不易剥离。

异物来源有：加热形成的氧化皮、润滑剂粘附在工模具和制品表面；工模具的碎片及粘附物；裂边的金属屑、毛刺及飞边；热处理炉的炉屑、油污；乳液内的杂物；轧道及导板上的异物。

2.5.2.5 鼓泡

制品经加工或退火后，表面出现沿加工方向分布的条状或泡状鼓起，剖开后为一空腔，这种鼓起称为鼓泡。

鼓泡多呈条状，表面光滑，沿加工方向拉长，剖开后内壁呈光亮的金属色泽，个别伴有氧化物或其他夹杂。鼓泡大多两面对称分布，在较薄的板带材或薄壁管中比较明显。

鼓泡产生的主要原因有：铸锭中存在气孔、缩孔等缺陷；坯料退火时，炉内气氛控制不当，炉温过高；管棒材挤压时铸锭与挤压筒、挤压垫配合不良或者挤压筒、穿孔针润滑过量，挤压筒清理不干净，穿孔针有裂纹等。

2.5.2.6　分层

在板带材厚度方向或管棒材径向上出现的、沿加工方向分布的缝隙称为分层。

层与层之间接触平整，面积较大，有些有氧化物或夹杂，常出现在薄带材中或薄带材经焊接后表现出来。管棒材断口检查时出现断口分层现象。

分层产生的主要原因有：铸锭中有气孔、缩孔、缩松夹杂等缺陷，经加工后形成分层；板带材热轧道次压下量分配不当，压下量过大；铸锭加热不均匀，加热温度过高或过低；管棒材挤压筒或穿孔针润滑过量，穿孔针有裂纹或挤制品缩尾未切净，经进一步拉伸、轧制形成分层。

2.5.2.7　机械损伤

外力作用于制品表面或制品之间的错动，引起表面呈条状、束状、凹坑状、尖锐沟槽状及其他形状的伤痕，常见的有擦伤、划伤、碰伤和压伤。

2.5.2.8　腐蚀

制品表面与周围介质接触，发生化学或电化学反应，在表面形成产物膜的过程称为腐蚀。

腐蚀后表面失去金属光泽，形成颜色各异的腐蚀色斑。

腐蚀形成的原因有：板带材表面不清洁，残留有水、乳液等残液，或者放置保管不当，气候潮湿或水滴浸入表面；环境中有腐蚀性气氛。

2.5.2.9　脱锌

含锌铜合金退火或酸洗后表面出现灰白或泛红色斑现象称为

脱锌。轻微脱锌出现上述色斑，严重的显微组织发生变化。

产生脱锌的主要原因有：热处理温度过高，火焰直接喷到制品表面上，使表面锌熔化、挥发或氧化；酸洗时，酸液浓度过高，酸洗时间过长引起表面脱锌；在环境介质作用下，发生化学或电化学反应形成腐蚀脱锌。

2.5.2.10　应力腐蚀开裂

黄铜或白铜在拉应力和特定腐蚀环境共同作用下发生脆性开裂现象称为应力腐蚀开裂。

裂纹垂直于应力方向，断口呈脆性，多为突发性。

产生应力腐蚀开裂的原因：材料存在拉应力并对应力腐蚀敏感，存在能引发腐蚀的介质，如硝酸盐、氨蒸气及溶液、汞盐溶液、二氧化硫大气、硫酸蒸气、水蒸气等。

2.5.2.11　板带材板形缺陷

由于金属加热不均匀、辊型不当以及轧制工艺不当等因素导致轧制的板形不均匀。常见的有板形波浪、侧弯、翘曲、楔形板和二筋板以及其他形状的板形缺陷。

2.5.2.12　挤制品缩尾

缩尾是挤制品尾部的一种特殊缺陷。在挤压末期，由于金属紊流，铸锭表面的氧化皮，润滑剂等污物往往流入其中，而导致金属之间的分层。

缩尾一般在制品横截面上呈环形、弧形或月牙形，个别多孔挤压缩尾呈条状，从中心向边缘延伸。位于制品中心横断面上长度小而严重的称为中心缩尾，位于稍外层呈环状或弧形的称为环状缩尾，位于制品表面的称为皮下缩尾，多孔挤压还出现各种形状的缩尾。

产生的原因：挤压尾部金属流动紊乱；铸锭表面、次表面有缺陷；挤压筒有润滑剂等污染物。

2.5.2.13　挤制品断口缺陷

挤制品折断后，断口上出现针孔、夹杂、分层、撕裂、缩尾、层状断口及黄色组织，或者由于组织不均匀导致的其他缺陷统称为断口缺陷。

断口缺陷是管棒材挤制品最常见的缺陷，产生的主要原因是：铸锭中存在气孔、缩孔、缩松、夹杂、分层、组织不均匀等缺陷或者加热、挤压工艺不当。

2.5.2.14　其他缺陷

板带材常见缺陷还有烧黏、撕裂、压折、压漏等。常见表面缺陷有辊印、起皱、起皮、起刺、氧化、麻面、绿锈、印痕、污斑等。常见侧边缺陷有翘边、飞边、毛刺和剪刃压痕。

其中毛刺是指在边缘形成尖而薄的金属细丝或金属刺，是由于剪切时刀刃不锋利，剪刀润滑不良，剪刀间隙及重叠量调整不当引起的。

管棒型材常见缺陷还有偏心、破肚、型材扭拧、撕裂、凸筋、表面环状痕等，常见表面缺陷有起皮、起刺、过酸洗、酸洗不良、氧化、麻面、印痕、污斑。

3 物理参数检测

物理性能是金属材料的基础性能，它由材料的化学组成、组织结构和加工过程决定。通常所说的物理性能包括导电性、密度、热膨胀、热传导、热辐射、热容、磁性、弹性以及滞弹性等。不同用途的材料，对性能的要求不同。铜及铜合金是最主要的导电材料，本章重点介绍导电性能的测量原理和方法，特别是电导率的涡流测试方法；简要介绍密度、热导率、线胀系数、弹性模量以及温度的检测。

近几十年来，铜及铜合金的生产技术得到了快速发展，工业化生产逐步由粗放型向精加工型转变，寻求更加合理的工艺必然要研究测试微观的和深层次的物理参数，本章也将介绍残余应力的分条变形测量方法。

3.1 导电性能的检测

3.1.1 基本概念

铜是最主要的导电材料，导电性能是其关键的物理性能之一。表征材料电学性能的参数常见的有电阻、电导、电阻率、电导率、导电率以及电阻温度系数、电阻率温度系数等。

一定形状和尺寸的导体，当温度一定时，导体中的电流强度与导体两端的电位差（电压）成正比，即

$$I = GV$$

令 $G = 1/R$，则上式改写为：

$$I = V/R$$

式中，I 为电流；V 为电压；G 和 R 是表征该导体材料特性的物

理量，R 称为电阻，单位为欧姆（Ω）；G 称为电导，单位为西门子（S），两者互为倒数。上式被称为一段导体的欧姆定律。

实验发现，对于粗细均匀的导体，电阻与导体尺寸及形状有关。设导体横截面面积为 S，长度为 L，则这段导体的电阻为

$$R = \rho L / S$$

式中，ρ 是表征电学性质的又一个物理参数，它只与导体的本征性质有关，而与形状和尺寸无关，称为电阻率，也称电阻系数，其单位为欧米（$\Omega \cdot m$）。电阻率的倒数称为电导率。

电导率也称电导系数，用 γ 来表示，单位为西每米（S/m）。

表征电阻率的参量有体积电阻率和质量电阻率。单位横截面面积、单位长度金属导体的电阻值称为体积电阻率，单位为 $\Omega \cdot m$；单位质量、单位长度金属导体的电阻值称为质量电阻率，单位为 $\Omega \cdot kg/m^2$。铜合金常用体积电阻率来表征电阻率。

除上述反映电学性能的参量外，国际上通行的铜合金导电性能的另一个表述方式是导电率。

试样电导率与某一标准值的比值的百分数称为该试样的导电率。

1913 年，国际退火铜标准规定：采用密度为 8.89g/cm^3、长度为 1m、质量为 1g、电阻为 0.15328Ω 的退火铜线作为测量标准。在 20℃ 温度下，上述退火铜线的体积电阻率为 0.017241 × 10$^{-6}\Omega \cdot m$（或电导率为 58.0 × 10^6 S/m）时确定为 100% IACS（国际退火铜标准），其他任何材料的导电率（% IACS）可用下式进行计算：

导电率(% IACS) = 0.017241 × 10$^{-6}/\rho$ × 100%

或　导电率(% IACS) = $\gamma/(58.0 \times 10^6)$ × 100%

导电率是一个没有量纲的量，是一个以百分数表示的比值。

电阻、电阻率都随温度变化而变化，电阻温度系数、电阻率温度系数是表征它们随温度变化的特征参量。

电阻温度系数为每升高 1℃ 时导体电阻的相对变化值，公式为

$$\alpha_R = (1/R_1)[(R_2 - R_1)/(T_2 - T_1)]$$

式中 α_R——电阻温度系数;

R_2、R_1——分别为导体在温度 T_2 和 T_1 时的电阻。

当温度范围较大时,求得的 α_R 为该温度范围内的平均电阻温度系数。

电阻率温度系数为每升高 1℃ 时导体电阻率的相对变化值,公式为

$$\alpha_\rho = (1/\rho_1)[(\rho_2 - \rho_1)/(T_2 - T_1)]$$

式中 α_ρ——电阻率温度系数;

ρ_2、ρ_1——分别为导体在温度 T_2 和 T_1 时的电阻率。

研究表明:电阻温度系数近似地等于电阻率温度系数与线胀系数的差值,即

$$\alpha_R = \alpha_\rho - \alpha_l \qquad (\alpha_l \text{ 为线胀系数})$$

3.1.2 影响电阻率的因素

3.1.2.1 温度的影响

金属的电阻率取决于电子的平均自由时间。对于特定金属自由电子密度一定时,电子与障碍物碰撞频率越高,次数越多,自由时间越短,则电阻率越高。电子运动的障碍主要有在晶格平衡位置附近做热振动的原子和金属中的杂质及缺陷。根据马棣森定理,金属的电阻率分为取决于热振动的电阻率(声子电阻率)和取决于杂质及缺陷的电阻率(剩余电阻率)。

温度升高,晶格热振动加剧,声子电阻率升高,而剩余电阻率不变,则总电阻率升高。

3.1.2.2 合金元素的影响

合金元素的加入,如果对自由电子密度、晶体结构没有影响,则声子电阻率不变,而剩余电阻率升高,总电阻率升高;如果合金元素的加入,显著地改变了自由电子密度和晶体结构。比

如使自由电子数减少，则电阻率升高；晶格规则性加强，则电阻率反而降低。

3.1.2.3 冷加工的影响

一般来说，冷加工使晶格发生畸变，产生缺陷，导致电阻率升高。如果冷加工使晶粒产生择优取向，就要做具体分析。

3.1.2.4 热处理的影响

一般来说，退火使畸变回复，则电阻率降低；淬火使晶粒畸变，则电阻率升高。如果热处理使晶体结构、微观组织发生变化则需具体分析。比如再结晶退火时，晶粒细化，晶界所占比例增加，晶界处晶格畸变严重，则电阻率升高。

3.1.3 测量方法

电阻的测量方法较多，有直接读数的伏安法、单电桥法、双电桥法、电位差计法等，另外还有直接读取导电率的涡流法。

表 3-1 所示是常用测试电阻的电桥型号和精度级别。从当前的市场趋势来看，数字显示电桥是新一代的更新换代产品，与数字万用表同样稳定可靠。数字微欧计是凯尔文电桥的更新换代产品，适用于对直流低电阻做精密测试。同行业广泛使用的是 QJ 型系列直流电桥，测试范围宽，精度高，可连接成单、双两种测量电路，其生产厂家为国内知名企业，质量稳定可靠。

表 3-1　各种测试电阻电桥的型号和精度级别表

序号	型　　号	测 试 范 围	精度级别
1	QJ19 直流单双臂电桥	双：$10\mu\Omega \sim 100\Omega$ 单：$100\Omega \sim 1.11110M\Omega$	0.05
2	QJ36 直流单双臂电桥	双：$1\mu\Omega \sim 100\Omega$ 单：$100\Omega \sim 1.111110M\Omega$	0.02
3	QJ48 比较式电桥	$1m\Omega \sim 10k\Omega$	0.002
4	QJ49a 直流单臂电桥	$1\Omega \sim 1.11110M\Omega$	0.05

序号	型　号	测试范围	精度级别
5	QJ55 比较仪式电桥（含 FY93）	$0.1m\Omega \sim 1.1111110k\Omega$	0.0001
6	QJ57 直流电阻电桥	$0.01\mu\Omega \sim 1.11110k\Omega$	0.05
7	QJ58 比较仪式测温电桥	$10m\Omega \sim 1.11111110k\Omega$	0.0001
8	SB2230 直流电阻测量仪（41/2LED 数显双臂电桥）	$1\mu\Omega \sim 1.9999k\Omega$	0.05
9	SB2231 直流电阻测量仪（41/2LED 数显单臂电桥）	$100\mu\Omega \sim 1.9999M\Omega$	0.05
10	SB2232 直流电阻测量仪（41/2LED 数显双臂电桥）	$0.1\mu\Omega \sim 0.19999k\Omega$	0.07

对于铜及铜合金，在实验室中常用的方法有双电桥法和涡流法。

3.1.3.1　双电桥法

凯尔文双电桥是测量电阻的精密仪器，QJ36 型工作原理如图 3-1 所示，实物连线如图 3-2 所示。

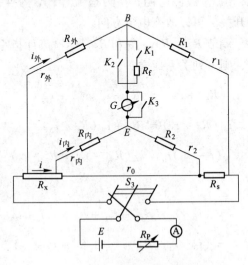

图 3-1　双电桥工作原理示意图

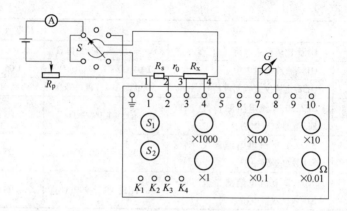

图 3-2　四端式电桥连线图

E 为直流电源；R 为可变电阻；$R_{外}$、$R_{内}$、R_1、R_2 为比例电阻，其中 R_1、R_2 即图 3-2 中的 S_1、S_2，$R_{外}$、$R_{内}$ 即图 3-2 调节旋钮及所连动的电阻；$r_{外}$、$r_{内}$、r_1、r_2 表示相应的引线和接触电阻，即图 3-2 中 1-1、2-2、3-3、4-4 对应的引线和接触电阻；R_s 为标准电阻；R_x 为被测电阻；G 为检流计；r_0 为连接电阻。S_3 为双掷双刀开关，可以改变电流方向。

测量时，调节 $R_{外}$、$R_{内}$、R_1 和 R_2，令检流计指零，B、E 两点电位相等，则下列关系成立：

$$i_{外}(R_{外} + r_{外}) = iR_x + i_{内}(R_{内} + r_{内}) \qquad (3\text{-}1)$$

$$i_{外}(R_1 + r_1) = iR_s + i_{内}(R_2 + r_2) \qquad (3\text{-}2)$$

$$(i - i_{内})r_0 = i_{内}(R_{内} + r_{内} + R_2 + r_2) \qquad (3\text{-}3)$$

由式(3-3)

$$i = (i_{内}/r_0)(R_{内} + r_{内} + R_2 + r_2) + i_{内}$$

$$= (i_{内}/r_0)(R_{内} + r_{内} + R_2 + r_2 + r_0) \qquad (3\text{-}4)$$

将式（3-4）代入式（3-1）和式（3-2），然后二式相除：

$$(R_外 + r_外)/(R_1 + r_1) = [(R_内 + r_内 + R_2 + r_2 + r_0)R_x +$$

$$r_0(R_内 + r_内)]/[(R_内 + r_内 + R_2 + r_2 + r_0)$$

$$R_s + r_0(R_2 + r_2)]$$

$$R_x = (R_外 + r_外)/(R_1 + r_1)R_s + r_0(R_2 + r_2)/(R_内 + r_内 +$$

$$R_2 + r_2 + r_0) \times [(R_外 + r_外)/(R_1 + r_1) -$$

$$(R_内 + r_内)/(R_2 + r_2)]$$

在电桥设计中令 $R_外$、$R_内$、R_1 和 R_2 具有较高的阻值，使 $r_外$、$r_内$、r_1 和 r_2 阻值很低，相比之下可以忽略，则上式改写为

$$R_x = R_外/R_1 \times R_s + r_0 R_2/(R_内 + R_2 + r_0) \times$$

$$(R_外/R_1 - R_内/R_2)$$

同时令 $R_外/R_1 = R_内/R_2$，（实际上四端式电桥 $R_1 = R_2$、$R_外 = R_内$），而且 r_0 很小则上式变为

$$R_x = R_外/R_1 \times R_s$$

已知标准电阻 R_s 和比例电阻 R_1，读出电桥平衡时的电阻 $R_外$，就可以求得 R_x。

在实际测量过程中除了选择合适的电桥外，最为重要的是线路的连接。

连线的关键是待测试样两个电压端子与电桥的连线（称为引线）和待测试样与标准电阻之间的连线（称为跨线）。一般情况下，连线由电桥供应商提供，为保证电路计算准确无误，引线电阻（含接触电阻）不大于 0.002Ω，跨线电阻不大于 0.001Ω。若自制引线和跨线，必须满足上述要求。引线和跨线与接触夹具连接时，应紧密接触，最好采用"铜焊"。与电桥或标准电阻连接时，可以直接用接触旋钮紧固，也可以先焊接在专用电阻连接片上，再紧固在电桥旋钮上。

为了消除接触电势的影响，连线时采用双掷双刀开关，改变电流方向测量电桥两次平衡的电阻值，取平均数。

电阻率（或电导率）的测量除了测量试样电阻外，还要准确测出试样的尺寸并对测试环境温度有严格要求。同一批次的产品在不同实验室之间测量或同一实验室不同时期测量出现差异，除了电桥和产品因素外，主要由试样和测试环境温度差异引起。

试样要求平直，横截面应均匀一致，不应有裂纹、凹坑等缺陷。在生产条件下，试样往往不呈理想的均匀截面，影响了尺寸的测量，导致测量误差。带材常见有以下几种情况：

（1）宽窄轻微不均匀，呈倾斜状或出现轻微波浪。如果试样两头仅仅是宽窄不均匀，但边部仍呈直线，可以在两个电压端打标志，测两点尺寸取平均值；如果试样出现轻微波浪则只有通过测量多组数据取平均值来加以解决。

（2）边角毛刺。毛刺会影响宽度测量，一旦出现毛刺，可用细砂纸或帆布轻轻打掉，但不能形成倒角。

（3）边角不整齐，呈多边形状。对大量试样检查发现，试样边角往往不呈理想的垂直状，而出现多边形状，特别是对于厚度较大的纯铜软态试样，这种现象具有普遍性，对测量结果产生严重的影响。

对于上述原因引起的测量误差，可以通过测量试样的质量、总长度和密度，来计算平均截面面积，从而计算导电率的方法来弥补。但在生产检验中，由于检测任务量大，上述操作繁琐复杂，耗时较长，不适合生产检验，因而只能通过规范试样加以解决。

试样的电阻值还随温度的变化而变化。铜及铜合金导电率的测试要求在 20 ± 0.5℃条件下进行。当环境温度波动较大，测出的电阻值与 20℃时电阻值出现差异，若以这一电阻值来计算导电率，必然出现偏差。表 3-2 所示是几种常见铜带材在不同温度下电阻系数和假定为 20℃时导电率数据。

表 3-2 几种常见铜带材在不同温度导电性能数据

牌号	导电性能指标	温度/℃				
		16	18	20	22	24
T2	电阻系数/Ω·m	1.683 ×10⁻⁸	1.710 ×10⁻⁸	1.725 ×10⁻⁸	1.748 ×10⁻⁸	1.753 ×10⁻⁸
	导电率/%IACS	102.4	100.8	99.93	98.60	98.32
TFe0.1	电阻系数/Ω·m	1.896 ×10⁻⁸	1.916 ×10⁻⁸	1.934 ×10⁻⁸	1.946 ×10⁻⁸	1.961 ×10⁻⁸
	导电率/%IACS	90.93	89.99	89.16	88.61	87.89
QFe2.5	电阻系数/Ω·m	2.434 ×10⁻⁸	2.447 ×10⁻⁸	2.455 ×10⁻⁸	2.478 ×10⁻⁸	2.487 ×10⁻⁸
	导电率/%IACS	70.84	70.46	70.22	69.58	69.31

　　由表 3-2 可见，温度相差几度，引起导电率较大变化。因此测量导电率时一定要恒温 20℃，若温度有偏差，超过标准要求，则必须进行温度校正。在实际测量中，不仅环境温度要达到要求，也要根据试样大小、厚薄，在要求的温度下，放置一定时间后再测量。

3.1.3.2 涡流法

　　涡流法是适合工业测量的快速方法。

　　涡流法的原理为当载有交变电流的线圈（也称探头）接近导电材料表面时，由于线圈交变磁场的作用，在材料表面和近表面感应出旋涡状电流称为涡流。材料中的涡流又产生自己的磁场反作用于线圈，这种反作用的大小与材料表面和近表面的导电率有关。

　　用涡流法测量的导电率，与电桥法的测量结果有某些差异。涡流法测得的是涡流流经的金属体积内产生的平均电阻，而在此体积内，主要是在平行或接近平行于表面的那些部位优先感应出涡流。此体积的厚度随导电率而变化。涡流的路径是环形的，并且只在平行于试样表面的平面内有分量，在垂直于表面的方向没有分量，所测得的导电率数值可能较大地受到表面平度和粗糙度的影响，并受到材料被测部位内的不均匀性的影响。而电桥法测量的是在试样单一方向上的整个截面的平均电阻。

图 3-3 所示为涡流法测量导电率的检测单元——交流电桥示意图。

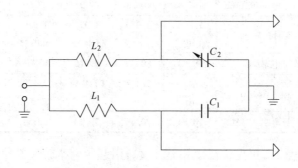

图 3-3　涡流法交流电桥示意图

L_1 为检测线圈，L_2 为补偿线圈，C_2 为可变电容。根据电桥平衡原理，当 $L_1 = L_2$、$C_1 = C_2$ 时，电桥平衡，输出电压为零。

测量时将检测线圈放在试样上，导电率不同，涡流产生的磁场减弱线圈激励磁场的程度不同。检测线圈磁场的变化破坏了电桥平衡，调节可变电容 C_2 达到新的平衡，根据 C_2 的变化指示试样导电率的大小。通过涡流导电仪可直接检测出非铁磁性导电材料的导电率。

在实际测量中，对试样的厚度、仪器频率的选择有严格要求。

在电磁检测中，涡流密度在一个形状均匀的导体内降至表面涡流密度的 37% 时的深度称为标准趋肤深度。对于非铁磁性导体，计算标准趋肤深度的公式为：

$$\delta = 5 \times 10^5 \times \sqrt{\rho/f}$$

式中　δ——标准趋肤深度，mm；

ρ——被测试样的电阻率，$\Omega \cdot m$；

f——测试频率，Hz。

选用的频率相对应的不再能测出厚度方向质量信息的最小深度称为有效趋肤深度。通常以涡流密度降到表面涡流密度的5%时的深度为有效趋肤深度，其值约为2.6δ。

被测试样的最小厚度必须大于或等于其有效趋肤深度。在实际测量过程中，为了保证测量的有效性，试样最小厚度一般取3δ。

感生的涡流渗透深度随频率而异。当激励频率高时，金属表面涡流密度大而渗透深度小；激励频率低时，渗透深度增加，但涡流密度下降，线圈与试样间能量耦合效率降低，灵敏度下降。因而应根据试样情况合理选择频率。不同导电率的试样，采用不同测试频率时所对应的标准趋肤深度以及最小取样厚度如表3-3所示。

表3-3 不同导电率、不同频率对应的试样最小厚度

导电率/%IACS	选用频率/kHz							
	480	240	120	60	480	240	120	60
	标准趋肤深度/mm				试样最小厚度/mm			
102	0.094	0.133	0.188	0.266	0.282	0.399	0.564	0.798
100	0.095	0.134	0.190	0.268	0.285	0.402	0.570	0.804
95	0.097	0.138	0.194	0.276	0.291	0.414	0.582	0.828
90	0.100	0.141	0.200	0.282	0.300	0.423	0.600	0.846
85	0.103	0.145	0.206	0.290	0.309	0.435	0.618	0.870
80	0.106	0.150	0.212	0.300	0.318	0.450	0.636	0.900
75	0.109	0.155	0.218	0.310	0.327	0.465	0.654	0.930
70	0.113	0.160	0.226	0.320	0.339	0.480	0.678	0.960
65	0.118	0.166	0.236	0.332	0.354	0.498	0.708	0.996
60	0.122	0.173	0.244	0.346	0.366	0.519	0.732	1.038
55	0.128	0.181	0.256	0.362	0.384	0.543	0.768	1.086

导电率/% IACS	选用频率/kHz							
	480	240	120	60	480	240	120	60
	标准趋肤深度/mm				试样最小厚度/mm			
50	0.134	0.190	0.268	0.380	0.402	0.570	0.804	1.140
45	0.141	0.200	0.282	0.400	0.423	0.600	0.846	1.200
40	0.150	0.212	0.300	0.424	0.450	0.636	0.900	1.272
35	0.160	0.226	0.320	0.452	0.480	0.678	0.960	1.356
30	0.173	0.244	0.346	0.488	0.519	0.732	1.038	1.464
25	0.190	0.268	0.380	0.540	0.570	0.804	1.140	1.620
20	0.212	0.300	0.424	0.600	0.636	0.900	1.272	1.800
15	0.244	0.346	0.488	0.692	0.732	1.038	1.464	2.076
10	0.300	0.424	0.600	0.848	0.900	1.272	1.800	2.544
5	0.424	0.600	0.848	1.200	1.272	1.800	2.544	3.600

　　经试验，纯铜试样厚度大于 0.7mm 时，采用 120kHz 的频率；厚度为 0.5～0.7mm 时，采用 240kHz 的频率较为可靠；厚度为 0.3～0.5mm 时，采用 480kHz 的频率；厚度小于 0.3mm 时，一般不宜采用涡流法直接测量，但可以采用多层叠加进行测量。叠加后的试样总厚度应不小于有效趋肤深度，叠加层数不能多于三层。叠加时，各层间必须紧密贴合，且能互换检测。

　　除了上述要求外，对试样表面状况、标准试块、测试环境等均有一定要求。测试面应为平面，材质应均匀无铁磁性，表面粗糙度 R_a 不大于 6.3μm，应光滑、清洁，无氧化皮、油漆、腐蚀斑、灰尘和镀层等。对于无电磁屏蔽的仪器，探头必须离测试面边缘 5mm 以上。

　　一般情况下，涡流导电仪应至少配备高低两块标准试块，高标导电率为（95%～100%）IACS；低标导电率为（4%～10%）IACS。标准试块表面和仪器探头应清洁、无污物、无划伤。涡流导电仪、标准试块应在无腐蚀、无磁场干扰的环境中保存和使用，避免仪器和探头受到振动和碰撞。测试的环境温度应保持在 (20 ± 5)℃，并且探头、仪器、标准试块和试样的温度应达到一致。

常见涡流导电率测试仪有以下几种：

（1）英国霍金（HOCKING）公司的 AutoSigma3000 数字式电导率测量仪。测量频率有 60kHz 和 500kHz 两种，为便携式大数字、带背光的 LCD 液晶显示。尺寸为 $165mm \times 7mm \times 41mm$，电导率测量范围为 $(0.8 \sim 110)\%$ IACS，$0.45 \sim 64MS/m$，分辨率为 $(10 \sim 110)\%$ IACS，读数为 10.1 ~ 110.0（1 位数），20℃时精度为：10% IACS，$\pm 0.1\%$ IACS；100% IACS，$\pm 0.5\%$ IACS；0 ~ 40℃时精度为：10% IACS，± 0.2IACS；100% IACS，$\pm 0.8\%$ IACS。

（2）德国 FOERSTER 公司的 SIGMATEST D2.068 型综合测试仪。具有 AutoSigma3000 类似特点，其测试频率有 60、120、240、480kHz 四种。适合不同导电率、不同厚度的铜材试样。

（3）美国 FM-140XL 数字导电率仪。测量频率为 60kHz，测试范围为 $(10 \sim 110)\%$ IACS。准确度：在 20℃测试时误差比较小，为读数的 ± 0.5 或 0.5% IACS。

（4）国产 7501、7502 型涡流导电仪。为指针式测量仪，其中 7501 适用于金、银、铜、铝、镁、锌黄铜等金属及其合金，频率为 60kHz，误差为分度盘端值 $\pm 2\%$；7502 适用于具有较低导电率值的青铜、钛青铜、不锈钢等，频率为 500kHz，误差为分度盘端值 $\pm 1\%$。

3.2 密度的检测

3.2.1 密度的基本概念

单位体积物质的质量称为该物质的密度。密度通常用符号 ρ 表示，单位为千克每立方米，记作 kg/m^3。常用的还有克每立方厘米，记作 g/cm^3。

　　设定物质的质量为 m，体积为 V，则密度由下式确定：

$$\rho = m/V$$

　　密度是物质的基本特征参数，是物质致密程度的度量。与密度相关的量有相对密度、比体积。相对密度是物质的密度与某一参考物质的密度之比，通常以 4℃ 时的纯水为参考材料。比体积是单位质量的物质所具有的体积，比体积是密度的倒数，单位为立方米每千克，记作 m^3/kg。

　　密度是表征物质特性的一种宏观物理量，与物质的微观结构密切相关，取决于组成物质的原子质量、原子间结合力和原子排列方式等。对于由不同金属元素组成的合金来说，它的密度不仅取决于合金元素的密度，还取决于它们之间的相互作用以及成分配比。

　　密度除了与金属的成分有关外还与工艺、热处理等有密切关系。

　　压力加工对金属材料密度的影响可分为两种情况：内部存在气孔、缩松等缺陷的铸造制品，加工可以消除和减少这些缺陷，使金属密度增加；内部组织比较致密的材料，加工可能引起畸变和新的孔隙，而导致密度降低。

　　热处理过程引起了畸变和缺陷减少，晶格完整性增高，则密度增加，如回复退火使密度增加；热处理过程引起晶界所占体积增大，则密度降低；如果热处理导致晶体结构发生了变化，则应具体分析。

3.2.2　密度的测量方法

3.2.2.1　测量致密材料的流体静力学法

　　根据密度的定义，测量密度需先测量试样的质量和体积。质量采用天平测量，而体积采用流体静力学法即借助阿基米德原理（Archimed）进行。

　　试样在液体中所受的浮力等于它排开液体的重量。已知液体的密度，根据试样受的浮力，计算出浸入液体的体积。

假定试样在空气中测得质量为 m，完全浸没在液体中的质量为 m'，则所受浮力为 $(m - m')g$，根据阿基米德原理：

$$(m - m')g = (V\rho_0)g$$

式中　V——试样的体积，即浸没时排开液体的体积，cm^3；

　　　　ρ_0——液体的密度，g/cm^3；

　　　　g——重力加速度。

由上式可得

$$V = (m - m')/\rho_0$$

则试样密度为

$$\rho = m/V = m\rho_0/(m - m')$$

对于铜及铜合金试样，在实验室测量情况下，质量以 15 ~ 30g 为宜，采用万分之一精密天平，液体一般采用纯水。纯水在不同温度下的密度参见有关文献。

测量密度的关键是测量试样浸没在液体中的质量，其装置一般如图 3-4 所示。试样和吊丝在液体中称得的质量为 m_1，不含试样的空吊丝在液体中质量为 m_0，两次称量吊丝的浸没长度有所不同，如果忽略其差异，则试样在液体中的质量 $m' = m_1 - m_0$。对于质量不超过 30g 的试样，用一般头发丝可以充当吊丝，在工业测量中其质量可以忽略不记，即 $m' = m_1$。

称量前要仔细检查天平是否符合要求，严格按照说明书进行操作；试样表面不应有孔洞、缝隙和油污，必要时用酒精等有机溶剂清洗处理。纯水的温度应采

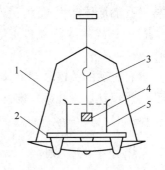

图 3-4　试样在液体中的称量示意图
1—秤盘；2—托架；3—吊丝；
4—试样；5—容器

用经过鉴定的温度计测量，其精度一般应精确到 $0.1℃$。称量过程中试样表面不得出现气泡，一旦出现将导致密度测量值偏低。

3.2.2.2　测量多孔材料的浸入介质法

弥散铜加工制品为多孔材料，其密度反映了工艺状况，通过密度可以了解压力、烧结温度和时间等工艺参数，是铜加工制品的常规检测项目之一。

由于试样含有孔隙，采用流体静力学法测量密度时，工作液体将浸入试样的开孔处，从而使试样排开的液体偏少，导致测得的密度偏高。因此测量多孔材料的密度不能采用一般的流体静力学法而采用浸入介质法，测量程序如下：

（1）称量试样的质量 m。

（2）将试样浸没在工作液体中（液体的密度为 ρ_0），使液体浸入试样的开孔。

（3）将含液体介质的试样放进吊具，在液体中称出试样和吊具的总质量 m_1，再称出吊具在液体中的质量 m_0，则试样及未被液体浸入的开孔和闭孔总体积为：$V_2 = (m - m_1 + m_0)/\rho_0$。

（4）将被液体介质浸入的试样取出，小心擦去表面液体（不可吸出开孔内的液体），称出含液体的试样质量 m_2，则浸入试样开孔的液体体积 V_1 为：$V_1 = (m_2 - m)/\rho_0$。

（5）试样的体积为 $V_1 + V_2$，密度为 $\rho = m/(V_1 + V_2) = m\rho_0/(m_2 - m_1 + m_0)$。

这种方法的关键是含液体的试样质量的准确称量。利用上述方法还可以计算开孔率，即开孔体积与总体积之比 $V_1/(V_1 + V_2) = (m_2 - m)/(m_2 - m_1 + m_0)$。

3.3　热导率的检测

3.3.1　热导率的基本概念

铜及铜合金是最重要的热交换装置材料，比如用于汽车发动机的散热器、电厂热交换器以及空调的冷凝器等。随着半导体功率增大，对散热要求更高时，也用铜合金来制作引线框架，此时，热传导性能是其关键特性之一。

表征材料热传导能力的物理量有热导率（又称导热系数）和热扩散率。

如果物体两点之间存在温差，热能就会从温度高处流向低处。设金属试样是长为 L、截面为 S 的长方体，两端温度为 T_1 和 T_2，$T_1 > T_2$，则在时间 t 内从 T_1 端流向 T_2 端的总热能 Q 为

$$Q = [\lambda S(T_1 - T_2)/L]t$$

上式也可以写成

$$Q/t = \lambda S(T_1 - T_2)/L$$

式中　　　λ——该金属的热导率，表示经过物体中 $1\mathrm{cm}^2$ 截面面积、长为 $1\mathrm{cm}$、温度梯度为 $1℃/\mathrm{cm}$ 时，在 $1\mathrm{s}$ 内所传递的热量，其单位为 $W/(m·K)$；

$(T_1 - T_2)/L$——该金属中的温度梯度；

Q/t——热流速率；

$\lambda(T_1 - T_2)/L$——热流密度，其定义为单位时间内通过与热流垂直的单位面积的热量，通常用 q 表示，即 $q = \lambda(T_1 - T_2)/L$。

维德曼（Wiedeman）和佛朗兹（Franz）在研究纯金属的热导率时发现，室温时任何金属的热导率与其电导率 γ 之比是一个常数。

$$W = \lambda/\gamma$$

式中，W 为维-弗常数，上式称为维-弗定律。

洛伦兹（Lorents）在进一步的研究中发现，在其他温度下，W 与热力学温度 T 之比，对任何金属在任何温度下都是常数。

$$L = \lambda/(\gamma · T)$$

式中，L 为洛伦兹常数。L 的理论值为 $2.45 \times 10^{-8} W·Ω/K^2$。可以根据上式，在 λ 或 γ 测量困难时，进行相互估算，对生产检

验有一定应用价值。

热扩散率 a_λ 定义为：　　　　$a_\lambda = \lambda/(\rho c_p)$

式中，ρ 是密度；c_p 是质量定压热容。a_λ 的单位为平方米每秒，记作 m^2/s，反映的是温度变化的速度。在相同升、降温条件下，a_λ 越大，则材料内各处温差越小。

金属中热量的传导过程就是能量的输运过程。在固体中传导能量的主要是自由电子和晶格振动波（声子）。对于纯金属来说，电子导热是主要的传热机制；合金中声子导热也起一定作用。凡是影响自由电子运动和声子运动的因素都会导致热量传导能力的变化。

3.3.2　热导率的测量方法

热导率的测量方法较多，不同温度范围和不同热导率范围需要不同的测量方法。主要分为稳态法和非稳态法两大类。在稳定导热状态下，试样上各点温度稳定不变，温度梯度和热流密度也都稳定不变，根据所测得的温度梯度和热流密度，就可以计算材料的热导率，这种测定热导率的方法，称为稳态法。在不稳定导热状态下进行测量，试样上各点的温度处于变化之中，变化的速率取决于试样的热扩散率，在这种导热状态下测量热导率的方法则称为非稳态法。

稳态法和非稳态法各自又分很多种类型，目前使用较多的是一种稳态法中的纵向热流法。其测量原理和方法如下：

采用圆柱状细长棒试样，试样一端与加热器相接，另一端与起散热器作用的热沉（良导热的金属块）相接。按照一定的功率加热试样，经过一段时间后，在试样上形成一个自高而低的稳定的温度分布。假定热量从试样的高温端向低温端传导时没有侧向热损，则任一横截面处有相同的热流速率。

按照公式 $Q/t = \lambda S(T_1 - T_2)/L$，只要测得 Q/t、试样截面面积 S 和 $(T_1 - T_2)/L$，就可以计算试样的热导率（不考虑热流与温度梯度方向）。

　　试样端一般采用电阻加热器加热，采取热防护使加热的热量全部进入试样，则热流速率 Q/t 就等于加热功率 IV。所求得的热导率，对应于 T_1、T_2 范围内的某一个等效温度。

　　该方法测量过程中的关键技术要点是防止侧向热损和保证加热器的良好防护，这就要求合理设计测量装置；另一个技术要点是保证温度梯度的精确测量。

3.4　线胀系数的检测

3.4.1　线胀系数的基本概念

　　金属和合金在加热或冷却时体积和长度均发生变化，这种现象称为热膨胀。铜及铜合金常用于制作电子器件，在装配工序和使用条件下要承受高温环境，因而这种膨胀会影响到材料的使用。同时，作为结构件常与不同金属连接配合，也必须考虑由于膨胀性能而可能产生的应力甚至破坏。对于铜合金来说，除了导电、导热性能外，热膨胀性能也是最为重要的性能之一。

　　表征热膨胀特性的物理量有线胀系数、体胀系数等。

　　当温度由 t_1 变化到 t_2 时，长度相应地由 L_1 变化到 L_2 时，材料在该温区的平均线胀系数为

$$\alpha_1 = (L_2 - L_1)/[L_1(t_2 - t_1)] = \Delta L/(L_1 \Delta t)$$

　　当 Δt 趋近于零时，上式极限值定义为微分线胀系数。α_1 的单位为每开，记作 K^{-1}。其中 $\Delta L/L_1$ 称为线膨胀率。

　　同理，当温度由 t_1 变化到 t_2，体积相应地由 V_1 变化到 V_2 时，材料在该温区的平均体胀系数为

$$\alpha_V = (V_2 - V_1)/[V_1(t_2 - t_1)] = \Delta V/(V_1 \Delta t)$$

　　当 Δt 趋近于零时，上式极限值定义为微分体胀系数。α_V 与 α_1 的单位相同。

　　对于各向同性的材料，平均体胀系数约等于平均线胀系数的 3 倍，即：$\alpha_V = 3\alpha_1$；对于各向异性的材料，平均体胀系数约等

于三个方向平均线胀系数之和,

即
$$\alpha_V = \alpha_{11} + \alpha_{12} + \alpha_{13} 。$$

金属和合金受热后,发生热膨胀的实质是温度升高,原子(离子)在晶体点阵上振动时,不但振幅增大,而且振动中心的位置发生位移,使点阵常数增加而导致体积的热膨胀。振动中心位置发生位移是原子排斥力的增加大于吸引力的增加,原子在平衡位置作不对称运动的结果。

热膨胀的大小反映了原子结合力的大小。

理论研究表明:在低温下体胀系数随温度升高急剧增大,到高温时则趋向平缓;熔点较高的金属具有较低的膨胀系数;所有金属从热力学零度升高到熔化温度,体积的相对膨胀量均为6%~7%;对于固溶体,溶质元素的膨胀系数高于溶剂基体时,将增大膨胀系数,反之将减小膨胀系数。

3.4.2　线胀系数的测量方法

测量线胀系数的仪器称为膨胀仪,测量的关键在于精确测量指定温度范围内的热膨胀量。由于金属材料膨胀量很小,就要找到一种灵敏度和精确度足够高的放大并检测膨胀量的方法。按照放大原理膨胀仪分为光学膨胀仪、机械膨胀仪、电学膨胀仪以及其他类型膨胀仪等。常用的机械膨胀仪测量方法如下:

利用千分表直接测量试样的膨胀量,待测试样一般做成 $\phi(3 \sim 5)$ mm $\times (30 \sim 50)$ mm 的杆状,试样的一端与石英传动杆相接,并一起放在石英管里。将石英管放入炉子内,使传动杆的另一端接触千分表,试样和传感器及千分表要保持良好接触。炉子通电加热,使试样受热膨胀,经传动杆传递,在千分表上计量。根据千分表的计量数据算出试样由温度 t_1 变化到 t_2 时的平均线胀系数。

该方法测量过程中的主要技术要点是试样温度测量和千分表测膨胀伸长量的精度。有些膨胀仪可将膨胀伸长量多次放大,再从千分表上读出。测量高温膨胀量时,还需要抽气设备或通保护气体防止试样氧化。

常用的机械膨胀仪有立式和卧式两种结构，在设计上会有所差异，但结构都比较简单，测量方法简便、成本低，应用比较普遍。

3.5 弹性模量的检测

3.5.1 弹性模量的基本概念

物体在外力作用下产生变形，去掉外力能立刻恢复的变形称为弹性变形。这种特性称为弹性。

在弹性变形范围内，应力与应变成正比，其比例系数称为弹性模量。根据物体不同的变形方式，弹性模量有三种表达形式：

（1）在简单拉伸（或压缩）情况下，σ 为正应力，ε 为正应变，E 称为弹性模量：

$$E = \sigma/\varepsilon$$

（2）在纯剪切变形情况下，τ 为切应力，γ 为切应变，G 称为切变模量：

$$G = \tau/\gamma$$

（3）在体积压缩应力情况下，p 为体积压缩应力，$\Delta V/V$ 为体积相对变化，K 称为体积模量：

$$K = p/(\Delta V/V) = pV/\Delta V$$

弹性模量的单位与应力相同，为帕（Pa），$1\text{Pa} = 1\text{N}/\text{m}^2$。在实际使用中常用 MPa。

E、G、K 分别表示材料抵抗正应变、切应变和体积压缩应变的能力，即在弹性范围内材料对变形的抗力，所以弹性模量也是表征原子间结合力大小的物理量。

E、G、K 三者的关系为

$$G = E/[2(\mu + 1)]$$

$$K = E/[3(1 - 2\mu)]$$

式中，μ 为泊松比，反映了杨氏模量与切变模量之间的联系，表示材料各向同性前提下，试样经受简单拉伸变形时，在弹性范围内横向相对收缩量与轴向相对伸长量之比。

影响弹性模量的因素较多，有温度、合金元素、原子结构以及冷加工等。

一般来说，随温度升高，原子间距增加，弹性模量差不多呈直线减少。第二相组元弹性模量高，则合金弹性模量高；室温下弹性模量是元素原子序数的周期函数；铜是面心立方点阵，随着冷加工率增大，弹性模量下降；但在深冷加工下，如果出现织构则弹性模量增加。

3.5.2　弹性模量的测量方法

根据加载速度的不同，弹性模量的测量方法可区分为静态法和动态法。静态法加载速度很低，得到的是静弹性模量，包括静态拉伸法、静态扭转法和静态弯曲法等，一般在材料试验机上进行，属于力学性能检测项目。动态法的加载速度很高，分为共振法和弹性波法。其中弹性波法一般用于非金属晶体的测试，共振法在金属材料弹性模量测试中应用较广泛。下面介绍常用的悬丝耦合共振法。

通过悬丝耦合的方式来激励并检测试样机械共振频率。已知试样的质量和尺寸，按照一定的公式计算材料的弹性模量，其测量装置如图 3-5 所示。

由音频震荡器产生一个正弦电信号，通过震荡换能器转换成机械震动，经悬丝传给试样，激发试样震动。试样的震动再通过另一根悬丝传递给拾振换能器，再转换成电震荡信号，经放大器放大后，在指示仪表上显示出来。当激荡频率等于试样的固有频率时，试样发生共振，用频率计测量共振时的频率即为待测试样的固有频率。

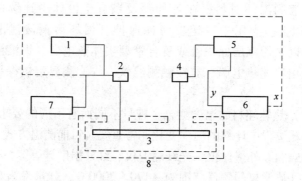

图 3-5 悬丝耦合共振法测试示意图

1—音频震荡器；2—激荡换能器；3—试样；4—拾振换能器；

5—放大器；6—指示仪表；7—频率计；8—变温装置

3.6 温度的检测

温度是铜加工过程中非常重要的工艺参数。主要检测点有铜液、加热炉、热轧坯料、中间和成品退火、有效温场的均匀性等。

（1）铜液温度一般低于 1500℃，使用 Ⅱ 级 K 分度 $\phi 3.2$ mm 热电偶或 S 分度 $\phi 0.5$ mm 热电偶都可以。二者性能比较如表 3-4 所示。

表 3-4　两种热电偶的特性比较

名称	分度号	直径/mm	稳定性	允许差	使用上限	补偿导线
铂$_{10}$-铑铂	S	0.5	1400℃/200h 变化<1℃	600~1600℃ $\pm 0.25\% t$	短期 1600℃ 长期 1300℃	铜-铜镍 （SC）
镍铬-镍硅	K	3.2	1300℃/200h 变化<9.75℃	400~1300℃ $\pm 0.75\% t$	短期 1300℃ 长期 1200℃	铜-康铜 （KC）

实现铜液连续测温的关键是热电偶保护管的抗热震性和耐铜液腐蚀性能。保护管材质有石英、不锈钢、氧化铝、硼化锆、碳化硅、金属陶瓷等。金属陶瓷保护管是一种新型的较为

适合铜液测温的材料，在各种铜及铜合金液体中连续使用达1000h以上。应用中一定要考虑保护管损坏后铜液泄漏的问题，可以采用双层保护管或复合管型实体热电偶。铜液测温也可以使用快速热电偶、非接触测温仪、快速测温定氧探头等测温仪器。

（2）热轧坯料的温度随合金牌号不同而有不同的要求范围，监测热轧过程中坯料的温度变化非常重要。目前测温方式主要是非接触式的红外热像仪、光纤测温仪、红外温度计等。

红外热像仪的测量范围为 $-170 \sim 2000℃$，分辨率为 $0.1℃$；可在几毫秒内测出坯料温度的二维分布情况，测量距离不受限制。但其复杂的结构（测量元件需用液氮制冷在 $-196℃$）和较高的价格影响了推广。

光纤测温仪的测量范围为 $600 \sim 1800℃$，准确度为 0.5%，响应时间小于 $0.5s$。

红外温度计的测量范围为 $600 \sim 3500℃$（分测量段），准确度为 0.5%，响应时间小于 $0.5s$。

其他如加热炉、退火炉等由于温度一般低于 $1000℃$，测温使用常规保护管（如不锈钢管）和 K 分度热电偶及配套补偿导线即可实现连续准确的测量。

加热炉、退火炉有效加热区温场均匀性定期检测是确保工序质量的关键环节。采用温场自动检测系统，依据 GB 9452—1988《热处理炉有效加热区测定方法》进行评价。温场自动检测系统使用多达几十支热电偶同时监测有效加热区各点温度分布，通过计算机软件自动生成检测报告和温区位置图。

（3）温度测量的误差控制：有多种因素影响到温度的准确测量。控制测温误差的原则：一是除了定期校准显示仪表外，还要定期校准热电偶和补偿导线，定期检查安装情况（如热电偶插入深度、热电偶测温头与保护管顶端是否紧贴等）；二是使用人员要了解修正值的大小，并进行正负值的抵消搭配组合。

3.7 残余应力测定的分条变形方法

残余应力的测定方法有很多，如 X 射线法、应变片电测法、小孔释放法以及化学方法和机械方法等。这些方法各有特点，适合不同的制品、构件或环境。其中机械方法是通过机械加工或腐蚀去掉制品中的一部分使应力释放，通过测量变形来计算或评定残余应力，如分条变形法、开口法、腐蚀剥离和机械剥离法等。本节仅介绍分条变形法。

3.7.1 分条变形方法原理

如图 3-6 所示，对经加工和分切后的板带材沿纵切方向进行精细的分割，使每一个细条的应力充分释放，根据细条的变形来反映材料在这一部位的残余应力情况。这种变形主要有挠曲、侧弯、扭转等。标准化的研究表明，该方法适用于铜合金板带厚度为 0.1 ~ 0.8mm、宽度大于 12mm。其中细条宽度为 2 ± 0.2mm，长度为 100 ± 0.5mm，切口宽度为 0.2 ~ 1.5mm。

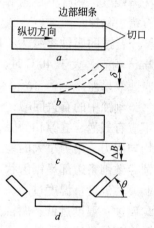

图 3-6　分条变形及各参数

挠曲：分切后的细条向上或向下翘起，其端部与基准面出现一定距离，如图 3-6b 所示，以 δ 表示。

侧弯：分切后的细条顶端向内或向外弯曲，细条边部与侧边出现一定的距离，如图 3-6c 所示，以 ΔB 表示。

扭转：分切后的细条出现扭曲，顶端与基准面呈一定夹角，如图3-6d 所示，以 θ 表示。

3.7.2 分条变形测量方法

（1）分条：细条的分切是关键操作之一，其原则是在保证分切精度的前提下不产生新的变形和应力。常用的方法有钢丝剪法、线切割法和刻蚀法以及感光腐蚀法。其中刻蚀法简单易行、快捷，成本低，不足之处是精度稍差。

刻蚀法的作业程序如下：用透明耐酸胶带严密包覆待测试样或用熔化的耐酸透明石蜡均匀刷覆待测试样，用钢尺和锋利的刀片按照规定的尺寸将待刻蚀的切口两面对称地划掉胶带或石蜡，然后平稳地放置在硝酸中腐蚀，切口腐蚀开后迅速放入清水中冲洗掉残酸，然后小心地用刀片或用有机溶剂将测量部位的胶带或石蜡去除掉。

合适的腐蚀参数为：$100\%\ HNO_3$，$18\sim38℃$，以$20\sim25℃$、2min为宜。大于40℃时，胶带容易与基体脱开，硝酸浓度低，腐蚀效果差。

刻蚀中的有关问题：①胶带或石蜡与板带表面应粘贴牢固，不应有气泡、缝隙和分层，特别是在刻蚀部位及其附近。刻划应均匀用力，用力过大的地方易刻痕较深，腐蚀速度快，不均匀腐蚀导致细条边部呈锯齿状、顶端不齐呈圆角甚至腐蚀断裂。②控制腐蚀温度。温度过高，升温快，会造成胶带与基体脱开和不均匀腐蚀；温度过低，腐蚀速度慢，时间长，腐蚀不开或效果差。③在刻蚀过程中严禁形成附加应力和变形。

（2）测量设备及试样的放置：采用万能工具显微镜或读数显微镜、分度仪、游标卡尺、测高计等设备。用方形夹具夹住未分切的基体部分，试样基准面呈水平、横向垂直或纵向直立三种状态悬空放置，也可以采用其他方式，但非悬空放置要进行修正。

（3）参数的测量：

1）挠曲高度δ的测量：试样横向垂直放置，选取挠曲方向基体的上面为基准面，转动显微镜测微尺至挠曲最高点，如图3-6b所示，便可测量δ。

2）侧弯ΔB的测量：试样水平放置，选取基体的外侧边为基准边，转动显微镜测微尺至侧弯最外侧，如图3-6c所示，便

可测量 ΔB。

3）扭转角度 θ 的测量：试样纵向直立放置，在显微镜下如图 3-7 所示，选准基准边 $B'C'$，转动测角仪，使另一边与 AB 或 CD 重合，直接读出角度。如果仪器不具备测角仪，按照挠曲高度的测量方法测量 AA'、BB' 和 $B'A'$ 或 CC'、DD' 和 $D'C'$，则 $\theta =$ arctan$\left[\left(AA'-BB'\right)/B'A'\right]$ 或 $\theta =$ arctan$\left[\left(CC'-DD'\right)/D'C'\right]$。

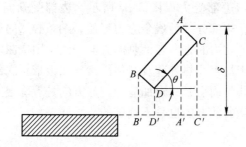

图 3-7 扭转角度的测量

3.7.3 分条变形方法的分析应用

采用挠曲、侧弯、扭转三个参数来反映残余应力的情况，也可以通过计算得到具体的应力数值。这三个参数基本代表了实际工业制品因残余应力而引起的各种变形，特别是高精度板带材分切后的边部由于纵剪分切而引起的边部受力。

铜带材纵剪分切受力简化分析为：如图 3-8、图 3-9 所示，

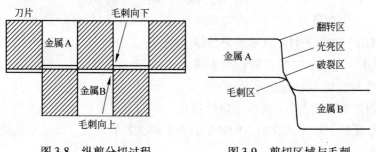

图 3-8 纵剪分切过程   图 3-9 剪切区域与毛刺

剪切过程分翻转区、光亮区、破裂区和毛刺区四个阶段。在前两个过程中,带材边部承受剪切力 F 和来自刀片的向内的推力 F_t;在后两个阶段,试样边部受到相邻试样间撕裂瞬间向外的拉力 F_s。切断后边部出现与剪切力同方向的毛刺,如图 3-9 所示,分析认为正是由于剪切终了过程中撕裂力的存在,才导致扭转和侧弯的不确定性。

　　带材剪切边部受力如图 3-10 所示,边部受到向下剪切力,当外力去除,边部分条后残余应力释放,细条必然向剪切力的反方向挠曲,剪切力的方向与毛刺的方向一致,则挠曲均与毛刺方向相反。由于加工、热处理及其他因素导致板带材内部不均匀变形或温度不均匀而引起的附加应力,其方向是不确定的,该部位应力释放后挠曲的方向也是不确定的。

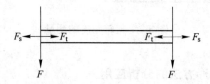

图 3-10　分切过程试样边部受力示意图

　　剪切接近终了时出现撕裂力 F_s,F_s 大于推力 F_t 时,横向合力为向外的拉力,外力去除,细条自由后残余应力释放,则向内侧弯;当撕裂力 F_s 小于推力 F_t 时,横向合力为向内的推力,外力去除,细条自由后残余应力释放,则向外侧弯。

　　当撕裂力 F_s 大于推力 F_t 时,横向合力 F_{st} 与剪切力 F 的合力 F_h 如图 3-11a 所示,外力去除细条自由后,边部出现如图 3-11b 所示方向的扭转;当撕裂力 F_s 小于推力 F_t 时,横向合力 F_{st} 与剪切力 F 的合力 F_h 如图 3-11c 所示,外力去除细条自由后,边部出现图 3-11d 所示方向的扭转。剪切力一定时,扭转角的大小反映了推力和撕裂力的差值,相差越大扭转越大,反之扭转越小。

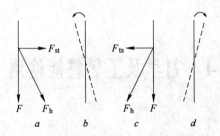

图 3-11 图 3-10 右边分条后细条外侧扭转方向

采用分条变形方法对剪切变形各参数进行了测量，对各参数的成因进行分析，明确引起变形的原因，有利于针对性地控制和优化工艺。

分条变形方法是一种直观全场性方法，简单易行，同生产实际接近，不要求较高的操作技能和利用贵重仪器；不足之处是精度稍差，属于破坏性方法，对制品损伤大。

4 力学及工艺性能检测

4.1 室温拉伸试验性能的测定

金属材料的力学性能是指金属在外加载荷作用下或载荷与环境因素（温度、介质和加载速率）联合作用下所表现的行为。宏观上一般表现为金属的变形和断裂。国家标准定义金属力学性能是指"金属在力作用下所显示与反映弹性和非弹性相关或涉及应力-应变关系的性能"。金属力学性能的高低，表征金属抵抗各种损伤作用能力的大小，是评定金属材料质量的主要判据，也是金属制件设计时选材和进行强度计算的主要依据。

金属的力学性能测试是通过不同力学性能试验及相应测量以求得金属的各种力学性能判据（指标）的实验技术。

金属力学性能测试的基本任务就是确定合理的金属力学性能判据，并准确而尽可能快速地测出这些判据。

拉伸试验是标准拉伸试样在静态轴向拉伸力不断作用下，以规定的拉伸速度拉至试样断裂，并在拉伸过程中连续记录力与伸长，从而求出其强度判据和塑性判据的力学性能试验。

拉伸试验是工程中最广泛使用的力学性能试验方法之一。试验时对装卡在试验机上的试样两端缓慢地施加载荷，使试样的工作部分受轴向拉伸载荷沿轴向伸长至拉伸断裂为止。测定试样对外加载荷的抗力，可以求出材料的强度判据；测定试样在拉断后塑性变形，可以求出材料的塑性判据。

通过拉伸试验可以评定金属材料弹性性能、强度性能、塑性性能等方面的多种性能。

需要注意的是，力学性能数据在很大程度上取决于采用的试验方法。其中包括试验的条件、设备、试样的形状、尺寸和制备，加载速度（或变形速度）及温度等，这些对试验的最终结果有极其重要的甚至决定性的影响。

4.1.1 试验原理

试验采用拉力拉伸试样，一般拉至断裂，测定标准中所定义的一项或几项力学性能。

除非另有规定，试验一般在室温 10～35℃ 内进行。对温度要求严格的试验，试验温度应为 (23±5)℃。

在试验机上通常装有机械或电子式自动记录装置，可将拉伸试验过程中试样上的力及所引起的伸长自动记录下来，绘出力-伸长曲线，即所谓拉伸曲线或拉伸图。

试验时，开始载荷较小，试样伸长随着载荷呈正比增加，拉伸曲线保持为一直线。载荷超过一定值后曲线开始偏离直线，产生屈服。屈服后材料开始产生明显的塑性变形，试样表面出现滑移痕迹。

在屈服阶段以后，为使试样继续变形，需不断增加负荷。这时试样逐渐伸长，而其横截面积也不断缩小。随试样塑性变形增加，其变形抗力也不断增大，这种现象称为形变强化或加工硬化。当载荷达到最大值后，试样的某一部位的截面开始急剧缩小，试样上出现所谓"缩颈"，以后试样的变形主要是集中在缩颈附近。由于缩颈处试样截面急剧缩小，载荷也相应减小，拉伸曲线逐渐下降，达到断裂负荷时试样断裂，拉伸试验结束。

根据试样拉伸过程可知，金属在外力作用下，其变形过程通常分为三个阶段，即弹性变形阶段、塑性变形阶段和断裂。

以应变为横坐标、应力为纵坐标而绘制的曲线称为应力-应变曲线，如图 4-1 所示。应力-应变曲线与拉伸曲线相似，但在应力-应变曲线上可直接读出材料的一些力学性能判据（指标）。

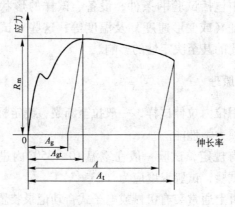

图 4-1　伸长的定义

4.1.2　定义

（1）标距：测量伸长用的试样圆柱或棱柱部分的长度。分为原始标距 L_0（即施力前的试样标距）和断后标距 L_u（即试样断裂后的标距）。

（2）平行长度 L_c：试样两头部或两夹持部分（不带头试样）之间平行部分的长度。

（3）伸长：试验期间任一时刻原始标距 L_0 的增量。

（4）伸长率：原始标距的伸长与原始标距 L_0 之比的百分率。伸长率分为断后伸长率 A、断裂总伸长率 A_t、最大力总伸长率 A_{gt} 和最大力非比例伸长率 A_g，如图 4-1 所示。

1）断后伸长率：断后标距的残余伸长 $L_u - L_0$ 与原始标距 L_0 之比的百分率。

2）断裂总伸长率：断裂时刻原始标距总伸长（弹性伸长加塑性伸长）与原始标距 L_0 之比的百分率。

3）最大力伸长率：最大力时原始标距的伸长与原始标距 L_0 之比的百分率。

4）应区分最大力总伸长率和最大力非比例伸长率。

（5）引伸计标距 L_e：用引伸计测量试样延伸时，所使用试样平行长度部分的长度。测定屈服强度和规定强度性能时推荐 $L_e \geqslant L_0/2$。测定屈服点延伸率和最大力时或在最大力之后的性能，推荐 L_e 等于或近似等于 L_0。

（6）延伸：试验期间任一给定时刻引伸计标距的增量。延伸率分为残余延伸率、非比例延伸率、总延伸率和屈服点延伸率 A_e。

非比例延伸率：试验中任一给定时刻引伸计标距非比例延伸与原始标距 L_0 之比的百分率。

其他相关定义参见 GB/T 228—2002《金属材料 室温拉伸试验方法》。

（7）断面收缩率 Z：断裂后试样横截面面积的最大缩减量 $S_0 - S_U$ 与原始横截面面积 S_0 之比的百分率（ S_U 为断后最小横截面面积）。

（8）最大力 F_m：试样在屈服阶段之后所能抵抗的最大力。对于无明显屈服（连续屈服）的金属材料，为试验期间的最大力。

（9）应力：试验期间任一时刻的力除以试样原始横截面面积 S_0 的商。强度分为抗拉强度 R_m、规定非比例延伸强度 R_p、上屈服强度 R_{eH}、下屈服强度 R_{eL} 规定总延伸强度 R_t 和规定残余延伸强度 R_r。

1）抗拉强度：相应最大力的应力。

2）规定非比例延伸强度：非比例延伸强度等于规定的引伸计标距百分率时的应力，如图 4-2 所示。使用的符号应附以下标注说明所规定的百分率。

3）屈服强度：当金属材料呈现屈服现象时，在试验期间达到塑性变形发生而力不增加的应力点，应区分上屈服强度和下屈服强度。

4）其他相关定义参见 GB/T 228—2002《金属材料 室温拉伸试验方法》。

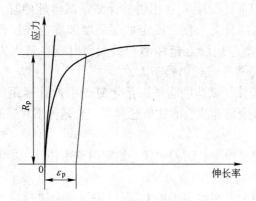

图 4-2　规定非比例延伸强度 R_p

4.1.3　检测方法

4.1.3.1　强度指标的测定

铜及铜合金材料在拉伸试验中通常测定的强度指标有抗拉强度 R_m 和规定非比例延伸强度 R_p。

进行拉伸试验时，先将拉伸试样装卡在试验机的夹头上，并在试样上装置测变形的引伸计，然后施加作用力将试样拉伸。试验力的同轴度对试验结果有很大影响。通常规定试样的加力系统及夹持装置不能施加拉力以外的任何力。但实际上这是不可能的，由于夹持装置的摩擦以及作用力轴线与夹持装置中心不可能完全重合，因而或多或少地产生不同轴而引起附加的弯曲应力。只能设法减小这种影响。

试验时若采用双引伸计（或称平均引伸计），可减小由于不同轴度所引起附加弯曲应力示值的影响，从而减小试验数据的分散度，且拉伸曲线上弹性直线段的线形也较好。此外，采用气动夹头、液压夹头改善夹持状态，也可减小不同轴度。

引伸计是拉伸试验时装卡在试样上用来测量其变形的装置。使用前应利用引伸计标定器进行标定，即测定引伸计的伸长示值与标定器给定的真实伸长的关系。GB/T 12160—2002《单轴试验用引伸计的标定》中给出了引伸计的分级及其标距相对误差、分辨力、系统相对误差和最大允许值。

引伸计按其精度不同分成四个等级，各级精度见 GB/T 12160—2002。对于不同试验项目应根据表4-1选用不同等级的引伸计进行试验。

表4-1　不同试验项目选用的引伸计等级

测试项目	允许使用的最低等级
R_m、A_{gt}、A_g、A_t、A	2 级
R_t、R_p、R_r、R_{eH}、R_{eL}、A_e	1 级

（1）抗拉强度 R_m 的测定：按照定义和采用图解方法或指针方法测定抗拉强度。

对于呈现无明显屈服（连续屈服）现象的金属材料，读取试验过程中的最大力。最大力除以试样原始横截面面积 S_0 得到抗拉强度。

测定时的试验速率要求：

塑性范围：平行长度的应变速率不应超过 0.008/s。

弹性范围：应力速率应满足表4-2的要求。如试验不包括屈服强度或规定强度的测定，试验机的速率可以达到塑性范围内允许的最大速率。

表4-2　应力速率

材料弹性模量 E/MPa	应力速率/MPa·s^{-1}	
	最　小	最　大
<150000	2	20
≥150000	6	60

（2）规定非比例延伸强度 R_p 的测定：

1）根据力-延伸曲线测定规定非比例延伸强度。在曲线图上，划一条与曲线的弹性直线段部分平行，且在延伸轴上与此直线段的距离等效于规定非比例延伸率的直线。此平行线与曲线的交截点给出相应于所求规定非比例延伸强度的力。此力除以试样原始横截面面积 S_0 得到规定非比例延伸强度（见图 4-2）。

2）如弹性直线段部分不能明确地确定，可采用滞后环方法和逐步逼近法测定规定非比例延伸强度，参见 GB/T 228—2002。逐步逼近法既适用于有明显弹性直线段的材料，也适用于无明显弹性直线段的材料。滞后环方法只适用于无明显弹性直线段的材料。

3）日常试验允许采用绘制力-夹头位移曲线的方法测定规定非比例延伸率 ε_p 等于或大于 0.2% 的规定非比例延伸强度。仲裁试验不采用此方法。

4）测定时的试验速率要求：弹性阶段的应力速率应在表4-2规定的范围内。在塑性范围和直至规定非比例延伸强度，应变速率不应超过 0.0025/s。

（3）规定总延伸强度 R_t、上屈服强度 R_{eH}、下屈服强度 R_{eL} 的测定以及规定残余延伸强度 R_r 的验证方法参见 GB/T 228—2002。

目前多采用规定非比例延伸强度 R_p、规定总延伸强度 R_t 及规定残余延伸强度 R_r。这三种性能表示材料抵抗屈服（塑性伸长）的应力，但在不同应力状态下求得的 R_p 和 R_t 是在受拉伸力作用下测定，而 R_r 是在卸除拉伸力后测定。

4.1.3.2　塑性指标的测定

铜及铜合金材料拉伸试验通常测定的塑性指标有断后伸长率 A 和断面收缩率 Z。

（1）断后伸长率 A 的测定：为了测定断后伸长率，应将试样断裂的部分仔细地配接在一起，使其轴线处于同一直线上，并采取特别措施确保试样断裂部分适当接触后测量试样断后标距。如拉断处形成缝隙，则此缝隙应计入试样拉断后的标距内。

应使用分辨力优于 0.1mm 的量具或测量装置测定断后标距 L_u，准确到 ±0.25mm。如规定的最小断后伸长率小于 5%，建议采用 GB/T 228—2002 中的特殊方法进行测定。

原则上只有断裂处与最接近的标距标记的距离不小于原始标距的三分之一情况方为有效。但断后伸长率大于或等于规定值，不管断裂位置处于何处，测量均为有效。

为了避免因发生规定的范围以外的断裂而造成试样报废，可以采用移位方法测定断后伸长率，参见 GB/T 228—2002。

(2) 断面收缩率 Z 的测定：测量时，将试样断裂部分仔细地配接在一起，使其轴线处于同一直线上。对于圆形横截面试样，在缩颈最小处相互垂直方向测量直径，取其算术平均值计算最小横截面面积；对于矩形横截面试样，测量缩颈处的最大宽度和最小厚度，两者之乘积为断后最小横截面面积。

原始横截面面积 S_0 与断后最小横截面面积 S_u 之差除以原始横截面面积的百分率为断面收缩率。

对于薄板、带材试样、圆管全截面试样、圆管材纵向弧形试样或其他复杂横截面试样以及直径小于 3mm 的试样，通常不测定断面收缩率。

(3) 最大力总伸长率 A_{gt}、最大力非比例伸长率 A_g、断后总伸长率 A_t 和屈服点延伸率 A_e 的测定参见 GB/T 228—2002。

4.1.4　拉伸试样

拉伸试样是指样坯经机加工或不经机加工而提供拉伸试验用的一定尺寸的样品。

拉伸试样的形状和尺寸，应根据试验材料的形状及其用途，便于安装引伸计和形成轴向均匀应力状态等原则来确定。拉伸试样一般有圆形横截面比例试样（包括从管壁厚度机加工的圆形横截面试样）、矩形横截面试样、全壁厚纵向弧形试样及管段试样。

　　为了形成单向应力状态，试样的纵向尺寸要比横向尺寸大得多。为了形成均匀应力状态，通常对试样头部的过渡半径 r 也有具体规定。为了夹紧试样和使试样对中，有条件的话，最好将棒材试样头部机加工成螺纹状，或使用套环夹具。

4.1.4.1　取样

　　试样的真正意义在于它能代表所在的一批。正确取样是准确评定产品性能的重要一环。取样部位、取样方向、取样数量是取样的三要素，应按照相关产品标准、技术协议的要求切取样坯和制备试样。

　　若无明确规定，则取样方向：板材沿垂直于轧制方向取样，带材沿轧制方向取样；取样数量为任选 2 批，每批任取 1 个试样。

4.1.4.2　机加工的试样

　　如试样的夹持端与平行长度的尺寸不相同，它们之间以过渡弧连接。建议按表 4-3 至表 4-6 中的规定执行。

　　试样夹持端的形状应适合试验机的夹头。试样轴线应与力的作用线重合。

　　试样平行长度或试样不具有过渡弧时，夹头间的自由长度应大于原始标距。

4.1.4.3　不经机加工的试样

　　如试样为未经机加工的产品试棒的一段长度，其两夹头间的长度应足够，以使原始标距的标记与夹头有合理的距离，参见 GB/T 228—2002。

4.1.4.4　厚度为 0.1 ~ <3mm 薄板和薄带使用的试样类型

　　试样头部与平行长度之间应有过渡半径 r 至少为 20mm 的过渡弧相连接，其尺寸应符合表 4-3 的规定。

表 4-3　矩形横截面比例试样（mm）

宽度 b	过渡半径 r	k = 5.65（短试样）			编号	k = 11.3（长试样）			编号
		L_0	L_c			L_0	L_c		
			带头	不带头			带头	不带头	
10	≥20	$5.65\sqrt{S_0}$ ≥15	$\geq L_0 + b/2$ 仲裁试验:$L_0 + 3b$ $L_0 + 2b$	≥15	P1	$11.3\sqrt{S_0}$ ≥15	$\geq L_0 + b/2$ 仲裁试验:$L_0 + 3b$ $L_0 + 2b$		P01
12.5					P2			$L_0 + 3b$	P02
15					P3				P03
20					P4				P04

注：若比例标距小于 15mm，建议采用非比例试样。

矩形横截面非比例试样如表 4-4 所示。

表 4-4　矩形横截面非比例试样（mm）

b	r	L_0	L_c		试样编号
			带　头	不带头	
12.5	≥20	50	75	87.5	P5
20		80	120	140	P6

试样制备应不影响其力学性能。机加工试样的尺寸公差和形状公差应符合 GB/T 228—2002 的要求。

原始横截面面积 S_0 的测定应在试样标距的两端及中间三处测量宽度 b 和厚度 a，取三处测得的最小尺寸，按照式（4-1）计算：

$$S_0 = ab \tag{4-1}$$

4.1.4.5　厚度不小于 3mm 的板材和扁材及直径或厚度不小于 4mm 线材、棒材和型材使用的试样类型

试样夹持端和平行长度 L_c 之间的过渡弧半径 r 和平行长度如表 4-5 及表 4-6 所示。

表 4-5　圆形横截面比例试样（mm）

d	r	$k = 5.65$			$k = 11.3$		
		L_0	L_c	试样编号	L_0	L_c	试样编号
25				R1			R01
20				R2			R02
15				R3			R03
10	$\geqslant 0.75d$	$5d$	$\geqslant L_0 + d/2$，仲裁试验：$L_0 + 2d$	R4	$10d$	$\geqslant L_0 + d/2$，仲裁试验：$L_0 + 2d$	R04
8				R5			R05
6				R6			R06
5				R7			R07
3				R8			R08

注：表中 d 为圆形横截面试样平行长度的直径或圆丝直径。

表 4-6　矩形横截面比例试样（mm）

b	r	$k = 5.65$			$k = 11.3$		
		L_0	L_c	试样编号	L_0	L_c	试样编号
12.5				P7			P07
15			$\geqslant L_0 + 1.5\sqrt{S_0}$	P8		$\geqslant L_0 + 1.5\sqrt{S_0}$	P08
20	$\geqslant 12$	$5.65\sqrt{S_0}$	仲裁试验：$L_0 + 2\sqrt{S_0}$	P9	$11.3\sqrt{S_0}$	仲裁试验：$L_0 + 2\sqrt{S_0}$	P09
25				P10			P010
30				P11			P011

注：如相关产品标准无具体规定，优先采用比例系数 $k = 5.65$ 的比例试样。

　　不经机加工试样的平行长度：试验机两夹头间的自由长度应使试样原始标距的标记与最接近夹头间的距离不小于 $1.5d$ 或 $1.5b$；圆形横截面和矩形横截面比例试样分别采用表 4-5 和表 4-6 的试样尺寸。

　　机加工试样的横向尺寸公差应符合 GB/T 228—2002 的要求。

　　原始横截面面积 S_0 的测定：应根据测量的原始试样尺寸计算原始横截面面积。对于圆形横截面试样，应在标距的两端及中间三处两个相互垂直的方向测量直径，取其算术平均值，取用三处测得的最小直径，按式（4-2）计算：

$$S_0 = \frac{1}{4}\pi d^2 \tag{4-2}$$

对于矩形横截面试样，按式（4-1）计算。

矩形横截面非比例试样如表4-7所示。

表4-7　矩形横截面非比例试样（mm）

b	r	L_0	L_c	试样编号
12.5		50		P12
20		80	$\geqslant L_0 + 1.5\sqrt{S_0}$	P13
25	$\geqslant 12$	50	仲裁试验：	P14
38		50	$L_0 + 2\sqrt{S_0}$	P15
40		200		P16

如相关产品标准无规定具体试样类型，试验设备能力不足够时，经协议厚度大于25mm产品可以机加工成圆形横截面或减薄成矩形横截面比例试样。

4.1.4.6　直径或厚度小于4mm线材、棒材和型材使用的试样类型

原始标距为200mm和100mm。试验机两夹头间的自由长度为$L_0 + 50$mm，如表4-8所示。

表4-8　线材非比例试样（mm）

公称尺寸	L_0	L_c	试样编号
<4	100	$\geqslant 150$	R9
	200	$\geqslant 250$	R10

如不测定断后伸长率，两夹头间的最小自由长度可以为50mm。

4.1.4.7　管材使用的试样

试样可以是全壁厚纵向弧形试样或管段试样，或从管壁厚度机加工的圆形横截面试样。仲裁试验采用带头试样。

纵向弧形试样采用表4-9规定的试样尺寸。

表4-9　纵向弧形试样（mm）

| D | b | a | r | k = 5.65 | | | k = 11.3 | | |
				L_0	L_c	试样编号	L_0	L_c	试样编号
30 ~ 50	10					S1		$\geqslant L_0 + 1.5\sqrt{S_0}$	S01
> 50 ~ 70	15			$5.65\sqrt{S_0}$		S2	$11.3\sqrt{S_0}$	仲裁试验:	S02
> 70	20				$\geqslant L_0 + 1.5\sqrt{S_0}$	S3		$L_0 + 2\sqrt{S_0}$	S03
≤100	19	原壁厚	≥12		仲裁试验:	S4			
> 100 ~ 200	25			50	$L_0 + 2\sqrt{S_0}$	S5			
> 200	38					S6			

注：采用比例试样时，优先采用比例系数 k = 5.65 的比例试样。

管段试样采用的试样如表4-10所示。

表4-10　管段试样（mm）

L_0	L_c	试样编号
$5.65\sqrt{S_0}$	$\geqslant L_0 + D/2$ 仲裁试验: $L_0 + 2D$	S7
50	≥100	S8

日常检测中允许压扁管段头部，但仲裁试验不压扁，应配加塞头。

压扁和塞头的位置参见 GB/T 228—2002。

管壁厚度机加工的纵向圆形横截面试样应采用表4-11规定的试样尺寸。

表4-11　管壁厚度机加工的纵向圆形横截面试样（mm）

管壁厚度	采用试样	管壁厚度	采用试样
8 ~ 13	R7 号	> 16	R4 号
> 13 ~ 16	R5 号		

原始横截面面积 S_0 的测定：对于圆管纵向弧形试样，应在标距的两端及中间三处测量宽度 b 和壁厚 a，取三处测得的最小尺寸。按式（4-3）或式（4-4）计算原始横截面面积。计算时管外径 D 取其标称值。

当 $b/D < 0.25$ 时 $$S_0 = ab\left[1 + \frac{b^2}{6D(D - 2a)}\right] \tag{4-3}$$

当 $b/D < 0.17$ 时 $$S_0 = ab \tag{4-4}$$

对于管段试样，应在其一端相互垂直方向测量外径和四处壁厚，分别取其算术平均值，按式（4-5）计算原始横截面面积：

$$S_0 = \pi a(D - a) \tag{4-5}$$

4.1.5　拉力试验机

4.1.5.1　万能材料试验机

万能材料试验机分为液压式、机械式、电子式三种。

液压式材料试验机从外形看分为主体部分和测力部分。由于其大负荷、购置费用低的特点，在铜加工产品的检测中得到一定的应用。

机械式材料试验机一般是以交、直流电动机为动力，通过蜗杆、蜗轮、螺母、螺杆等，作用力传递到机械传动测力机构，在度盘上指示出力值。

电子式材料试验机是将传感器的机械变形量转换成电信号，利用微机进行数据采集并对采集数据进行结果处理，可以达到测试数据准确、节省试验及数据处理时间、图形分析输出及试验报告输出简便等优越的测试效果。由于量程宽同时可以加配电子引伸计，又可以以多种方式控制试验速度，所以这种试验机得到了广泛的应用，是未来的发展方向。

4.1.5.2　试验设备的准确度

试验机应按照 GB/T 16825《静力单轴试验机的检验　第 1

部分：拉力和（或）压力试验机测力系统检验和校准》进行检验，并为 1 级或优于 1 级准确度。

测定 R_{eH}，R_{eL}，A_e，R_p，应使用不低于 1 级准确度的引伸计；测定其他性能，使用不低于 2 级准确度的引伸计。

4.1.5.3　拉伸试验测试技术的发展趋势

（1）广泛采用电子拉伸试验机，应用电子设备和电控系统对载荷、应变等参数进行精确控制、测量和自动记录，并对试验结果进行显示与数据处理。

（2）广泛应用电子计算机实现拉伸试验过程的全部自动化。自动化不但可减少人为误差，保证迅速获得精确一致的测试结果，减轻测试人员紧张而繁琐的劳动，而且可使测试数据迅速加以处理而进行反馈控制或直接用于生产实践（在线化）。

（3）采用无惰性电子仪器及伺服控制机构，实现拉伸试验过程中加载速率和应变速率控制的自动化与高度精确化。

（4）万能试验机大型化，满足现代工业设备大型化与试验数据更加实用化的要求。

（5）万能试验机的微型化，可测试极小的试样。

（6）采取有效措施，减小拉伸试验性能数据的分散度；设法改进试验机加载机构及其相关系统的加力同轴度，以提高试验数据的精确度。

（7）对试验机的定期检定和经常的精心维护。

4.1.6　试验注意事项

4.1.6.1　原始横截面面积 S_0 的测定

试样原始横截面面积 S_0 测定的方法和准确度应符合表 4-12、表 4-13 的要求，按照表 4-14 的规定选用量具或测量装置。应根据测定的试样原始尺寸计算原始横截面面积，并至少保留 4 位有效数字。

表 4-12 试样宽度公差（适用于厚度为 0.1 ~ <3mm
薄板和薄带使用的试样类型）（mm）

试样标称宽度	尺寸公差	形状公差	
		一般试验	仲裁试验
10			
12.5	±0.2	0.1	0.04
15			
20	±0.5	0.2	0.05

表 4-13 试样横向尺寸公差（mm）

（适用于厚度 a 不小于 3mm 的板材和扁材以及直径或厚度
不小于 4mm 的线材、棒材和型材使用的试样类型）

名　　称	标称横向尺寸	尺寸公差	形状公差
机加工的圆形 横截面直径	3	±0.05	0.02
	>3 ~ 6	±0.06	0.03
	>6 ~ 10	±0.07	0.04
	>10 ~ 18	±0.09	0.04
	>18 ~ 30	±0.10	0.05
相对两面机加工的 矩形横截面试样 横向尺寸	3	±0.1	0.05
	>3 ~ 6		
	>6 ~ 10	±0.2	0.1
	>10 ~ 18		
	>18 ~ 30	±0.5	0.2
	>30 ~ 50		

表 4-14 量具或测量装置的分辨力（mm）

试样横截面特征尺寸	分辨力，不大于	试样横截面特征尺寸	分辨力，不大于
0.1 ~ 0.5	0.001	>2.0 ~ 10.0	0.01
>0.5 ~ 2.0	0.005	>10.0	0.05

4.1.6.2　原始标距 L_0 的标记

（1）不得用引起过早断裂的缺口作标记。

（2）对于箔、带材、脆性棒材，最好使用记号笔刻画标距，以免损伤试样，造成非正常断裂，进而影响检测结果。

（3）对于比例试样，应将原始标距的计算值修约至最接近 5mm 的倍数。中间数值向较大一方修约。原始标距的标记应准确到 ±1%。如平行长度 L_c 比原始标距长许多，可以标记一系列套叠的原始标距。

4.1.6.3　拉伸试验速度的选择

金属的塑性变形在一定环境条件下是应力、应变和时间的函数，明显受变形速度的影响，从而使塑性变形阶段的性能判据具有较大的速度敏感性。

试验速度对试验结果的影响总是存在的，不可能找到某一速度区间对任何材料及性能判据无影响。因此，国家标准根据不同的材料性质和试验目的，对拉伸速度做了相应的规定，如表4-2 所示。

表4-2 中规定的弹性阶段的应力速率范围，是指拉伸试验速率应在此范围内选择，"最大"和"最小"是范围的上、下限，并不是试验机控制速率允许波动的上、下限。

测定规定非比例延伸强度 R_p、规定总延伸强度 R_t 及规定残余延伸强度 R_r 时，弹性范围内的应力速率应符合表4-2 的规定，并保持试验机控制器固定于这一速度位置上，直至该性能测出为止。

塑性变形阶段的应变速率应控制在标准规定的范围内，并使之保持稳定，直到性能指标测定完成。

为了避免测力机构惯性的影响，试验过程中从一种拉伸速度切换到另一种拉伸速度时，必须平稳且无冲击。

4.1.6.4　性能测定结果数值的修约

如相关产品标准未规定具体要求，应按表 4-15 的要求进行修约。修约方法按照 GB/T 8170《数值修约规则》。

表 4-15　性能结果数值的修约间隔

性　能	范　围	修约间隔	性　能	范　围	修约间隔
R_m、R_p	≤200MPa	1MPa	A	—	0.5%
	>200 ~ 1000MPa	5MPa	Z	—	0.5%
	>1000MPa	10MPa			

4.1.6.5　试验结果处理

试验出现下列情况之一，其试验结果无效，应重做同样数量试样的试验。

（1）试样断在标距外或断在机械刻划的标距标记上，而且断后伸长率小于规定最小值。

（2）试验期间设备发生故障，影响了试验结果。

试验后试样出现两个或两个以上的缩颈以及显示出肉眼可见的冶金缺陷（例如分层、气泡、夹渣、缩孔等），应在试验记录和报告中注明。

4.1.7　影响拉伸试验结果的主要因素

影响拉伸试验结果的主要因素有拉伸速度，试样形状、尺寸及表面粗糙度，试样夹装方法等。

试验速度的提高会不同程度地提高材料的强度性能指标，同时降低了延伸率。

试样工作部分呈现超出标准规定的形状公差会降低延伸率。表面粗糙度高会在一定程度上降低强度指标，同时也会降低延伸率。

不同尺寸的试样对试验结果也有一定的影响。有资料表明，用不同尺寸的光滑圆试样做拉伸试验，同种金属材料随试样直径的增大，抗拉强度有一定程度的下降，而且还伴随着塑性指标的下降。因此，在产品标准或技术协议中最好注明试样号。

在拉伸试验时，一般不允许对试样施加偏心力。偏心夹持会使试样产生附加弯曲应力，导致强度指标的下降，这种影响对脆性材料更为显著。偏心夹持除去由于试验机的结构不良（对中性不好）而产生外，还可能是由于试样形状不正确，如试样头部不对称、夹头的结构和安装不正确等。

在由测力度盘直接读取最大力的情况下，须防止从动指针随主动指针的后退而后退。所以最好画出拉伸曲线。

4.1.8　拉伸试验新旧标准性能名称和符号对照

拉伸试验新旧标准性能名称和符号对照分别如表 4-16 和表 4-17 所示。

表 4-16　新旧标准性能名称对照

新　标　准		旧　标　准	
性能名称	符　号	性能名称	符　号
断面收缩率	Z	断面收缩率	ψ
断后伸长率	A $A_{11.3}$ A_{xmm}	断后伸长率	δ_5 δ_{10} δ_{xmm}
断裂总伸长率	A_t		
最大力总伸长率	A_{gt}	最大力下的总伸长率	δ_{gt}
最大力非比例伸长率	A_g	最大力下的非比例伸长率	δ_g
屈服点延伸率	A_e	屈服点伸长率	δ_s
屈服强度	—	屈服点	σ_s
上屈服强度	R_{eH}	上屈服点	σ_{sU}
下屈服强度	R_{eL}	下屈服点	σ_{sL}
规定非比例延伸强度	R_p 例如 $R_{p0.2}$	规定非比例伸长应力	σ_p 例如 $\sigma_{p0.2}$

新 标 准		旧 标 准	
规定总延伸强度	R_t 例如 $R_{t0.2}$	规定总伸长应力	σ_t 例如 $\sigma_{t0.2}$
规定残余延伸强度	R_r 例如 $R_{r0.2}$	规定残余伸长应力	σ_r 例如 $\sigma_{r0.2}$
抗拉强度	R_m	抗拉强度	σ_b

表 4-17 新旧标准符号对照

新标准	旧标准	新标准	旧标准	新标准	旧标准
a	a_0	—	F_p,P_ε	—	σ_s
a_u	a_1	—	F_t	R_{eH}	σ_{SU}
b	b_0	—	F_r	R_{eL}	σ_{SL}
b_u	b_1	Z	ψ	R_m	σ_b
d	d_0	m	m,W	A_e	δ_s
d_u	d_1	p	p	A_{gt}	δ_{gt}
D	D_0	π	π	A_g	δ_g
L_c	L_c,l	k	k	$A(A,A_{11.3},A_{xmm})$	$\delta(\delta_5,\delta_{10},\delta_{xmm})$
L_0	L_0,l_0	—	F_s,P_s	ε_p	ε_p
L_u	L_1	—	F_{SU},P_{SU}	ε_t	ε_t
L_0'	—	—	F_{SL},P_{SL}	ε_r	ε_r
L_u'	—	F_m	F_b,P_b	n	n
L_e	L_e	—	F_J	ΔL_m	
L_t	L	R_p	$\sigma_p,\sigma_\varepsilon$	E	—
S_0	S_0	R_t	σ_t	r	r
S_u	S_u,F_0	R_r	σ_r	—	—

4.2 高温拉伸试验性能的测定

4.2.1 试验原理及范围

高温拉伸试验是在规定温度下，对试样施加拉力，一般拉伸至断裂，以便测定拉伸力学性能。适用于试验温度在大于 35℃ 条件下测定金属材料的一项或多项拉伸力学性能。

4.2.2 定义

（1）标距：试验中任一时刻测量试样伸长所用平行部分的长度。原始标距 L_0 为施力前在室温下的试样标距。断后标距 L_u 为试样断裂后在室温下的标距。

（2）平行长度 L_c：试样两头部或两夹持部分（不带头试样）之间平行部分的长度。

（3）伸长：试验期间任一时刻原始标距 L_0 的增量。

（4）伸长率（包括断后伸长率 A、断裂总伸长率 A_t、最大力总伸长率 A_{gt} 和最大力非比例伸长率 A_g）；延伸（包括残余延伸率、非比例延伸率、总延伸率和屈服点延伸率 A_e 以及断面收缩率 Z）；应力、强度（包括抗拉强度 R_m、规定非比例延伸强度 R_p、上屈服强度 R_{eH}、下屈服强度 R_{eL}、规定总延伸强度 R_t 和规定残余延伸强度 R_r）等定义参见 4.1.2 节。

（5）引伸计标距 L_e：用引伸计测量试样延伸时，所使用试样平行长度部分的长度。

引伸计标距可以与 L_0 不同，应大于矩形横截面试样厚度、矩形横截面试样平行长度内的宽度、管纵向剖条宽度或管外径，但小于 L_c。

测定屈服强度和规定强度性能时推荐 $L_e \geqslant L_0/2$。测定屈服点延伸率和最大力时或在最大力之后的性能，推荐 L_e 等于或近似等于 L_0。

（6）最大力 F_m：试验期间试样所能抵抗的最大力。

对于特殊性能的材料，即显示特殊屈服现象的材料，相应于上屈服点的应力可能高于此后任一应力值（第二极大值）。如遇到此种情况，需要选定两个极大值中之一作为抗拉强度。

选择的极大值应符合相关产品标准或双方协议规定。

4.2.3　试验设备

（1）试验机：试验机准确度级别应符合 GB/T 16825.1 的要求，并应不低于 1 级，除非产品标准另作规定。

（2）引伸计：引伸计的准确度级别应符合 GB/T 12160 的要求。当使用引伸计测定屈服强度和规定强度性能时，应使用不低于 1 级准确度的引伸计；当测量试样有较大延伸率性能时，可以使用不低于 2 级准确度的引伸计。

引伸计标距应不小于 10mm，并置于试样平行长度的中间部位。建议优先采用能测量试样两个侧面伸长的双面引伸计。

引伸计伸出加热装置外部分的设计应能防止气流的干扰，以使环境温度的变化对引伸计的影响减至最小。最好保持试验机周围的温度和空气流动速度适当稳定。

（3）加热装置：1）加热装置应能使试样加热到规定温度。温度的允许偏差和温度梯度（温度梯度是指加热装置等产生的沿试样轴向方向存在的固定的温度差值），如表 4-18 所示。

表 4-18　温度的允许偏差和温度梯度表（℃）

规定温度	指示温度与规定温度的允许偏差	温度梯度
$\theta \leqslant 600$	±3	3
$600 < \theta \leqslant 800$	±4	4
$800 < \theta \leqslant 1000$	±5	5

加热装置的均热区应不小于试样标距长度的两倍。

对于高于 1000℃ 的试验，温度允许偏差应由有关双方协商确定。

指示温度是指在试样平行长度表面上所测量的温度。在测定各项性能时，均应使温度保持在表 4-18 规定的范围内。

2）温度测量装置最低分辨力为 1℃，允许误差应在 ±0.004θ℃（θ 为规定温度）或 ±2℃ 之内，取其最大值。

热电偶应符合 JJG 141，JJG 351 的要求，应不低于 2 级。

3）温度测量系统应在试验温度范围内检验，检验周期不超过 3 个月。如果温度测量系统能每天自动标定，或过去的连续检验已经表明无需调节测量装置均能符合标准的规定要求，校验的周期可以延长，但不得超过 12 个月。检验报告中应记录误差。应采用相应检定规程进行检验。

4.2.4　试样

4.2.4.1　形状与尺寸

（1）一般要求：试样的形状和尺寸取决于要测量力学性能的金属产品的形状和尺寸。通常从产品、压制坯或铸锭上切取样坯，机加工成试样。但具有等截面面积的产品可以不经机加工而进行试验。试样横截面形状可以为圆形、方形、矩形等，特殊情况可以为其他形状。

试样分为比例试样和非比例试样。常用试样见 GB/T 4338—2006《金属材料　高温拉伸试验方法》。

试样常采用短比例试样，原始标距不小于 15mm。当原始横截面面积太小，以致采用短比例试样不能符合这一最小要求时，可以使用长比例试样或采用非比例试样。试样的尺寸公差应符合表 4-13 和表 4-18 的要求。

（2）机加工试样：如试样夹持端与平行长度尺寸不同，在它们之间应有过渡圆弧。过渡半径的尺寸很重要，如相关的标准中对过渡半径未作规定时，建议在产品标准中规定。试样夹持端的形状应适合于试验机夹头。试样轴线应与力的作用中心线重合。对于无过渡圆弧试样，夹头间的距离均应大于原始标距。

（3）不经机加工的试样：如试样为未经机加工的产品或试棒

的一段长度，两夹头间的长度应足够，以使标记与夹头有合理的距离，参见 GB/T 4338—2006《金属材料　高温拉伸试验方法》。

4.2.4.2　试样类型

按产品的形状规定了试样的主要类型，如表 4-19 所示。

产品标准中可以规定其他试样类型。

表 4-19　试样的主要类型

产　品　类　型		相应的附录
薄板-板材	线材-棒材-型材	
0.1mm≤厚度<3mm	—	GB/T 4338—2006 中的附录 A
—	材料直径或边长<4mm	GB/T 4338—2006 中的附录 B
厚度≥3mm	材料直径或边长≥4mm	GB/T 4338—2006 中的附录 C
管　材		GB/T 4338—2006 中的附录 D

4.2.5　试验方法

4.2.5.1　原始横截面面积的测定

原始横截面面积的测量准确度取决于试样的尺寸和类型。

（1）对于厚度 0.1 ~ <3mm 薄板和薄带使用的试样类型：矩形试样横截面的宽度和厚度应在标距的中间处测量。仲裁试验时，在两端及中间处测量，取用三处中最小值，按式（4-1）计算。

试样宽度公差应满足表 4-20 要求。

表 4-20　试样宽度公差（mm）

试样标称宽度	尺寸公差	形状公差	试样标称宽度	尺寸公差	形状公差
12.5	±0.2	0.04	20	±0.5	0.05

（2）对于厚度或直径小于 4mm 的线材、棒材和型材使用的试样类型：圆形横截面产品，应在标距的中间处两个相互垂直方向各测一次，取其算术平均值。仲裁试验时，在标距的两端及中间处两个相互垂直的方向测量直径，取其算术平均值，取用三个平均直径中的最小值计算圆形横截面面积，按式（4-2）计算。

（3）对于厚度大于或等于 3mm 的板材和扁材以及直径或厚度大于或等于 4mm 线材、棒材和型材使用的试样类型：满足表 4-13 中规定公差的圆形横截面试样的原始横截面面积可以使用标称直径进行计算。其他横截面形状的试样，应根据 4.2.5.1（1）的方法测量并计算原始横截面面积。

所有的试样在测量时建议按表 4-14 选用量具或测量装置，应根据测量试样的原始尺寸计算原始横截面面积，并至少保留 4 位有效数字。

4.2.5.2　原始标距的测定及标记

同室温拉伸试验的要求。

4.2.5.3　温度的测量

热电偶测温端应与试样表面有良好的接触，并避免加热体对热电偶的直接辐射。当试样标距小于 50mm 时，应在试样平行长度内两端各固定一支热电偶；标距等于或大于 50mm 时，应在试样平行长度内两端及中间各固定一支热电偶。如果从经验中已知加热炉与试样的相对位置保证试样温度的变化不超过表 4-18 的规定时，热电偶的数目可以减少。

4.2.5.4　试样的加热

将试样逐渐加热至规定温度。加热过程中，试样的温度不应超过规定温度偏差上限。达到规定温度后至少保持 10min，然后调整引伸计零点。

4.2.5.5 施加试验力

应对试样无冲击地施加力。力的作用应使试样连续产生变形。试验力轴线应与试样轴线一致，以使试样标距内的弯曲或扭转减至最小。

4.2.5.6 试验速率

（1）规定非比例延伸强度：试验开始至达到规定非比例延伸强度期间，试样的应变速率应在 $0.001 \sim 0.005 min^{-1}$ 之间尽可能保持恒定，仲裁试验采用中间应变速率。

当试验系统不能控制应变速率时，应调节应力速率，使在整个弹性范围内试样应变速率保持在 $0.003 min^{-1}$ 以内，任何情况下，弹性范围内的应力速率不应超过 $300N/(mm^2 \cdot min)$。

（2）抗拉强度：如仅测定抗拉强度，试样的应变速率应在 $0.02 \sim 0.20 min^{-1}$ 尽量保持恒定，仲裁试验采用中间应变速率。

4.2.5.7 断后伸长率的测定

同室温拉伸试验的要求。

4.2.5.8 规定非比例延伸强度的测定

当力-延伸曲线图中有明显的弹性直线段时，使用常规平行线法测定规定非比例延伸强度；当力-延伸曲线图中没有明显的弹性直线段时，使用滞后环法和逐步逼近方法测定规定非比例延伸强度。

日常一般试验允许采用绘制力-夹头位移曲线的方法测定规定非比例延伸率（ε_p）等于或大于 0.2% 的规定非比例延伸强度。仲裁试验不采用此方法。

4.2.5.9 抗拉强度的测定

抗拉强度可采用图解法和指针法测定。

试样拉伸至断裂，从记录的拉伸曲线图上确定试验过程中达到的最大力，或从测力度盘上读取最大力。用最大力除以试样原始横截面面积得到抗拉强度。

也可以使用自动装置或自动测试系统测定抗拉强度，可以不绘制拉伸曲线图。

当材料显示特殊现象时，相应于上屈服强度点的应力可能高于此后任一应力值（第二极大值）（参见 GB/T 4338—2006）。如遇这种情况，需要选定两个极大值中之一作为抗拉强度。选择的极大值应在相关产品标准中或双方协议中规定。

4.2.5.10　断面收缩率的测定

在室温下测定断面收缩率，方法参照室温拉伸试验中断面收缩率的测定。

4.2.5.11　结果处理

试验测定的性能结果数值应按照相关产品标准的要求进行修约。如未规定具体要求，应按表 4-15 的要求进行修约。修约的方法按照 GB/T 8170。

4.2.6　试验注意事项

（1）除产品标准或协议另有规定外，试验速率应按照以下规定的要求：

1）测定规定非比例延伸强度时，试验开始至达到规定非比例延伸强度期间，试样的应变速率应在 $0.001 \sim 0.005 \mathrm{min}^{-1}$ 尽可能保持恒定。

当试验系统不能控制应变速率时，应调节应力速率，使在整个弹性范围内试样应变速率保持 $0.003 \mathrm{min}^{-1}$ 以内。任何情况下，弹性范围内的应力速率不应超过 $300 \mathrm{MPa \cdot min}^{-1}$。

2）仅测定抗拉强度时，试样的应变速率应在 $0.02 \sim 0.20 \mathrm{min}^{-1}$ 尽量保持恒定。一种试验速率到另一种试验速率的改变，应连续无冲击。

（2）确保试验过程中的温度偏差和温度梯度在标准规定的范围内。

（3）达到规定温度后至少保温 10min，方可进行试验。

4.3　硬度试验

硬度是衡量金属材料软硬程度的一种性能指标，其实质是材料抵抗另一较硬材料压入的能力。金属硬度试验是一种简单易行的力学性能测试方法。

硬度本身是一个不确定的物理量，即对同一试样，用不同方法测定的硬度值完全不同，各种硬度反映的是在各自规定的试验条件下所表现的材料弹性、塑性、强度、韧性及摩擦抗力等多种物理量的综合性能。因此，它所表示的量不仅取决于材料本身，而且还取决于试验方法和试验条件。

由于硬度能反映出金属材料在化学成分、金相组织结构和热处理工艺上的差异，因此硬度试验也是一种很好的理化分析和金相研究的方法。它已成为检验产品质量、研制新材料和确定合理的加工工艺所不可或缺的手段之一。

与其他力学性能的测试方法相比，硬度试验具有下列优点：测试方法比较简单，试样制备简单，设备简便，操作方便，测量速度快，试验效率较高；对试样的形状及尺寸适应性较强，可在各种不同尺寸的试样上进行试验，试验后试样基本不受破坏；硬度与强度之间有近似的换算关系，根据测出的硬度值就可以粗略地估算抗拉强度值。所以硬度试验在生产中得到广泛应用。

金属硬度试验结果的可比性和精确度在很大程度上取决于试样的正确选择和制备。试验面加工质量的要求取决于所采用的压头和试验力的大小。压头压入深度越小，试验面精加工的要求越高。当压痕尺寸需在显微镜下测量时，压痕要求有清晰的边缘。试验面的精加工不得改变金属的性能和影响其原有硬度。在硬度测量时试样的厚度应使背面不产生肉眼可见的变形痕迹。试验力沿压头的轴线垂直地加在试验面上，为此可采用各种形状的试样支撑台。静态压入硬度试验时，测量结果在很大程度上取决于金属材料的塑性，故施加试验力的持续时间和保持时间要严格规定。

常用的有布氏、维氏以及洛氏（HRB、HRF、HR15T、HR30T）硬度等。近来，韦氏硬度试验开始引入铜及铜合金材料检验。

硬度试验方法很多，这些方法不仅在原理上有区别，而且就是在同一种方法中也还存在着负荷、压头和标尺的不同。因此，如何根据被测试样的特性来选择一种合适的硬度试验方法和试验条件，是进行硬度试验时必须首先认真考虑的。

铜及铜合金产品的硬度检测中，所使用的硬度试验方法要根据各硬度试验方法的特点、金属材料的种类、组织结构、硬度值的高低、试件的厚度、试验面积及几何形状等多种因素考虑。从标准化角度讲，产品技术条件或协议应根据铜及铜合金产品的特点及用途对使用的硬度试验方法种类提出要求。

硬度试验法的一般选择原则为：

（1）根据被测试样估计硬度范围来选择。若对试样硬度不能做出大致的估计时，可按高硬度的材料初步选择试验方法，根据初步试验结果再进一步选择正确的方法。

（2）根据试样的形状、大小和厚薄以及处理工艺来选择。

（3）在选定一种试验方法后，如试样的大小、厚薄及硬度范围等允许，则应采用较大的试验力进行试验，以保证试验结果有较小的相对误差。

（4）为避免因换算引入误差，应尽可能选用与产品标准或技术协议相同的试验方法来进行试验。

金属的硬度试验方法虽然相对比较简单，但影响试验结果准确度和分散度的因素很多。这些因素在不同的试验方法中影响的程度也各不相同，试验方法标准化的目的就是对这些影响因素做客观的限定，以获得准确可靠和可比较的试验数据。在金属硬度试验方法中，影响试验结果的主要因素有：

（1）试验装置：试验力误差；压头硬度、形状及表面质量；压痕测量装置的分辨力和测量误差；作为综合性能，表现为硬度计的示值误差和示值重复性。

（2）试样：试样表面粗糙度和表面质量；试样和试验层厚度；试样的曲面形状和曲率半径；试样重量（动态力硬度试验）。

（3）操作方法：试样的固定与支承；加力速度及方向；试验力保持时间（静态力硬度试验）；试验条件的选择；压痕间距；压痕尺寸测量误差（静态力硬度试验）。

（4）试验结果：测量点数；试验结果的换算条件。

4.3.1　布氏硬度试验

布氏硬度试验方法，由于其压痕较大，因而硬度值受试样成分的偏析和组织的不均匀等因素的影响比较小，其试验结果分散度小，重复性好，能比较客观地反映出试样的宏观硬度，是使用最早、应用最广泛的试验方法之一。

布氏硬度试验范围上限为 650HBW。特殊材料或产品布氏硬度的试验，应在相关标准中规定。试样的试验面为平面。

4.3.1.1　试验原理

对一定直径的硬质合金球施加试验力，压入试样表面，经规定保持时间后，卸除试验力，测量试样表面压痕直径，计算式为式（4-6）：

$$HBW = \frac{F}{S} = 0.102 \times \frac{2F}{\pi D(D - \sqrt{D^2 - d^2})} \qquad (4\text{-}6)$$

式中　D——球直径，mm；

　　　F——试验力，N；

　　　d——压痕平均直径，mm，$d = (d_1 + d_2)/2$；

　d_1，d_2——分别为两相互垂直方向测量的压痕直径，mm。

布氏硬度的单位为 kgf/mm^2，这是目前各国文献中常用的单位，通常只给出数值而不写单位，如 200HB，若要换算成国际单位 MPa，需要将硬度值乘以 9.81。

为了在不同直径的压头和不同载荷下进行测试时，使得同一种材料的布氏硬度值相同，压头的直径与载荷之间要满足相似原理。相似原理是指在均质材料中，只要压入角 ϕ（即从压头圆心至压痕两端的连线之间的夹角）不变，则不论压痕大小，金属的平均抗力相等。

布氏硬度试验中只有在试验力 F 和球体直径 D 比值相同条件下所测得的硬度值才具有可比性。然而实际情况是，所测试的金属硬度不同，试样受原材料的限制而厚度不同，如果仅规定一种试验力和一种直径的球体进行试验，必然满足不了要求。因此，在实际试验中应根据试样的材料和厚度选用不同的试验力和球体直径。在这种情况下，为了使得在相同材料制成的试样上所测得的布氏硬度值相同，或者在不同的试样上所测得的结果具有可比性，就必须应用压痕相似原理来解释。

试验时只要保持 F/D^2 值为一常数，就可以使压入角 ϕ 保持不变，从而保证得到几何相似的压痕。

因此，对同一材料若选用不同的 F 和 D 进行试验时，应使 F/D^2 值保持相同的比值，即

$$\frac{F_1}{D_1^2} = \frac{F_2}{D_2^2} = \cdots = \frac{F}{D^2} = 常数$$

即只有在 F/D^2 相同的条件下，数据对比才有意义。

所以在布氏硬度测量中只要满足 F/D^2 为常数，则同一均质材料测得的布氏硬度值是相同的。不同材料测得的布氏硬度值也可以进行比较。F/D^2 的数值不是随便规定的，各种铜及铜合金材料软硬相差很大。如果只规定一个 F/D^2 的值，对于较硬的材料，压入角会太小；对于较软的材料，压入角又会很大。若压入角太小，压痕就小，测量误差就会很大。当压入角

较大但小于 90°时，压痕直径随压入深度增加有较大变化，有利于测量。但当压入角大于 90°时，随压入深度的增加，压痕变化较小。

标准中规定了 4 种直径的硬质合金球作压头，按试验力和球直径平方比率关系有多级试验力。标准中规定的 $0.102F/D^2$ 有 30、15、10、5、2.5 和 1 共 6 种。

对于不同的试验材料，当使用不同的试验力时，必须使压痕直径为 $(0.24 \sim 0.6)D$。为此在试验中，对于给定的试验材料，当确定了使用哪种直径的球后，还要考虑 F/D^2 值，以便使试验后布氏硬度压痕直径不小于 $0.24D$，也不大于 $0.60D$。

测定布氏硬度值与试验力关系的研究表明：试验开始加力后，在试验力很小时，硬度值随试验力的增加成比例上升；随着试验力的增加，当达到较大试验力时，硬度值则达到一个稳定值，继续增加试验力，硬度在一个范围内稳定，超过某一试验力后，硬度值开始降低。也就是说在一定范围的试验力内，硬度值稳定后，则与试验力的大小无关，即符合 HBW = F/S 关系。通常 $d = 0.375D$ 是理想条件，相当于曲线平坦区中部，在此条件下压入角为 136°。

规定 F/D^2 比值的意义主要是为使用不同直径压头做出的试验结果具有可比性。

4.3.1.2 符号及说明

布氏硬度符号及说明如表 4-21 所示。

表 4-21 布氏硬度符号及说明

符 号	名 称 及 说 明	单位
D	球 直 径	mm
F	试 验 力	N
d	压痕平均直径 $\left(d = \dfrac{d_1 + d_2}{2} \right)$	mm

符　号	名　称　及　说　明	单位
d_1，d_2	在两相互垂直方向测量的压痕直径	mm
h	压痕深度 $= \dfrac{D - \sqrt{D^2 - d^2}}{2}$	mm
HBW	布氏硬度 $=$ 常数 $\times \dfrac{\text{试验力}}{\text{压痕表面积}} = 0.102 \times \dfrac{2F}{\pi D \left(D - \sqrt{D^2 - d^2}\right)}$	
$0.102 \times F/D^2$	试验力和球直径平方的比率	

注：常数 $= \dfrac{1}{g_n} = \dfrac{1}{9.80665} = 0.102$；$g_n$ 为标准重力加速度。

4.3.1.3　试验方法

试验一般在室温（10~35℃）下进行。试验力的选择应保证压痕直径为 $(0.24 \sim 0.60)D$。试验力和压头球直径平方的比率（$0.102 \times F/D^2$ 比值）应根据铜及铜合金材料的硬度值选择，如表 4-22 所示。

表 4-22　铜及铜合金材料的试验力与压头球直径平方的比率

布氏硬度 HBW	试验力与压头球直径平方的比率 $0.102F/D^2$	布氏硬度 HBW	试验力与压头球直径平方的比率 $0.102F/D^2$
<35	5	>200	30
35~200	10		

当试样尺寸允许时，应优先选用直径 10mm 的压头球进行试验。

试样应稳固地放置在刚性试台上，以保证在试验过程中不产生位移。试验时，必须保证试验力方向与试样的试验面垂直。

试验时应使压头与试样表面接触，无冲击和震动地垂直于试样表面施加试验力，直至达到规定试验力值。从加力开始至施加完全部试验力的时间应为 2~8s。试验力保持时间一般为 10~15s。

对于要求试验保持时间较长的材料，试验力保持时间允许误差为 ±2s。

试验期间硬度计不应受到影响试验结果的冲击和震动。

两相邻压痕中心间距离至少应为压痕平均直径的 3 倍；任一压痕中心距试样边缘距离至少应为压痕平均直径的 2.5 倍。

应在两相互垂直方向测量压痕直径。用两个读数的算术平均值计算布氏硬度值，或查表得到。

4.3.1.4 试样

试样表面应光滑平坦，无氧化皮及外来污物，尤其不应有油脂。试样表面应能保证压痕直径的精确测量，表面粗糙度 R_a 不大于 1.6μm。

制备试样时，应使过热或冷加工等因素对表面性能的影响减至最小。

试样厚度至少应为压痕深度的 8 倍。试样最小厚度与压痕直径的关系如表 4-23 所示。试验后，试样背面不得有肉眼可见变形痕迹。如试样背面出现可见变形，则表明试样太薄，则需变更试验条件。

表 4-23　布氏硬度压痕平均直径与试样最小厚度关系表（mm）

压痕平均直径 d	试样最小厚度 球直径				压痕平均直径 d	试样最小厚度 球直径			
	$D=1$	$D=2.5$	$D=5$	$D=10$		$D=1$	$D=2.5$	$D=5$	$D=10$
0.2	0.08				1.2		1.23	0.58	
0.3	0.18				1.3		1.46	0.69	
0.4	0.33				1.4		1.72	0.8	
0.5	0.54				1.5		2	0.92	
0.6	0.8	0.29			1.6			1.05	
0.7		0.4			1.7			1.19	
0.8		0.53			1.8			1.34	
0.9		0.67			1.9			1.5	
1		0.83			2			1.67	
1.1		1.02			2.2			2.04	

压痕平均直径 d	试样最小厚度				压痕平均直径 d	试样最小厚度			
	球直径					球直径			
	$D=1$	$D=2.5$	$D=5$	$D=10$		$D=1$	$D=2.5$	$D=5$	$D=10$
2.4			2.46	1.17	4.4				4.08
2.6			2.92	1.38	4.6				4.48
2.8			3.43	1.6	4.8				4.91
3			4	1.84	5				5.36
3.2				2.1	5.2				5.83
3.4				2.38	5.4				6.33
3.6				2.68	5.6				6.86
3.8				3	5.8				7.42
4				3.34	6				8
4.2				3.7					

4.3.1.5　硬度计

硬度计和压痕测量装置应符合 GB/T 231.2—2002《金属布氏硬度试验　第 2 部分：硬度计的检验与校准》的规定。

在测量前需用标准块对硬度计进行校准。

（1）布氏硬度计的直接检验：检验中要检查试验力、压头、压痕测量装置及试验力施加和保持时间。

1）测量的试验力误差在试验力标准值的 ±1.0% 之内为合格。

2）压头球体应是硬质合金材料制成，其维氏硬度值不低于 1500HV10。

3）布氏硬度压痕装置：布氏硬度压痕装置的准确度对于获得正确的布氏硬度试验结果十分关键，关于压痕测量装置误差对布氏硬度的影响，可从式（4-7）计算出：

$$\frac{\Delta HB}{HB} = \frac{1}{HB} \cdot \frac{\partial HB}{HB} \cdot \Delta d \approx -\frac{2\Delta d}{d} \tag{4-7}$$

从式（4-7）可以看出，压痕测量相对误差会引起布氏硬度值相对误差的 2 倍变化，当压痕测量误差为 ±0.5%d 时，布氏硬度值误差达 ±1%。

标准中对布氏硬度压痕测量装置的要求：当测量压痕直径时，装置的最大允许误差在 ±0.5% 之内；测量压痕投影区域时，要求最大允许误差为 ±1%。另外，布氏硬度压痕测量装置的标尺分度应能估测到压痕直径的 ±0.5% 之内。当使用间接方法检验布氏硬度压痕测量装置时，可以使用间接检验硬度计的各级标准硬度块来进行，用每一个标准块上其中一个标准压痕直径进行比较，其相对误差应不大于 ±1%。

（2）布氏硬度计的间接检验：间接检验使用标准硬度块进行，根据不同的试验力和各种尺寸压头球直径，在下列硬度范围至少选两个标准块：

≤200HBW；300~400HBW；≥500HBW

检验时，在每一标准块上均匀分布地压 5 个压痕，将压痕平均直径按递增次序排列：d_1、d_2、d_3、d_4、d_5，其相对应的硬度值分别为 H_1、H_2、H_3、H_4、H_5。

布氏硬度计的示值重复性为 $d_5 - d_1$；

布氏硬度计的示值误差 $\overline{H} - H$。

式中 $\overline{H}$——5 个压痕硬度的平均值，$\overline{H} = (H_1 + H_2 + H_3 + H_4 + H_5)/5$；

H——标准块的标定硬度值。

布氏硬度计的示值重复性和示值误差应符合表 4-24 的规定。

表 4-24 布氏硬度计的示值重复性和示值误差

标准块硬度 HBW	硬度计示值重复性的 最大允许值/mm	硬度计示值误差的 最大允许值（相对 H）/%
≤125	0.030$\overline{d}$	±3
125 < HBW ≤ 225	0.025$\overline{d}$	±2.5
>225	0.020$\overline{d}$	±2

4.3.1.6　布氏硬度试验的优缺点

优点：该方法硬度代表性全面，压痕较大，试验结果分散度小，重复性好，具有较高的测量精度，能比较客观地反映出试样的宏观硬度。对于组织不均匀金属材料，通常只有用布氏硬度测定才能获得可比性好而分散度较小的平均硬度值。由于布氏硬度值与其他力学性能之间存在着一定的近似关系，因而在工程上得到了广泛的应用。

缺点：操作时间长，对不同材料的试样需要更换压头和试验力，压痕测量也较费时。布氏硬度测定时压痕大而且较深，一般不宜用于测定薄板、带材及薄壁管材。

4.3.1.7　影响试验结果的主要因素

硬度计的准确度、试验条件、试样和人为误差是影响布氏硬度试验结果的主要因素。

（1）试验力和硬质合金球直径的影响：当硬质合金球直径一定而要改变负荷时，由于产生了不相似的压痕形状和不同应变状态，所测得的硬度值有较大的差别。试验表明，一般情况下，硬度值随着负荷的增加而增加。

当负荷一定时，硬质合金球直径的大小对布氏硬度值也有影响。试验结果表明，用小直径的硬质合金球测出的 HBW 比用大直径硬质合金球测出的大。

因此要取得材料的准确、可靠的布氏硬度值，除了要严格按试验规范进行试验外，对硬度计应进行定期检定。

（2）试样被测面倾斜的影响：会使施加的试验力的垂直分量减小，相切于试样被测面的试验力分量增加，总体上使测得的硬度值偏低。

（3）机械加工的影响：金属的加工硬化能提高其硬度值，对铜及铜合金等加工硬化程度大的金属提高得更高。

（4）两压痕之间的距离及压痕至试样边缘的距离的影响：

若压痕之间距离过小，由于受邻近压痕形变硬化的影响，则使测试结果偏高；压痕距试样边缘近，则因变形过大使测试硬度值偏低。

（5）试样表面不清洁的影响：如果试样表面有油污，会减小压头和试样表面接触的摩擦力，虽为压头压入试样创造良好的润滑条件，但试验结果稍有降低。

4.3.1.8 试验注意事项

（1）试验压痕直径的范围应为 $0.24D \leqslant d \leqslant 0.6D$，否则测量结果无效。由于压痕周围存在变形硬化现象，所以要求相邻两个压痕中心间的距离不小于 $3d$，任一压痕中心距试样边缘的距离至少不小于 $2.5d$，试件厚度不小于压痕深度的 8 倍。

（2）在不同压入条件下，在试样上压出的几个几何形状相似的压痕所得结果不能加以比较。若想使布氏硬度试验结果具有可比性，必须满足相似性条件，即将 $0.102F/D^2$ 保持为常数。

（3）试样应稳固地放置在刚性的支承台上。放置试样前应对试样支承面及试样表面进行清洁，以保证试样背面和支承物之间没有杂质和污物，如氧化皮、油脂、尘土等。

试样稳固地放置可以使试样在试验过程加力时不产生位移和挠曲。对于长试件的试验，应有专用的支承架支承，以保证试样试验中的稳固。否则，试验中产生的位移或局部变形，会使试验力不能有效地施加于试样上，而引起试验结果不准确。

对于经机加工的试样，要使试样面和支承面平行，以使试验力作用方向与试验面垂直。对于异型试样，应使用适当的支承物，满足上述要求。

（4）试验加力过程应平稳进行。对于硬度较低的材料，可能在规定时间内试样的塑性变形过程尚未结束，这会影响获得材料真实的硬度，此时可以延长试验力保持时间，允许偏差在 $\pm 2s$ 内（对铜及铜合金材料，一般硬度值在中低范围内，试验力保持时间为 30s）。

（5）布氏硬度压痕的直径测量误差产生于压痕测量装置和压痕测量技术，试验标准中对压痕的测量做了原则规定，即应在两相互垂直方向测量压痕直径，用两读数的平均值代入式(4-6)计算布氏硬度。另外，对于某些硬度计，可用多次压痕直径对称测量的平均值，或压痕表面投影面积数值计算压痕表面积，从而计算出布氏硬度值。

由于布氏硬度压痕直径相对误差会引起布氏硬度值两倍的误差，因此布氏硬度压痕直径的测量技术十分重要。当使用同一台压痕测量装置时，对于同一压痕，不同测试人员测得的结果会有不同程度的差别，同一测试人员多次测量的结果也会有所不同，这主要是由于对线和读数的判别所引起。对线的误差不但与压痕边缘的清晰程度有关，而且与压痕边缘状态有关。试样表面的压痕边缘的凸起、凹陷或圆滑过渡均会使压痕直径的测量产生较大误差。采用合理的角度照明，使压痕与试样表面形成明显的反差，对于减少测量误差是有益的。

（6）在布氏硬度试验中，压痕之间和压痕距试样边缘应有一定的距离。压痕距离过近，在第一个压痕周围产生的变形硬化区会使其后试验所产生的压痕变形受到阻碍。同时，第二个压痕变形的扩展也会引起第一个压痕对沿直径方向产生变化。压痕中心距试样边缘距离也不应过小，如果太小，试样边缘处会发生明显塑性变形而引起压痕畸形。

（7）在可能的条件下应尽量避免布氏硬度与其他硬度或抗拉强度的换算。因为硬度试验是在规定条件下进行的，包括试验力的大小、压头的形状、压入深度和压下的表面积以及试样的硬化层深度等条件。这样用特定条件下的试验数据换算成其他条件下的硬度值，必然有一定误差。

但是对某些材料，当进行了大量的对比试验，对试验数据进行统计处理之后，是可以将布氏硬度换算成其他硬度或抗拉强度的。但应注意此换算也是近似的。而且只有当材料结构组织一致时，才能得到较精确的结果。

（8）布氏硬度计工作期间的常规检查对保证试验结果准确性很重要。

在使用中，由于一些运动部件的工作会使布氏硬度计的性能发生变化，如加力系统刀刃的磨损和刀承垫的松动或位移、加力杠杆的变形所引起杠杆比的变化所导致的试验力不准，以及控制加力杠杆下沉位置的定位块的位置变动等，对压痕测量仪器（如镜片或镜头松动等）试验结果的准确性均会有影响。

因此建议使用标准硬度块对硬度计每天检查一次。检查中应首先进行预压，预压时做的两个压痕主要起到使压头处于稳定状态，不作为正式检查数据。然后在标准块上压出压痕，所使用的标准块的硬度值应和试验的材料硬度一致或接近，用测量或计算的布氏硬度值与标准块的标准硬度值比较，它们之间的差应符合表 4-24 中示值误差的要求。如果示值误差大于标准规定，则应对布氏硬度计做直接检验，检查试验力、压头及压痕测量装置，找出原因。

4.3.2 洛氏硬度试验

洛氏硬度标尺及适用范围如表 4-25 所示。

表 4-25 洛氏硬度标尺及适用范围

洛氏硬度标尺	硬度符号	压头类型	初试验力 F_0/N	主试验力 F_1/N	总试验力 F/N	洛氏硬度范围
A	HRA	金刚石圆锥	98.07	490.3	588.4	20~88HRA
B	HRB	直径1.5875mm 球	98.07	882.6	980.7	20~100HRB
C	HRC	金刚石圆锥	98.07	1373	1471	20~70HRC
D	HRD	金刚石圆锥	98.07	882.6	980.7	40~77HRD
E	HRE	直径3.175mm 球	98.07	882.6	980.7	70~100HRE
F	HRF	直径1.5875mm 球	98.07	490.3	588.4	60~100HRF
G	HRG	直径1.5875mm 球	98.07	1373	1471	30~94HRG
H	HRH	直径3.175mm 球	98.07	490.3	588.4	80~100HRH
K	HRK	直径3.175mm 球	98.07	1373	1471	40~100HRK

续表 4-25

洛氏硬度标尺	硬度符号	压头类型	初试验力 F_0/N	主试验力 F_1/N	总试验力 F/N	洛氏硬度范围
15N	HR15N	金刚石圆锥	29.42	117.7	147.1	70~94HR15N
30N	HR30N	金刚石圆锥	29.42	264.8	294.2	42~86HR30N
45N	HR45N	金刚石圆锥	29.42	411.9	441.3	20~77HR45N
15T	HR15T	直径 1.5875mm 球	29.42	117.7	147.1	67~93HR15T
30T	HR30T	直径 1.5875mm 球	29.42	264.8	294.2	29~82HR30T
45T	HR45T	直径 1.5875mm 球	29.42	411.9	441.3	10~72HR45T

注：使用钢球压头的标尺，硬度符号后面加"S"。使用硬质合金球压头的标尺，硬度符号后面加"W"。

4.3.2.1   符号及名称

洛氏硬度试验的符号及名称如表 4-26 所示。

表 4-26   洛氏硬度试验的符号及名称

符　号	名称及意义	单位	符号	名称及意义	单位
F_0	初试验力	N	S	给定标尺的单位：对于洛氏硬度为 0.002；对表面洛氏硬度为 0.001	mm
F_1	主试验力	N			
F	总试验力	N			
HRA, HRC, HRD	洛氏硬度 = $100 - \dfrac{h}{0.002}$		N	给定标尺的硬度数：当使用金刚石圆锥压头时，满程硬度数为 100；当使用球头时，满程硬度数为 130；对于表面洛氏硬度试验，满程硬度数均为 100	
HRB, HRE, HRF, HRG, HRH, HRK	洛氏硬度 = $130 - \dfrac{h}{0.002}$		h	卸除主试验力后，在初试验力下压痕残留的深度（残余压痕深度）。 在试验中，首先施加初试验力，然后施加主试验力，在总试验力下保持规定时间后，卸除主试验力，在保持初试验力的条件下测量的压痕深度即为残余压痕深度 h	
HRN, HRT	表面洛氏硬度 = $100 - \dfrac{h}{0.001}$				

4.3.2.2 试验原理

将压头（金刚石圆锥、钢球或硬质合金球）在初试验力及总试验力的先后作用下压入试样表面，经规定保持时间后，卸除主试验力，测量在初试验力下的残余压痕深度 h。

根据 h 值及常数 N 和 S（见表4-26），用式（4-8）计算洛氏硬度：

$$洛氏硬度 = N - \frac{h}{S} \tag{4-8}$$

洛氏硬度试验使用测量压痕深度的原理计算硬度值。试验时，对试样首先施加初试验力 F_0，产生一个压痕深度 h_0，然后施加主试验力 F_1，此时产生一个压痕深度增量 h_1。第二个步骤是在总试验力作用下进行的，总压痕深度为 $h_0 + h_1$。在此条件下经过规定保持时间后，卸除主试验力，测量在初试验力下的残留的压痕深度。洛氏硬度与表面洛氏硬度的区别在于：洛氏硬度单位为 0.002mm；表面洛氏硬度单位为 0.001mm。

洛氏硬度试验中，试样在主试验力 F_1 的作用下，所产生的压入深度中包括两部分变形，即弹性变形和塑性变形，当去除 F_1 后，弹性变形得到恢复，在保持初始试验力 F_0 的条件下，试样上所产生的压入深度为残余压痕深度。

金刚石圆锥压头一般用于测定硬度值较高的金属材料，压头压入深度通常不超过 0.2mm。试验方法是将 0.2mm 作为标尺，划分为 100 等分，则无论对哪类指示装置（表盘式、刻度式或数显式），每个洛氏硬度单位均为 0.2mm/100 = 0.002mm。为了做到硬度值越高所指示的数值越大，对残余压入深度为 0.2mm 时规定洛氏硬度值为零，而对残余压入深度为零时定为 100。用满刻度与残余压痕深度之差则可示出洛氏硬度值的高低，即此差值越大，洛氏硬度越高，反之亦然。为了使残余压痕深度用硬度数表示，引入了 h/s 的概念，即 h/s = 残余压痕深度（mm）/洛氏硬度单位（0.002mm）。这样对于金刚石圆锥压头的试验 $HR = 100 - h/s$。

当用球压头进行洛氏硬度试验时，一般用于较软金属材料的硬度测试。由于压入深度较大，标准中规定将0.26mm划分130等分，每个洛氏硬度单位仍为0.002mm，这样 $HR = 130 - h/s$。

对于表面洛氏硬度试验，由于施加的试验力比洛氏硬度试验时要小，因此标准中将0.1mm作为标尺划分为100等分，则表面洛氏硬度的单位为0.001mm，而且对金刚石圆锥压头和球压头，表面洛氏硬度的单位均相同。

在洛氏硬度试验中，施加初试验力主要是为了确定压入深度的起点，消除压头、试样和工作台之间的间隙以及试样表面凹凸不平对硬度显示值的影响，保证试验结果的正确性。

4.3.2.3　应用范围

（1）表面洛氏硬度试验：由于表面洛氏硬度试验的试验力较小，因此表面洛氏硬度试验可用于测定洛氏硬度试验方法不易测定的厚度或壁厚较薄的铜及铜合金板带材、管材的表面硬度。

该试验方法采用测深原理指示硬度值，加之试验力很小，压入深度浅，因此影响试验结果的因素较多。另外，该试验方法不适于测定组织粗大及不均匀的金属，为了保护压头，也不适于测定表面有微气孔、浅表面有缺陷的材料。

（2）洛氏硬度试验：在金属洛氏硬度试验标准中，对于铜及铜合金材料，常用的标尺及适用范围如表4-27、表4-28所示。

表 4-27　洛氏硬度用金刚石圆锥压头的标尺

洛氏硬度标尺	初始试验力 F_0/N	总试验力 F/N	标尺适用范围
HRA	98.07	588.4	20~88
HRC	98.07	1471	20~70

表 4-28　洛氏硬度用直径 1.5875mm 的球压头的标尺

洛氏硬度标尺	初始试验力 F_0/N	总试验力 F/N	标尺适用范围
HRB	98.07	980.7	20~100
HRF	98.07	588.4	60~100
HRG	98.07	1471	30~94

HRA、HRC 主要用于测定很硬材料的洛氏硬度，如经过热处理的高强度铜合金等。

HRB 是在铜合金材料中应用较广的洛氏硬度标尺。当材料硬度小于 20HRB 时，试样在试验力作用下变形会持续较长时间，使试验数据产生较大误差。另外，在低硬度时压头球与试样接触面过大，所以 HRB 下限为 20。为防止硬度太高而造成的压头球变形，同时较浅的压入深度会使深度的测量误差加大，硬度的测量上限规定为 100。

HRF 主要用于测定硬度较低的金属材料，如退火后的铜合金；由于采用的总试验力较低，也可以测量软质的薄板、薄壁管材的洛氏硬度。

HRG 可用于测量铜-镍-锌及铜-镍合金的洛氏硬度，由于使用的总试验力较大，为防止压头球在试验中产生过大变形，其上限规定为 94。

4.3.2.4 试验方法

洛氏硬度试验操作方法的正确性和一致性对于获得准确可靠的试验数据和试验室间可相互比较的结果十分重要。

试验一般在 10～35℃室温下进行。对于温度要求严格的试验，应控制在(23±5)℃之内。试验前，应使用与试样硬度值相近的标准洛氏硬度块对硬度计进行校验。

A 试样的支撑

试样应稳固地放置在刚性试台上，以保证在试验过程中不产生位移。试验时，必须保证试验力方向与试样的试验面垂直。应对圆柱形试样做适当支撑，尤其应注意使压头、试样、V 形槽与硬度计支座中心对中。

（1）平面试样：对于加工的洛氏硬度试样，试样支承面与试验面不平行度的程度达到 1°夹角时，对试验结果会有一定影响。其中对 C 标尺影响较大，对低硬度影响较小。其趋势是压入深度越小，在同一平行度下对洛氏硬度示值影响越大。

一般认为，当试样不平行度为 0.5% ~ 1% 时，对试验结果的影响则可以忽略。对于特殊形状试样和不宜加工的零部件，可采用各种形状的支承物以保证试样试验面与试台台面的平行度。

对于有斜度的工件，要加工与斜面试样配合的支承块，以使加力方向垂直于试验面，为使试样放置稳定，在支撑块与工件尖角部分应加工出空隙。对于试验部分悬空的平面工件，由于直接对试验部分加力时会产生明显弹性变形，去除主试验力后弹性回复，实际上造成该工件在试验过程中局部产生位移，使洛氏硬度示值偏低，此时应对悬空部分直接支承，并用适当压块压紧试样，以克服试样伸出部分重力产生的力矩。

（2）圆柱形试样：对于圆棒试样应使用 V 形槽支承块，否则工件在施加试验力时易产生移动，而且曲面的最高点不易与压头中心对正。硬度计的 V 形槽支承块是与硬度计相配的，即 V 形槽对称面与压头中心在同一平面上。对于不等直径的圆柱形试样，如测试直径较小圆柱表面硬度时，由于试样试验部分悬空，此时应将试验部分置于 V 形支承块上并用相配合的压块压紧。如果是管材试样，则应在孔内配合相应的支承物，否则试验中由于主试验力作用使管材产生弹性变形而影响洛氏硬度示值。

（3）圆锥试样：对于实心圆锥试样的试验，一方面要保证锥面与压头作用力方向垂直，另一方面还要保证压头作用力方向与锥体轴线一致，否则不但测试的结果误差偏大，而且易损坏压头。中空的圆锥则要用相配合的支承物支承，以使试验部分在试验中不产生移动和弹性变形。

（4）曲面试样：对于有曲率的其他形状试样，要做支承和固定，原则上确保压头作用力方向与试验部位最高点的水平线垂直并且正确对中。

（5）薄板、带材料的试验：在表面洛氏硬度试验中，要注意的是由于薄板有时有轻微的挠曲，在试验时一定要注意试样挠曲的凹面应朝向压头，挠曲部分应与试台紧密接触，否则在压入过程中由于试样的变形，使试样与试台空隙在压头作用下的位移会带入压入深度中，使洛氏硬度示值不准确。

对于薄产品 HR30Tm 的试验要求，与 HR30T 的条件相似，但经协商允许压痕在试样背面出现变形痕迹。

HR30Tm 试验可以用于小于 0.6mm 直至产品标准中给出的最小厚度产品，硬度在 80HR30T 以下。当产品标准规定 HR30Tm 时，使用本方法。试验中，除了符合 HR30T 试验条件外，还应满足：试样支座应使用直径约 4.5mm 厚的金刚石平板，支座面应与压头轴线垂直，并与压头中心对中，稳固的安装于硬度计试台上。

B 试验力保持时间

对试验力保持时间的规定有两个作用，一个是使试验材料在总试验力作用下塑性变形基本结束，另一个就是按统一的试验力保持时间进行试验操作使试验数据具有可比性。

当施加主试验力后，材料的塑性变形要延长一段时间，塑性变形的大小及延长时间与材料硬度值高低和塑性变形特性有关。在一般情况下，对同一材料，硬度值越高，塑性变形过程越快，因此在低硬度值条件下要比在高硬度值时总试验力保持时间长些，才能完成塑性变形过程，使洛氏硬度示值趋于稳定。共同的趋向是，随着试验力保持时间延长，硬度值相应降低，达到一定时间趋于稳定。

标准将试验力施加和保持时间规定如下：使压头与试样表面接触，无冲击和震动地施加初试验力 F_0，初试验力保持时间不应超过 3s；

无冲击和振动地将测量装置调整至基准位置，从初试验力施加到主试验力的时间为 1~8s，总试验力保持时间为 (4±2)s。卸除主试验力后，保持初始试验力，经过短时间稳定后，从相应的标尺刻度上读出硬度值。

规定较短的试验力保持时间主要是为了提高试验效率，也是为了统一试验条件。

对于低硬度铜及铜合金材料，经协商，试验力保持时间可以延长，允许偏差 ±2s。

C　压痕间距

两相邻压痕中心间距离至少应为压痕直径的 4 倍，并且不应小于 2mm；任一压痕中心距试样边缘距离至少应为压痕直径的 2.5 倍，并且不应小于 1mm。

D　洛氏硬度试验结果的表示

A 和 C 标尺洛氏硬度用硬度数、符号 HR 和使用的标尺字母表示。如：59HRC 表示用 C 标尺测得的洛氏硬度值为 59。

B、F 和 G 标尺洛氏硬度用硬度数、符号 HR 和使用的标尺及球压头符号（钢球为 S，硬质合金球为 W）表示。如：60HRBW 表示用硬质合金球压头在 B 标尺上测得的洛氏硬度值为 60。

N 标尺表面洛氏硬度用硬度数、符号 HR、试验力数值（总试验力）及使用的标尺表示。如：70HR30N 表示用总试验力为 294.2N 的 30N 标尺测得的表面洛氏硬度值为 70。

T 标尺表面洛氏硬度用硬度数、符号 HR、试验力数值（总试验力）、使用的标尺及球压头类型符号表示。如：40HR30TS 表示用钢球压头在总试验力为 294.2N 的 30T 标尺测得的表面洛氏硬度值为 40。

E　其他要求

（1）试验过程中，硬度计应避免冲击和振动。

（2）施加初始试验力时，指针或指示线不得超过硬度计规定范围，否则应卸除初始试验力，在试样另一位置试验。

（3）如无其他规定，每个试样上的试验点数不少于 4 点，第 1 点不计。

（4）试验结果处理：试验报告中给出的洛氏硬度值至少应精确至 0.5HR；

（5）对于凸圆柱面和凸球面上测得的洛氏硬度值，应按表 4-29～表 4-33 进行修正。

表 4-29　在凸圆柱面上试验的洛氏硬度修正值（N 标尺）

表面洛氏硬度读数	曲面半径/mm					
	1.6	3.2	5	6.5	9.5	12.5
20	(6)	3	2	1.5	1.5	1.5
25	(5.5)	3	2	1.5	1.5	1
30	(5.5)	3	2	1.5	1	1
35	(5)	2.5	2	1.5	1	1
40	(4.5)	2.5	1.5	1.5	1	1
45	(4)	2	1.5	1	1	1
50	(3.5)	2	1.5	1	1	1
55	(3.5)	2	1.5	1	0.5	0.5
60	3	1.5	1	1	0.5	0.5
65	2.5	1.5	1	0.5	0.5	0.5
70	2	1	1	0.5	0.5	0.5
75	1.5	1	0.5	0.5	0.5	0
80	1	0.5	0.5	0.5	0	0
85	0.5	0.5	0.5	0.5	0	0
90	0	0	0	0	0	0

注：1. 修正值仅为近似值，代表从表中给出曲面上实测平均值。精确至 0.5 个表面洛氏硬度单位。

　　2. 圆柱面试验结果受主轴及 V 形试台与压头同轴度，试样表面粗糙度及圆柱面平直度综合影响。

　　3. 对表中其他半径的修正值，可用线性内插法求得。

　　4. 括号内的修正值经协商后方可使用。

表 4-30　在凸圆柱面上试验的洛氏硬度值修正表（T 标尺）

表面洛氏硬度读数	曲面半径/mm						
	1.6	3.2	5	6.5	8	9.5	12.5
20	(13)	(9)	(6)	(4.5)	(3.5)	3	2
30	(11.5)	(7.5)	(5)	(4)	(3.5)	2.5	2
40	(10)	(6.5)	(4.5)	(3.5)	3	2.5	2
50	(8.5)	(5.5)	(4)	3	2.5	2	1.5

表面洛氏硬度读数	曲面半径/mm						
	1. 6	3. 2	5	6. 5	8	9. 5	12. 5
60	(6. 5)	(4. 5)	3	2. 5	2	1. 5	1. 5
70	(5)	(3. 5)	2. 5	2	1. 5	1	1
80	3	2	1. 5	1. 5	1	1	0. 5
90	1. 5	1	1	0. 5	0. 5	0. 5	0. 5

注：1. 修正值仅为近似值，代表从表中给出曲面上实测平均值。精确至 0. 5 个表面洛氏硬度单位。

2. 圆柱面试验结果受主轴及 V 形试台与压头同轴度，试样表面粗糙度及圆柱面平直度综合影响。

3. 对表中其他半径的修正值，可用线性内插法求得。

4. 括号内的修正值经协商后方可使用。

表 4-31 在凸圆柱面上试验的洛氏硬度修正值（A、C 标尺）

洛氏硬度读数	曲面半径/mm								
	3	5	6. 5	8	9. 5	11	12. 5	16	19
20				2. 5	2	1. 5	1. 5	1	1
25			3	2. 5	2	1. 5	1	1	1
30			2. 5	2	1. 5	1. 5	1	1	0. 5
35		3	2	1. 5	1. 5	1	1	0. 5	0. 5
40		2. 5	2	1. 5	1	1	1	0. 5	0. 5
45	3	2	1. 5	1	1	1	0. 5	0. 5	0. 5
50	2. 5	2	1. 5	1	1	0. 5	0. 5	0. 5	0. 5
55	2	1. 5	1	1	0. 5	0. 5	0. 5	0. 5	0
60	1. 5	1	1	0. 5	0. 5	0. 5	0. 5	0	0
65	1. 5	1	1	0. 5	0. 5	0. 5	0. 5	0	0
70	1	1	0. 5	0. 5	0. 5	0. 5	0. 5	0	0
75	1	0. 5	0. 5	0. 5	0. 5	0. 5	0	0	0
80	0. 5	0. 5	0. 5	0. 5	0. 5	0	0	0	0
85	0. 5	0. 5	0. 5	0	0	0	0	0	0
90	0. 5	0	0	0	0	0	0	0	0

表 4-32   在凸柱面上试验的洛氏硬度修正表（B、F 和 G 标尺）

洛氏硬度 读数	曲面半径/mm						
	3	5	6.5	8	9.5	11	12.5
20				4.5	4	3.5	3
30			5	4.5	3.5	3	2.5
40			4.5	4	3	2.5	2.5
50			4	3.5	3	2.5	2
60		5	3.5	3	2.5	2	2
70		4	3	2.5	2	2	1.5
80	5	3.5	2.5	2	1.5	1.5	1.5
90	4	3	2	1.5	1.5	1.5	1
100	3.5	2.5	1.5	1.5	1	1	0.5

表 4-33   在凸球面上试验 C 标尺洛氏硬度修正值

洛氏硬度 读数	凸球面直径 d/mm								
	4	6.5	8	9.5	11	12.5	15	20	25
55HRC	6.4	3.9	3.2	2.7	2.3	2	1.7	1.3	1
60HRC	5.8	3.6	2.9	2.4	2.1	1.8	1.5	1.2	0.9
65HRC	5.2	3.2	2.6	2.2	1.9	1.7	1.4	1	0.8

4.3.2.5 试样

A   对洛氏硬度试样表面质量的要求

在洛氏硬度试验中，试样的制备与质量对试验结果影响较大，因此标准中对试样表面质量、试样厚度以及曲面试样的试验做了明确规定。

试样表面应光滑平坦，无氧化皮及外来污物，尤其不应有油脂；建议试样表面粗糙度 R_a 不大于 0.8μm，产品或材料标准另有规定除外。在制备过程中，应尽量避免对试样表面硬度的影响。

需注意两点：一点是尽可能保证试验面是平面，这主要是针对加工的试样而言，由于洛氏硬度测量原理是通过测量压痕深度而计算硬度值的，所以理想的表面是平面。然而对于许多试样和半成品来说可能是曲面，曲面上测得的洛氏硬度值误差要比平面上大，所以曲面修正值本身就是近似的。另外，压头轴线应在曲面最高点试验，对中的偏差也往往是造成曲面硬度值误差较大的原因。另一点是表面粗糙度。过于粗糙的试样表面会使测定的洛氏硬度值偏低和数据分散度加大，因此标准中规定 R_a 不大于 $0.8\mu m$，尤其是对于进行机加工的试样。

试验表明，试样表面粗糙度值大于 $0.8\mu m$ 时，随着粗糙度的增加，洛氏硬度值下降；表面粗糙度小于 $0.8\mu m$ 时，洛氏硬度值变化很小，说明表面粗糙度在 $0.8\mu m$ 时符合试验要求。

试样表面粗糙度的增加表明微观上表面的凹凸不平幅度变大，在相同的试验力作用下压头压入的深度更大些，因此在较粗糙的试样上反映出的洛氏硬度值偏低。

B　对洛氏硬度试样厚度的要求

在洛氏硬度试验中，对于各种试验条件，即不同压头类型、不同试验力和不同硬度值条件下，因压头压入深度不同，要求试样具有足够的厚度，否则试样压痕底部区域的应变硬化会传到支承物上，使试验结果不准确。

从理论上讲，试样的最小厚度应通过对压痕的弹性-塑性变形及硬化深度的试验来确定。在实际试验中，压头种类、总试验力以及材料的不同，使得这样的试验研究变得复杂起来，从制定合理的规定这个角度出发，用实验数据进行研究和确定试样的最小允许厚度较为实际。

通过相关的试验可以看出这样的趋向：

（1）对于 A 标尺和 C 标尺，当试样厚度超过残余压痕深度 10 倍时；对于 B 标尺超过残余压痕深度 15 倍时，对试验结果均无影响。

（2）当试样背面出现由于压痕引起的变形时，试验结果偏低。

（3）当试样厚度减至一定值时，硬度值反而升高，在此条件下得到的硬度值更不准确。

标准规定：试验后，试样的背面不得有肉眼可见的变形痕迹。对于金刚石圆锥压头进行的试验，试样和试验层厚度应不小于残余压痕深度的 10 倍；对于用球压头进行的试验，试样或试验层厚度应不小于残余压痕深度的 15 倍。但对于薄产品 HR30Tm 另有规定，对试样最小厚度的要求除了与 HR30T 规定相似之外，还规定了经协商允许在试样背面出现变形痕迹。

C 对曲面试样洛氏硬度值的修正

根据洛氏硬度试验原理，洛氏硬度都是以平面为准测定的。通过曲面-平面对比试验的结果表明，在不同直径圆柱试样上测得的洛氏硬度值均比在平面上测得的结果偏低。这是由于在施加试验力时，压头刚刚与曲面接触的瞬间，圆柱面最高点与平面试样处于同一位置，施加试验力后，压入曲面试样的深度由于相对阻力较小而大于压入平面的深度，因此，曲面洛氏硬度值低于平面洛氏硬度值。圆柱直径越小，对于同样压入深度，曲面试样比平面试样所缺少的体积越多，对变形的抗力越低，反映出的洛氏硬度值越低。对于同一直径圆柱试样，在高硬度下与平面洛氏硬度值的差值比低硬度值条件下要小。

圆柱曲面与平面洛氏硬度值的差只与洛氏硬度值的高低和圆柱试样的直径有关，而与材料无关。

4.3.2.6 硬度计

用于进行洛氏硬度试验的硬度计应经计量检定合格。

洛氏硬度计的质量是影响洛氏硬度试验结果准确度的主要因素之一。从试验方法标准化角度考虑，评定硬度计质量的主要指标包括试验力误差及重复性、压头表面质量及形位公差、压痕深度测量装置误差及硬度计结构的稳定性。这几方面的综合作用影响着洛氏硬度计的示值误差及重复性。

洛氏硬度计根据硬度指示方式分为表盘式、光学刻度式及数字显示式。

在试验力方面，导致初试验力超差的原因有加力杠杆调整块位置改变或松动、加力吊盘位置偏上、主轴系统摩擦力增大等，导致总试验力超差的原因是初试验力超差、加力杠杆比改变、加力吊盘位置偏下、支点刀刃的磨损、加力主刀刃与主轴上端面接触不良等原因。

在压头方面，对于金刚石压头，当锥体表面有缺陷或过于粗糙，锥角或锥顶球面半径超差，圆锥母线与球面切线连接不良，以及圆锥轴线与压头柄轴线不重合时，均会影响试验示值的正确性。对于球压头，球体直径和圆度、球体表面缺陷及粗糙度、球体安装的牢固性等是主要影响因素。

压痕深度测量装置的测量准确性及稳定性对硬度示值有直接影响。对于表盘式洛氏硬度计，引起压痕测量深度不准确的原因有：测量杠杆支点松动或杠杆比改变，与主轴接触的螺钉磨损或松动，指示表内部零件（齿轮、游丝、齿条等）产生故障。对于光学式硬度计引起压痕测量深度不准确的原因有放大倍数改变、物镜与标尺聚焦不良和反光镜松动等。

对于 HR-150 这种类型的洛氏硬度计，当示值误差超过规定时，一种不正确的做法是通过调整改变硬度计的一些零部件位置来达到示值误差合格的目的。这种做法虽然可以把所用标尺某一硬度条件下的示值误差调整至合格，但实际已改变了硬度计的单项性能。

标准中只对洛氏硬度计（A、B、C、D、E、F、G、H、K、N、T 标尺）的检验与校准做了统一规定，包括检验硬度计基本功能的直接检验法和适用于硬度计综合检验的间接检验法。其中间接检验法可以单独用于使用中的洛氏硬度计日常检查。直接检验法通常一年一次，当拆卸或重装后，应做直接检验。

A　硬度计的直接检验

洛氏硬度计的直接检验包括试验力的校准、压头的检验、压痕深度测量装置的校准及试验循环时间的检验。

a　试验力的校准

由于洛氏硬度值是根据压痕残余深度计算的，而压入深度的真实性直接与试验力的准确度有关。当初始试验力变化时，会引起基准深度的改变，初始试验力正偏差使压入深度增大，使洛氏硬度值偏高，反之则使硬度值偏低。而主试验力正偏差时，使压痕残余深度偏大，其结果是测出的洛氏硬度值偏低。

标准中规定：初试验力 F_0 允许误差不大于标称值的 $\pm 2.0\%$，这个允许误差包括在主试验力 F_1 施加前和卸除后两种条件下的初试验力检查。

总试验力 F 的允许误差不大于标称值的 $\pm 1.0\%$，其中 F 的每一个单个测量值均应在此允许范围之内。

对初试验力 F_0 和使用的各总试验力 F 都要测量，尽可能在主轴移动范围内以一定间隔在至少 3 个位置上测量，初始试验力应保持 2s 以上。在主轴每一个位置，对每个试验力应测 3 个读数，读数前的瞬间，主轴移动方向应与试验一致。

b　压头的检验

在洛氏硬度试验中，使用两种类型的压头，即金刚石圆锥压头和球压头。

（1）金刚石圆锥压头的检验分直接检验和间接检验。

直接检验要求：

1）在 0.3mm 压入深度内金刚石圆锥球面应抛光，并无表面缺陷，锥面与球面应完全相切。

2）在 4 个以上等间隔的截面测量压头形状。

3）金刚石圆锥顶角应为 $120° \pm 0.35°$，在邻近结合处金刚石圆锥母线直线度偏差在 0.4mm 内应不大于 0.002mm。

4）金刚石圆锥体轴线与压头柄轴线夹角应小于 $0.5°$。

在间接检验中，按表 4-34 给出的硬度级别进行标定的 4 个标准块上对压头进行检验，也可在给出的等效总压痕深度的 4 个标准块上进行间接检验。

表 4-34　不同标尺硬度级别

标 尺	硬 度	允 差	标 尺	硬 度	允 差
HRC	23	±3	HR45N	43	±3
HRC	55	±3	HR15N	91	±3

对于各标准块，用被检压头压出的 3 个压痕平均硬度值与标准压头得到的平均值之差应在 ±0.8 个洛氏硬度单位内。

（2）球压头的检验：

1）球压头包括钢球和硬质合金球，球的表面应抛光，并且没有表面缺陷；

2）球的直径允许偏差在 3 个以上位置测量；

3）钢球的维氏硬度应不低于 750HV10（曲面修正后的值）；

4）硬质合金球的维氏硬度应不低于 1500HV10（曲面修正后的值）。

c　洛氏硬度压痕深度测量装置的校准

在增加硬度值的方向使压头产生已知的递增移动量，在不少于 3 个间隔上检验洛氏硬度压痕深度测量装置。

洛氏硬度标尺、深度测量装置示值误差应在 ±0.001mm 之内；表面洛氏硬度标尺示值误差应在 ±0.0005mm 之内，即 0.5 标尺单位。

当不能对压痕深度测量装置进行直接检验时，可通过用标准块和标准压头做硬度试验的方法间接检验。

d　试验循环时间的检验

按照试验方法标准规定的施加试验力和保持试验力时间，将规定保持时间调整到不确定度在 0.5s 之内。

B　硬度计的间接检验

洛氏硬度计用标准硬度块做间接检验，各标尺标准硬度块的范围如表4-35所示。在各需要检查的硬度范围，首先用相应的硬度标准块上压出 2 个压痕，以保证硬度计处于正常工作状态，并使标准块、压头及试台定位可靠。这两个压痕不计入结果。然后均匀地压出 5 个压痕。

表 4-35　各标尺标准硬度块的范围

洛氏硬度标尺	标准块的硬度范围	洛氏硬度标尺	标准块的硬度范围	洛氏硬度标尺	标准块的硬度范围	洛氏硬度标尺	标准块的硬度范围
A	20~40HRA 45~75HRA 80~88HRA	E	70~77HRE 84~90HRE 93~100HRE	K	40~60HRK 65~80HRK 85~100HRK	15T	73~80HR15T 81~87HR15T 88~93HR15T
B	20~50HRB 60~80HRB 85~100HRB	F	60~75HRF 80~90HRF 94~100HRF	15N	70~77HR15N 78~88HR15N 89~91HR15N	30T	43~56HR30T 57~69HR30T 70~82HR30T
C	20~30HRC 35~55HRC 60~70HRC	G	30~50HRG 55~75HRG 80~94HRG	30N	42~54HR30N 55~73HR30N 74~80HR30N	45T	12~33HR45T 34~54HR45T 55~72HR45T

在对洛氏硬度计做间接检验时，要对试验中使用的标尺做检验。选用的标准块硬度值应与要试验的材料硬度极限值接近。对于上述的日常检查，可只选一个与试验材料硬度接近的标准块进行检查。

洛氏硬度计的示值允许误差：在规定的检验条件下，硬度计的示值误差为 $\overline{H} - H$。其中，$\overline{H}$ 为 5 个压痕的平均硬度值；H 为所用标准块的硬度值。

洛氏硬度计的示值重复性：在每一标准块上测得的硬度值 H_1、H_2、H_3、H_4、H_5，按从小到大递增的次序排列。在规定的试验条件下，硬度计的示值重复性为 $H_5 - H_1$。

5 个压痕的平均硬度值 $\overline{H}$ 为 $\overline{H} = (H_1 + H_2 + H_3 + H_4 + H_5)/5$。

如果被检硬度计的示值重复性满足了表4-36中规定的要求，则认为其重复性合格。

表 4-36　硬度计的示值误差和示值重复性

洛氏硬度标尺	标准块的硬度范围	示值允许误差洛氏单位	硬度计允许的示值重复性
A	20 ~ ≤75HRA >75 ~ ≤88HRA	±2HRA ±1.5HRA	≤0.02（100 – $\overline{H}$）或 0.8 洛氏单位
B	20 ~ ≤45HRB >45 ~ ≤80HRB >80 ~ ≤100HRB	±4HRB ±3HRB ±2HRB	≤0.04（130 – $\overline{H}$）或 0.8 洛氏单位
C	20 ~ ≤70HRC	±1.5HRC	≤0.02（100 – $\overline{H}$）或 0.8 洛氏单位
E	70 ~ ≤90HRE >90 ~ ≤100HRE	±2.5HRE ±2HRE	≤0.04（130 – $\overline{H}$）或 1.2 洛氏单位
F	60 ~ ≤90HRF >90 ~ ≤100HRF	±3HRF ±2HRF	≤0.04（130 – $\overline{H}$）或 1.2 洛氏单位
G	30 ~ ≤50HRG >50 ~ ≤75HRG >75 ~ ≤94HRG	±6HRG ±4.5HRG ±3HRG	≤0.04（130 – $\overline{H}$）或 1.2 洛氏单位
N		±2HEN	≤0.04（100 – $\overline{H}$）或 1.2 洛氏单位
T		±3HRT	≤0.06（100 – $\overline{H}$）或 2.4 洛氏单位

注：$\overline{H}$ 为平均硬度值。硬度计允许的示值重复性以较大者为准。

4.3.2.7　洛氏硬度试验的主要优缺点

（1）优点：操作简便、工作效率高，适于成批生产的检测；由于其使用负荷较小，所产生的压痕与布氏硬度试验相比也比较小，因而适合于板材及薄壁管的检验。

因采用了不同的压头和总试验力，从而组成了多种洛氏硬度标尺，可以测量从较软到较硬材料的硬度，使用范围广泛。

因为有初试验力，所以试样表面轻微的不平整对硬度值的影响比布氏硬度试验的小。

（2）缺点：不同标尺测得的数值无法进行相互比较，与布氏、维氏硬度法相比，它的测量误差稍大。

4.3.2.8 影响试验结果的主要因素

（1）试样表面粗糙度的影响：试样表面过于粗糙，会使加上初试验力后的表盘零位不真实，从而影响试验结果，另外还会造成示值的波动性。试样表面越粗糙，这种波动性就越大，标准中要求试样表面粗糙度 R_a 不大于 $0.8\mu m$，在这种条件下，一般都能得到可靠的试验结果。

（2）试样组织不均匀的影响：若试样有夹杂、气孔以及加工硬化等，会使试验结果分散性大，没有代表性。

（3）施加试验力速度的影响：一般而言，速度过快，会降低材料的硬度值。

（4）负荷保持时间的影响：负荷保持时间愈长，测出的硬度值愈低。对低硬度材料影响大，对高硬度材料影响较小。

（5）由于支承不合理是导致试验结果误差严重和分散加大的主要因素之一，对于不同形状的试样，应根据情况支承和固定，目的是防止在加力过程中试样位移、局部弹性变形和力的作用方向不正确。

（6）压痕之间的距离和压痕距试样边缘距离等。

4.3.2.9 试验注意事项

洛氏硬度各标尺有一事实上的适用范围，要根据规定正确选用。例如，硬度高于 HRB100 时，可采用 HRC 标度进行测试；硬度低于 HRC20 时可采用 HRB 标度进行测试。因为超出其规定的测试范围时，硬度计的精确度及灵敏度较差，硬度值不准确，不宜使用。同时也容易造成压头的损坏。

试验时压头应垂直于试验面。

试样的最小厚度应满足标准的要求。

4.3.3　维氏硬度试验

在用静态力测定硬度的方法中，维氏硬度试验方法是最精确的一种。这种方法测量硬度的范围较宽，可以测定目前所使用的绝大部分金属材料的硬度。当试验材料的结构较均匀时，采用不同的试验力获得的维氏硬度试验结果相近。维氏硬度的压痕为正方形，轮廓清晰，用测量对角线长度方法计算的硬度值精确度高、重复性好。

按照试验力的范围划分，试验方法可细分为维氏硬度试验、小负荷维氏硬度试验和显微维氏硬度试验。可根据试验面积的大小、试样的厚度、试样的硬度选用。

维氏硬度压痕对角线长度为 0.020 ~ 1.400mm，其原因是在维氏硬度试验方法中，当使用很小的试验力会使试验结果分散加大。

4.3.3.1　试验原理

将顶部两相对面具有规定角度（136°）的正四棱锥体金刚石压头用试验力压入试样表面，保持规定时间后，卸除试验力，测量试样表面压痕对角线长度。用其平均值按下式计算压痕表面面积：

$$S = \frac{d^2}{2\sin\dfrac{136°}{2}}$$

式中　　S——维氏硬度压痕表面面积；

　　　　d——压痕两对角线长度平均值。

用规定的试验力除以维氏硬度压痕表面面积所得的商，为维氏硬度值。

$$HV = \frac{F}{S} = \frac{2F\sin\frac{136°}{2}}{d^2} \approx 0.1891\frac{F}{d^2} \qquad (4-9)$$

特殊材料或产品的维氏硬度试验应在相关标准中规定。

维氏硬度值是试验力除以压痕表面面积所得的商，压痕被视为具有正方形基面并与压头角度相同的理想形状。

维氏硬度压头采用相对面夹角为 136° 的金刚石正四棱锥体，是为了在不同的试验力条件下获得相同形状的压痕，若试验材料在不同深度的硬度是均匀的这一前提下，理论上用各级试验力测定的结果应是相同的。另外，维氏硬度压头两相对面夹角为 136° 时，在一定范围内其硬度值与布氏值有相应关系。因为布氏硬度压痕直径 d 与压头直径之比为 0.375 时，球体压入角为 44°，这与金刚石正四棱锥体相对面夹角为 136° 时压入角相吻合。这样在此条件下维氏硬度值与布氏硬度值非常接近，尤其在布氏硬度试验中采用硬质合金球作压头时更是如此。

4.3.3.2 定义及符号

维氏硬度试验的定义及符号如表 4-37 所示。

表 4-37 维氏硬度定义及符号

符 号	说 明	单 位
α	金刚石压头顶部两相对面夹角（136°）	
F	试验力	N
d	两压痕对角线长度 d_1 和 d_2 的算术平均值	mm
HV	维氏硬度 = 常数 × $\dfrac{试验力}{压痕表面面积}$ = 0.102 × $\dfrac{2F\sin\frac{136°}{2}}{d^2} \approx 0.1891\dfrac{F}{d^2}$	

注：常数 $= 1/g_n = 1/9.80665 \approx 0.102$。

4.3.3.3　试验方法

试验一般在 10～35℃进行。对于温度要求严格的试验，应控制在（23±5）℃之内。

试样支承面应清洁且无其他污物。试样应平稳地放置于刚性支承台上以保证试验中试样不产生位移。

施加试验力应垂直于试样表面，加力过程中不应有冲击和振动，直至将试验力施加至规定值。从加力开始至全部试验力施加完毕的时间应为 2～10s，试验力保持时间为 10～15s。

在整个试验期间，硬度计不应受到影响试验结果的冲击和震动。

任一压痕中心距试样边缘距离，对于铜及铜合金至少为压痕对角线长度的 2.5 倍。

两相邻压痕中心之间的距离应至少为压痕对角线长度的 3 倍。如果两相邻压痕大小不同，应以较大压痕确定压痕间距。

测量压痕两对角线的长度，用其算术平均值按标准查出硬度值，也可按式（4-9）计算。

在平面上压痕两对角线长度之差应不超过对角线平均值的 5%，如果超过 5%，则应在试验报告中注明。

在一般情况下，建议对每个试样报出三个点的硬度测试值。

在做重要试验时，需注明试验力。根据相似原理，虽然维氏硬度不取决于试验力的大小，但在铜及铜合金上试验时，由于所采用的试验力不同，测出的硬度值也不完全相同，这可能是由于金属在不同的深度上其硬度存在差异所造成的，因此在产品标准或技术协议中最好注明试验力的大小。即仅在试验力相同的条件下，才可以对硬度值做精确比较。

负载的选择主要取决于试件的厚度。

（1）维氏硬度的表示方法：维氏硬度用 HV 表示，在 HV 前面标示硬度值，HV 后面按顺序标示出试验力和试验力保持时间，当试验力保持时间在 10～15s 时不标注。

650HV10 表示在试验力为 98.07N 下保持 10～15s，测定的维氏硬度值为 650。

650HV10/20 表示在试验力为 98.07N 下保持 20s，测定的维氏硬度值为 650。

（2）试验力的选择如表 4-38 所示。三类维氏硬度试验方法中使用的试验力如表 4-39 所示。

表 4-38　三种维氏硬度的试验力范围

试验力范围/N	硬度符号	试验名称
$F \geqslant 49.03$	≥HV5	维氏硬度试验
$1.961 \leqslant F < 49.03$	HV0.2～＜HV5	小负荷维氏硬度试验
$0.09807 \leqslant F < 1.961$	HV0.01～＜HV0.2	显微维氏硬度试验

表 4-39　三类维氏硬度试验方法中使用的试验力

维氏硬度试验		小负荷维氏硬度试验		显微维氏硬度试验	
硬度符号	试验力/N	硬度符号	试验力/N	硬度符号	试验力/N
HV5	49.03	HV0.2	1.961	HV0.01	0.09807
HV10	98.07	HV0.3	2.942	HV0.015	0.1471
HV20	196.1	HV0.5	4.903	HV0.02	0.1961
HV30	294.2	HV1	9.807	HV0.025	0.2452
HV50	490.3	HV2	19.61	HV0.05	0.4903
HV100	980.7	HV3	29.42	HV0.1	0.9807

注：1. 维氏硬度试验可以使用大于 980.7N 的试验力。

　　2. 显微维氏硬度试验的试验力为推荐值。

（3）试样的固定：标准中规定，对于小截面或形状不规则的试样，可将试样镶嵌或使用专用支撑台进行试验。试样应稳固地放置于刚性支承台上，以保证试验中试样不产生位移。

几种支承和固定尺寸较小试样的方法：

1）粘贴法：用黏结剂把清洁的试样贴在表面平坦的钢块或玻璃上，黏结部位干透后用金相砂纸将表面磨光，然后进行试验。

2）抛光法：用泥料等材料粘少量氧化铝抛光膏，对试样进行抛光，然后将试样放置于带有弹簧片装置的夹持器内进行硬度试验。

3）镶嵌法：用镶样机将试样冲压入铅块内，用金相砂纸将试样表面抛光以铅块为支承物进行试验。

4）金相法：取条状试样立置于塑料中加热镶嵌，然后用粗砂纸磨平，使试样露出表面，逐级抛光后以塑料嵌块为支承物进行试验。

5）橡皮泥法：把橡皮泥铺于工作台上，用试样平面对橡皮泥加压，然后进行试验。

试验结果表明，橡皮泥法和粘贴法所测得的数据分散性都很大，影响试验结果。对同一试样，金相法测得的硬度值最高，镶嵌法其次，抛光膏法较低。不同制样方法及支承类型测得数据差异的大小主要取决于支承物的刚性及试样在试验中产生位移的程度。

抛光法所用的氧化铝抛光膏是一种粒度很细的水质的研磨剂，它可以有效地防止在抛光过程中产生的热量对试样性能的改变。此种试样的夹持方法是用特制薄片夹持器作支撑物进行试验，可以有效防止试样在试验中滑动和避免试样表面的不水平，与其他方法比较起来较为可靠。

（4）试验力保持时间：从加力开始至全部试验力施加完毕的时间应为 2 ~ 10s，对于小负荷维氏硬度试验和显微维氏硬度试验，压头下降的速度应不大于 0.2mm/s。

试验力保持时间为 10 ~ 15s。对于特殊材料试验力保持时间可以延长，但误差应在 ±2s 之内。

对于一般试验，由于保持时间引起的偏差均在测定精度的允许范围内，因此为了提高试验效率，保持时间可采用 10 ~ 15s。但对于硬度较低的金属，保持时间不得少于 30s。对于硬度值很低的金属材料，在试验力作用下塑性变形的过程很长，30s 的保持时间仍不能使其塑性变形过程基本结束，应延长试验力保持时间。但标准中应规定一个适当长的统一的时间，以使测出的硬度数值具有可比性，±2s 的误差是适宜的。

不同试验力保持时间下测定压痕对角线长度的比较如表4-40所示。

表 4-40　维氏硬度不同试验力保持时间下测定的压痕对角线长度

试验材料	压痕对角线长度/mm			
	保持时间/s			
	2	10	30	60
维氏硬度块	0.148	0.152	0.152	0.153
铜合金	0.245	0.250	0.253	0.253
铝合金	0.438	0.445	0.450	0.451
GCr15	0.078	0.081	0.082	0.082

从上述试验结果趋向可以看出：对于高硬度金属，一般 10s 以后变化很小；对于低硬度金属，须在 30s 以后才达到稳定。

（5）压痕间距：在维氏硬度试验中，正方形压痕的周围由于局部变形会产生应变硬化，当第二个压痕距第一个压痕距离过近时，会使压痕几何形状畸变，维氏硬度值的准确度受到影响。因此压痕之间、压痕距试样边缘应有适当距离。由于压痕大小决定着周围硬化区的大小，因此宜以压痕对角线长度的倍数规定压痕之间距离。

标准规定：任一压痕中心距试样边缘距离，对于铜及铜合金至少应为压痕对角线长度的 2.5 倍。两相邻压痕中心之间距离，对于铜及铜合金至少应为压痕对角线长度的 3 倍。如果相邻两压痕大小不同，应以较大压痕确定压痕间距。

（6）压痕对角线长度的测量：压痕对角线长度的测量误差对维氏硬度数值的影响非常明显。测量误差来源于两个方面，一是压痕测量装置固有的误差；二是试验人员的测量误差。当压痕测量装置的误差和分辨力满足了标准试验方法要求时，正确的测量操作则是关键的环节。在维氏硬度压痕对角线长度的测量中，要注意压痕的清晰度、光线角度、对线技巧及放大倍数的选择；同一压痕最好能进行几次反复测量以减小对角线测量误差。

由于维氏硬度、小负荷维氏硬度和显微维氏硬度的试验力相差很大，因此压痕的尺寸往往相差很悬殊，在此情况下适当地选择压痕测量的放大倍数很重要。通常，选择的放大倍数较大时，测量精度会相对提高，但应注意，选择的放大倍数过大时，由于压痕影像变虚，会使测量误差增大。

在测量中，放大倍数可按式（4-10）选择：

$$Kd = 50 \sim 100 \qquad\qquad (4\text{-}10)$$

式中　K——总放大倍数；

　　　d——压痕对角线长度，mm。

（7）维氏硬度值的比较：标准规定，仅在试验力相同的条件下，才可以精确地比较维氏硬度值。

这主要是考虑到试样表面与内部硬度差别这一事实，为了使各试验室间和各种来源的试验数据对同一状态试验材料具有可比性。在规定试验力范围内不同试验力使压头压入试样表面的深度不同，如果试样在表面下不同深度的硬度值完全相同，根据维氏硬度试验原理，在整个试验力范围任何一个试验力得到的维氏硬度值应很接近。但实际的试验材料往往在表面不同深度或某一厚度范围出现不同硬度。此时用不同试验力做出的试验结果则有很大差异。正如 ASTME92 中所述："虽然在均匀材料的试验中维氏硬度值几乎与试验力大小无关，但在试验表面和内部有硬度梯度的材料则不是这样，因此在试验报告中应注明试验力"。造成试验材料表面和内部硬度不同的原因很多，如机加工硬化、表面处理等原因。有的形成硬化层，有的是由于应变硬化产生的自材料表面向内部在一定深度内的硬度梯度，这些均会使不同试验力下的维氏硬度值产生较大差别。

在不同试验力下，对同一试样产生的维氏硬度差与许多因素有关，如硬度值的高低、材料表面层或硬化层的厚度、表面硬度与试样内部的硬度差、试验力水平等。

一组不同试验力对维氏硬度试验结果的影响的数据如表4-41所示。

表 4-41 四种材料在不同试验力下的维氏硬度值

试验材料	HV0.5	HV1	HV2	HV2.5	HV3	HV5
显微硬度块	610	608	580	560	545	480
GCr15	965	958	878	870	848	841
黄 铜	110	96	86.6	84.7	84.2	81.6
铝合金	39.6	35.1	32.7	32.4	31.1	29.6

三种标准块在不同试验力下的维氏硬度值比较如表 4-42 所示。

表 4-42 三种标准块在不同试验力下的维氏硬度值

试验力/N	701HV5	465HV30	188HV5
49.03	703	460	187
98.07	701	456	184
196.1	702	457	182
294.2	700	455	183
490.3	696	452	181
980.7	697	449	180

上述试验结果表明，在不同试验力下，得出的维氏硬度值出现不同程度的差异，试验力相差越大，维氏硬度示值差异越明显。由于材料在自表面到内部硬度梯度的不均匀性，反映的数据不是按试验力呈规律性变化，但试验力不同时，对维氏硬度示值的影响是显而易见的。因此在报告中应在维氏硬度符号后面标注试验力，并且只有在试验力相同的条件下，才可以精确地比较维氏硬度值。

4.3.3.4　试样

A　试样的表面质量

试样的制备质量和有关要求对维氏硬度试验结果的影响十分明显。标准中对试样表面质量、试样厚度及在曲面上进行试验的要求做了明确的规定。

由于维氏硬度压痕尺寸很小，压痕对角线长度测量误差对维氏硬度值相对影响较大，如果试样表面过于粗糙，在压痕尖部会模糊不清，造成测试人员测量的误差加大，并使测量结果的分散度变大。这是由于粗糙的表面影响了对线和测量的准确度。这对于在小试验力下产生的压痕测量尤其明显，因为同一测量误差在小尺寸压痕上占的比例明显变大。标准中对不同试验条件下试样表面质量规定为：试样表面应平坦光滑，试验面上应无氧化皮及外来污物，尤其不应有油脂，除非在产品标准中另有规定。试样表面质量应能保证压痕对角线的精确测量，建议试样表面粗糙度达到表4-43的要求。

表 4-43　试样表面粗糙度

试样类型	表面粗糙度参数最大值（R_a）/μm
维氏硬度试样	0.4
小负荷维氏硬度试样	0.2
显微维氏硬度试样	0.1

对于显微维氏硬度试样，建议在加工中按照"根据材料特性采用抛光/电解抛光"的规定。制备试样时应使由于发热或冷加工等因素对试样表面硬度的影响减至最小。

不同的试样加工方法会导致差别较大的显微硬度试验结果，这是由于不同的加工方法在试样上产生的表面硬化层厚度不同，对压痕深度很小的显微硬度试验结果影响尤其明显。当采用电解抛光时，则可减少这个影响，用机械抛光和电解抛光加工试样表面的大量对比试验表明，不良的机械抛光可使钢的显微硬度值增高 25% ~ 28%，使铝合金显微硬度值增高 10% ~ 12%，使铜合金显微硬度值增高 45% ~ 55%。对于硬度较低的材料，两种加工方法得到的结果相差较大，这是由于较软的材料在机械抛光中会产生较明显的硬化层，从而导致硬度增加。

B 试样的厚度

同其他硬度试验一样，在金属维氏硬度试验中，试样的厚度在规定的条件下应保证足够，试样或试验层厚度至少应为压痕对角线长度的 1.5 倍或压痕深度的 10 倍。在满足这个条件的情况下尽可能选用较大载荷，可减少测量误差。试验后试样背面不应出现可见变形痕迹，否则试验结果是不准确的。

试验表明，考虑到试样厚度应超过压痕深度的 10 倍的同时，还应在试验后观察试样背面有无变形痕迹。当试样背面出现变形痕迹，说明压痕引起的应变硬化区已超出了试样的厚度，即试验力没有完全作用于试样上而是透过试样，由试样支承物消耗了一部分，此时，维氏硬度值是不准确的。

C 曲面试样维氏硬度值的修正

对于在曲面试样上试验的结果，应按标准进行修正。

对于小截面或外形不规则的试样，可将试样镶嵌或使用专用支承台进行试验。

在维氏硬度试验中，经常遇到带有曲面的试样，在试验中由于试样轴线方向相对于压头是随意放置的，压痕对角线方向在圆柱面上可以与轴线呈垂直方向、平行方向和45°角。在这些情况下测出的维氏硬度值均与在平面上测试的结果有程度不同的差异。

在曲面上测出的维氏硬度与在平面上测出的维氏硬度差异受到两个因素综合作用的影响，以凸曲面为例，在相同压入深度时，凸面上压出的压痕对角线长度显然比在平面上要短。也就是说凸面上压出与平面上对角线长度相同的压痕，则需要在凸曲面上多施加试验力，因此在同一条件下，在曲面上测出的硬度值比平面上要高。而对同一压入深度，试验力在曲面上作用比在平面上作用时抗力要小些，这对第一假设起到部分抵消作用。因此在曲面和平面上测出的维氏硬度值之差是两项因素综合作用的结果，影响的大小与半径和压痕对角线的长度及方向（对圆柱体）有关。

标准中对于在各种情况下曲面试样维氏硬度试验结果的修正做了如下规定：

（1）在球体上进行试验时的修正分为凸球面和凹球面硬度值修正，分别如表4-44和表4-45所示。

表 4-44　凸球面硬度值修正

d/D	修正系数	d/D	修正系数	d/D	修正系数	d/D	修正系数
0.004	0.995	0.043	0.955	0.086	0.920	0.147	0.880
0.009	0.990	0.049	0.950	0.093	0.915	0.156	0.875
0.013	0.985	0.055	0.945	0.100	0.910	0.165	0.870
0.018	0.980	0.061	0.940	0.107	0.905	0.175	0.865
0.023	0.975	0.067	0.935	0.114	0.900	0.185	0.860
0.028	0.970	0.073	0.930	0.122	0.895	0.195	0.855
0.033	0.965	0.079	0.925	0.130	0.890	0.206	0.850
0.038	0.960			0.139	0.885		

表 4-45　凹球面硬度值修正

d/D	修正系数	d/D	修正系数	d/D	修正系数	d/D	修正系数
0.004	1.005	0.035	1.045	0.057	1.080	0.079	1.120
0.008	1.010	0.038	1.050	0.060	1.085	0.082	1.125
0.012	1.015	0.041	1.055	0.063	1.090	0.084	1.130
0.016	1.020	0.045	1.060	0.066	1.095	0.087	1.135
0.020	1.025	0.048	1.065	0.069	1.100	0.089	1.140
0.024	1.030	0.051	1.070	0.071	1.105	0.091	1.145
0.028	1.035	0.054	1.075	0.074	1.110	0.094	1.150
0.031	1.040			0.077	1.115		

（2）在圆柱面试样上进行试验时的修正，分凸圆柱面和凹圆柱面硬度修正。在两种柱面上试验时，还要考虑压痕对角线与圆柱轴线的相对方向，又分为压痕对角线与圆柱轴线平行或呈45°两种情况，分别如表 4-46 至表 4-49 所示。

表 4-46 凸圆柱面（一对角线与圆柱轴线呈 45°）

d/D	修正系数	d/D	修正系数	d/D	修正系数	d/D	修正系数
0.009	0.995	0.062	0.965	0.109	0.940	0.159	0.915
0.017	0.990	0.071	0.960	0.119	0.935	0.169	0.910
0.026	0.985	0.081	0.955	0.129	0.930	0.179	0.905
0.035	0.980	0.090	0.950	0.139	0.925	0.189	0.900
0.044	0.975	0.100	0.945	0.149	0.920	0.200	0.895
0.053	0.970						

表 4-47 凹圆柱面（一对角线与圆柱轴线呈 45°）

d/D	修正系数	d/D	修正系数	d/D	修正系数	d/D	修正系数
0.009	1.005	0.074	1.045	0.127	1.080	0.183	1.120
0.017	1.010	0.082	1.050	0.134	1.085	0.189	1.125
0.025	1.015	0.089	1.055	0.141	1.090	0.196	1.130
0.034	1.020	0.097	1.060	0.148	1.095	0.203	1.135
0.042	1.025	0.104	1.065	0.155	1.100	0.209	1.140
0.050	1.030	0.112	1.070	0.162	1.105	0.216	1.145
0.058	1.035	0.119	1.075	0.169	1.110	0.222	1.150
0.066	1.040			0.176	1.115		

表 4-48 凸圆柱面（一对角线平行于圆柱轴线）

d/D	修正系数	d/D	修正系数	d/D	修正系数	d/D	修正系数
0.009	0.995	0.041	0.980	0.085	0.965	0.153	0.950
0.019	0.990	0.054	0.975	0.104	0.960	0.189	0.945
0.029	0.985	0.068	0.970	0.126	0.955	0.243	0.940

表 4-49　凹圆柱面（一对角线平行于圆柱轴线）

d/D	修正系数	d/D	修正系数	d/D	修正系数	d/D	修正系数
0.008	1.005	0.058	1.045	0.087	1.080	0.111	1.120
0.016	1.010	0.063	1.050	0.090	1.085	0.113	1.125
0.023	1.015	0.067	1.055	0.093	1.090	0.116	1.130
0.030	1.020	0.071	1.060	0.097	1.095	0.118	1.135
0.036	1.025	0.076	1.065	0.100	1.100	0.120	1.140
0.042	1.030	0.079	1.070	0.103	1.105	0.123	1.145
0.048	1.035	0.083	1.075	0.105	1.110	0.125	1.150
0.053	1.040			0.108	1.115		

4.3.3.5　硬度计

　　维氏硬度计的质量是影响维氏硬度试验结果准确度的重要因素之一。因此对维氏硬度计各项指标在标准中有明确要求。

　　维氏硬度试验的硬度计和压痕测量装置应符合 GB/T 4340.2—1999《金属维氏硬度试验　第 2 部分：硬度计的检验》规定，即维氏硬度计的直接检验方法和综合检验（即间接检验）方法。间接检验方法可以作为硬度计的定期日常检验，检查的周期可根据硬度计工作状态和频繁程度而定，但至少 1 年内应检查一次。当硬度计安装、拆卸并重新装配后或重新安装时，以及综合检查不合格及综合检查周期过长（超过 1 年）时，应进行硬度计的直接检验。

　　A　直接检验

　　维氏硬度计直接检验包括试验力的检验、压头的检验、测量装置的检验及试验力保持时间的检验。

　　a　试验力的检验

　　由于维氏硬度值是用试验力除以压痕表面积计算出来的，因此试验力的误差对结果准确度有直接的影响。试验力误差对维氏硬度试验结果的影响可根据公式 $\Delta HV = 0.1891F/d^2$ 微分后得到

式 (4-11):

$$\Delta HV/HV = - \Delta F/F \qquad (4\text{-}11)$$

试验力可以用下面两种方法之一来进行检验:

(1) 符合 GB/T 13634—1992 规定的 0.2 级标准测力仪;

(2) 与一个以标准质量施加并经机械放大而产生的准确度为 ±0.2% 的力相平衡。

对于硬度计工作范围内所使用的每一个力均应进行测量。只要适合,就应在试验过程中主轴的整个移动范围内以均等的间隔在其至少 3 个位置上测量。

在主轴的每一个对每个试验力应读取 3 个读数,每次读数之前的瞬间,主轴的移动方向应与试验时的移动方向一致。

对力的每一次测量均应保证在表 4-50 示出的试验力标称值的允差以内,试验力才算合格。

表 4-50 试验力允差

试验力范围 F/N	允差/%	试验力范围 F/N	允差/%
$F \geqslant 1.961$	±1.0	$0.09807 \leqslant F < 1961$	±1.5

b 金刚石压头的检验

在 GB/T 4340.2—1999 中对维氏硬度压头要求如下:

(1) 金刚石正四棱锥体的 4 个面应抛光且无表面缺陷;

(2) 通过直接测量或在投影屏上的投影能够对压头的形状进行检验;

(3) 金刚石棱锥体锥顶与相对面夹角应为 136°±0.5°。

维氏硬度试验压头两相对面夹角选用 136°,是为了使维氏硬度与布氏硬度具有相近的示值,以便进行比较。在布氏硬度试验方法中,当压痕直径为球直径的 0.375 倍时试验力对相应的布氏硬度值影响最小,此时布氏硬度压痕的外切交角为 136°,这样在试验材料硬度均匀的条件下,不同试验力的试验结果十分接近。

(4) 金刚石锥体轴线与压头柄(垂直于安装面)的夹角应小于 0.5°。

　　c　压痕对角线测量装置的检验

　　在维氏硬度试验中，压痕对角线测量装置的分辨力和误差对试验结果影响很大。根据式（4-11）可以计算出

$$\frac{\Delta HV}{HV} = -2\frac{\Delta d}{d} \qquad (4\text{-}12)$$

　　从式（4-12）可以看出，压痕对角线测量误差为 1% 时，会引起维氏硬度值 2% 的变化。在 GB/T 4340.2—1999 中对维氏硬度压痕测量装置要求如下：所要求的测量装置的估测能力，视被测量的最小压痕的大小而定；测量装置标尺的分度和压痕对角线的估测能力应符合表 4-51 的规定。

表 4-51　维氏硬度试验测量要求

对角线长度 d/mm	测量装置的估测能力	最大允许误差
$d \leqslant 0.040$	0.0002mm	±0.0004mm
$d > 0.040$	0.5%d	±1.0%d

　　d　试验力保持时间的检验

　　试验力保持时间应符合 GB/T 4340.1—1999 的规定，硬度计时间控制装置的允许误差为 ±1s。

　　B　维氏硬度计的间接检验

　　维氏硬度计的间接检验也称综合检验，检验使用 GB/T 4340.3—1999 标定的标准硬度块进行。

　　（1）当所检验的硬度计使用几个试验力时，至少应选取两个力进行检验。其中的一个力应为硬度计最常用的试验力。对所选取的每一试验力，应从以下规定的不同的硬度范围中选择两块不同硬度的标准块，力和标准块的选择要适当，应使每一硬度范围中至少有一块标准块用于检验。

　　　　≤225HV；400~600HV；>700HV

　　（2）当所检验的硬度计仅使用一个试验力时，应使用 3 块标准块进行检验并应在规定的每个硬度范围中各选用一块。

　　（3）对于特殊情况，硬度计可以仅在一个硬度值下进行检

验，检验的硬度值要近似等于待做试验的硬度值。

（4）在每一个标准块上应压出并测量 5 个压痕。试验按 GB/T 4340.1—1999 进行。

（5）将每一标准块上所测得的各压痕两对角线长度的算术平均值 d_1、d_2、$\cdots$、d_5，按从小到大递增的次序排列。

（6）在规定的检验条件下，硬度计的示值重复性误差通过 $d_5 - d_1$ 的差值确定。所检验硬度计的示值重复性误差要满足表 4-52的要求。

表4-52　硬度计的示值重复性误差

标准块硬度	硬度计示值重复性误差的最大允许值						
	$\bar{d}$			HV			
	HV5 ~ HV100	HV0.2 ~ < HV5	< HV0.2	HV5 ~ HV100		HV0.2 ~ < HV5	
				标准块硬度	HV	标准块硬度	HV
≤225HV	$0.03\bar{d}$	$0.06\bar{d}$	$0.06\bar{d}$	100	6	100	12
				200	12	200	24
>225HV	$0.02\bar{d}$	$0.04\bar{d}$	$0.05\bar{d}$	250	10	250	20
				350	14	350	28
				600	24	600	48
				750	30	750	60

注：$\bar{d} = \dfrac{d_1 + d_2 + \cdots + d_5}{5}$。

（7）在规定的检验条件下，硬度计的示值误差通过差值 $\bar{H} - H$ 确定。

$$\bar{H} = \frac{H_1 + H_2 + \cdots + H_5}{5}$$

式中　H_1、H_2、$\cdots$、H_5——与 d_1、d_2、$\cdots$、d_5 对应的硬度值；

$\qquad\qquad$ H——所用标准硬度块标定的硬度值。

以标准硬度块标定硬度值的百分数表示的硬度计示值最大误差应符合表 4-53 的规定。

表 4-53　硬度计示值最大误差

硬度符号	硬度计示值误差的最大允许值/ ± %															
	硬度 HV															
	50	100	150	200	250	300	350	400	450	500	600	700	800	900	1000	1500
HV0.01																
HV0.015	10															
HV0.02	8															
HV0.025	8	10														
HV0.05	6	8	9	10												
HV0.1	5	6	7	8	8	9	10	10	11							
HV0.2		4		6		8		9		10	11	11	12	12		
HV0.3		4		5		6		7		8	9	10	10	11	11	
HV0.5		3		5		5		6		6	7	7	8	8	9	11
HV1		3		4		4		4		5	5	6	6	6		8
HV2		3		3		3		4		4	4	4	5	5		5
HV3		3		3		3		3		4	4	4	4			5
HV5		3		3		3		3		3	3	3	3	4		4
HV10		3		3		3		3		3	3	3	3	3		3
HV20		3		3		3		3		3	3	3	3	3		3
HV30		3		3		2		2		2	2	2	2	2		2
HV50		3		3		2		2		2	2	2	2			2
HV100				3		2		2		2	2	2	2			2

注：1. 压痕对角线长度小于 0.020mm 时，表中未给出值。

　　2. 对于中间值，其最大允许误差可通过内插法求得。

　　3. 表中有关显微硬度计的值是以 0.001mm 或压痕对角线长度平均值的 2% 为最大允许差给出的，以较大者为准。

4.3.3.6　维氏硬度试验的优缺点

特别适合于细小、极薄的材料，有时也用于管、棒材的检测。

不受试验力的影响，对任一均质材料用不同试验力所获得的压痕几何相似，其硬度值是相同的；压痕具有清晰轮廓的正方形，对角线的测量精度高，它有一个统一的标尺，可适用于较大范围的硬度测试。

缺点是对压头要求较高，其效率较洛氏试验法低。

4.3.3.7 影响试验结果的主要因素

A 试验力大小的影响

对于匀质材料，在任何负荷作用下，所得的压痕都是几何相似的，所以从理论上说，负荷的选择对维氏硬度值没有影响。然而对于像黄铜等铜合金材料，由于在较大的负荷作用下，塑性影响区域较大，材料抵抗压头压入的能力减小，因而硬度值随着负荷的增加而下降。根据试样的实际情况，选择适当的荷载，在试样条件允许的情况下，尽量选择较大的载荷，以得到尽可能大的压痕。由于弹性变形的回复是材料的一种性能，对于任意大小的压痕其弹性回复量几乎一样，压痕越小弹性回复量占的比例就越大，显微硬度值也就越高。在同一试样中，选用不同的载荷测试得出的结果不完全相同，一般载荷越小，硬度值波动越大。所以对于同一试验最好始终选相同的载荷，以减少载荷变化对硬度值的影响。

对于非匀质材料，负荷大小对于维氏硬度值的影响更为明显，其影响的程度主要取决于异质元素的性质、比例和分布。所以为了保证试验结果的再现性和代表性，在可能的条件下，应选择适当的大负荷进行试验。

B 加载速度的影响

若加载速度过快，由于产生了附加惯性力，压痕增大，会使结果偏低，尤其对高硬度材料影响较大，对低硬度影响较小。同时加载速度过快，试验力作用时间短，试样来不及充分变形，有使硬度值增高倾向。这种影响对塑性较好的金属比较明显。

一般载荷越小，加载速度的影响就越大。

C　试验力保持时间的影响

试验力保持时间对硬度值是有影响的。保持时间过短，试样未充分变形会使压痕减小，硬度值增高；保持时间过长，除降低试验效率外，还可能造成更多的机会受到外界因素（如振动等）的影响而使结果偏低。此外，不同材料因塑性差异所受到的影响也不一样。试验时应遵守标准要求及有关规定。

D　试样表面状况的影响

试样表面粗糙度、曲率半径、厚度等都能给硬度值带来误差。试样表面粗糙度符合要求，则试样表面反光性好，压痕轮廓清晰，很容易对线，测量结果准确性高，分散度小。当试样带有曲率时，如测量带凸形曲率试样，测出结果偏低，应对压痕进行修正。

E　试样制备的影响

试样制备过程中，会使表面塑性变形引起加工硬化，这会对维氏硬度，特别是对小负荷及显微硬度值有很大的影响（有时误差可达50%）。因此试样在制备过程中，要尽量减少表面变形层，特别是对软材料最好采用电解抛光。

4.3.4　韦氏硬度试验

韦氏硬度计便于携带，使用方便，可在现场直接、无损地测试铜及铜合金材料的硬度，特别适用于现场的快速测试。测量值范围相当于洛氏硬度30~96HRF和53~92HRB。

4.3.4.1　试验原理

在一定压力下，将压针压入试样表面，材料的硬度与压入的深度成反比。

4.3.4.2　符号及表示

硬度值的表示如表4-54所示。使用W-B75硬度计时用HWA表示，使用W-BB75硬度计时用HWB表示，符号之前为硬度值。

表 4-54 韦氏硬度值的表示

硬度计型号	硬度值表示	例
W-B75	HWA	11HWA 表示使用 W-B75 硬度计，测得韦氏硬度值为 11
W-BB75	HWB	9HWB 表示使用 W-BB75 硬度计，测得韦氏硬度值为 9

4.3.4.3 试验方法

将试样置于砧座与压针之间，压针应与试验面垂直。轻轻压下操作手柄，使压针压住试样；快速压下操作手柄，施加足够的力，使套筒端面紧压在试样上，读表头上硬度值（精确到 0.5HW）；

在测量较软材料时，表头指针在瞬间达到最大值，然后可能稍有下降，此时测量值应以观察到的最大值为准；

在测试完成后，应先用手压住试样，放开手柄，待压针从试样退出后再移去试样。

任一压痕中心距试样边缘的距离应不小于 3mm，相邻压痕中心间距离应不小于 6mm。

试验后，试样背面不应出现可见变形痕迹。

一般每个试样至少测量 3 点，以至少 3 点测量值的算术平均值作为试样的硬度值。计算结果应精确（修约）到 0.5HW。数字修约按 GB/T 8170 的规定进行。

4.3.4.4 试样

试样的试验面应光滑、清洁，不应有机械损伤；试样边缘无毛刺。

试验面如有涂层应彻底清除，如有轻微擦伤需轻微磨光。

试样厚度一般应为 1~6mm（厚度小于 1mm 且大于 0.5mm 时），为补偿试样厚度不足造成的误差，允许采用材质相同、硬度相近的材料衬于试样下进行测试。

板、带材试样的最小尺寸约为 25mm×25mm；管材试样内

径不小于 ϕ10mm。

4.3.4.5　硬度计

A　韦氏硬度计

进行韦氏硬度试验所用的仪器为韦氏硬度计。由框架、操作手柄和压针套筒组件三部分组成。表头的刻度范围为 0～20HW，指针由压针驱动。压头与砧座间距大于6mm。

B　标准硬度片

韦氏硬度计应配备标准硬度片，用于校准。标准硬度片的工作面应注明韦氏硬度值和 B 标尺或 F 标尺的洛氏硬度值。

C　校准要求

硬度计的满刻度校准值为 20HW，允许误差为 ±0.5HW。

用标准硬度片校准硬度计，读数应符合硬度片标明的硬度值，其允许误差为 ±0.5HW。

4.3.4.6　韦氏硬度与洛氏试验结果之间的关系

目前，国内外尚无铜及铜合金韦氏硬度试验标准，通过比对试验证明，HW 与 HRB 和 HRF 有对应关系：

$$HRB = 0.1873HW^2 - 1.3199HW + 55.251$$

$$HRF = 4.7088HW + 11.332$$

4.3.5　使用硬度计应注意的事项

除了各种硬度计使用时的特殊注意事项外，还有一些共同的应注意的问题：

（1）在测量前需用标准块对硬度计进行校准。

（2）校准硬度计用的标准块不能两面使用，因标准面与背面硬度不一定一致。一般规定标准块自标定日起一年内有效。

（3）在更换压头或砧座时，注意接触部位要擦干净。换好后，要用一定硬度的试样测试几次，直到连续两次所得硬度值相同为止。目的是使压头或砧座与试验机接触部分压紧，接触良好，以免影响试验结果的准确性。

（4）硬度计调整后，开始测量硬度时，第一个测试点不用。因可能存在试样与砧座接触不好的情况，测得的值不准确。待第一点测试完，硬度计处于正常运行机制状态后再对试样进行正式测试，记录测得的硬度值。

（5）在试样允许的情况下，一般选不同部位至少测试 3 个硬度值。

（6）对形状复杂的试件要采用相应形状的垫块，固定后方可测试。对管、棒试样一般要放在 V 形槽中测试。

（7）加载前要检查加载手柄是否放在卸载位，加载时动作要轻稳，不要用力太猛。加载完毕加载手柄应放在卸载位置，以免仪器长期处于负荷状态，发生塑性变形，影响测量精确度。

4.4　工艺性能试验

金属工艺性能试验是检查金属材料承受一定变形能力或承受相似于金属工艺加工过程或以后服役时所承受作用力的能力的试验，以确定金属材料是否适应于某一加工工艺过程。因此，它是鉴定金属材料的一种良好方法，可作为拉伸试验、冲击试验等的补充试验。

金属工艺性能试验的目的是为了确定金属材料是否具有适合某种工艺加工方法的性能。

金属工艺性能试验一般并不测试所加载荷或所产生变形的精确量值，而是尽快地测试出材料在质量上是否符合所规定技术条件的要求。

金属工艺性能试验通常有两种：（1）试验的测试结果只根据试样的弯曲、扩口、压扁等外观现象进行评定；（2）除了按外观对材料的质量进行评定外，还要测量在试验时施加外力过程中试样的变形，这种变形与热加工或冷加工工艺过程中或在以后服役条件下金属材料所产生的变形大致相同。这种测试结果通常用绝对单位来表示（如杯突值）或用规定的判据来表示（如线材反复弯曲时用规定弯曲次数）。

金属工艺性能试验所采用试样的形状和尺寸，与所试金属材料的类型和性能有关。有关取样、试样制备程序，在标准中均有明确规定。

金属工艺试验有以下特点：

（1）试验过程与材料的使用条件相似。

（2）一般不考虑应力的大小，而是以受力后表面变形情况（如裂纹、裂缝等）以及变形后所规定的某些特征来考核材料的优劣。试验结果可以反映出材料的塑性、韧性以及部分质量问题。

（3）试样容易加工。

（4）试验方法简便，无需复杂的试验设备。

因此，金属工艺试验可按技术协议作为产品交货条件。试验结果的优劣，可为材料生产企业熔铸、冷热加工等工艺提供改进措施的依据。

4.4.1　扩口试验

金属管扩口试验是检验金属管由径向扩张到规定直径的变形性能，并显示其缺陷的一种试验方法。它适用于外径不超过150mm（有色金属管不超过100mm）、管壁厚度不超过10mm的圆形横截面金属管扩口塑性变形能力的测定，适用于无缝和焊接金属管。也可与用户协商非标准规定外径和壁厚的扩口试验。

4.4.1.1　试验原理

用圆锥形顶芯扩大管段试样的一端，直至扩大端的最大外径达到相关产品标准所规定的值。

4.4.1.2　试验方法

根据有关技术条件或双方协议的规定，选用不同锥度的顶芯，推荐采用的顶芯角度为30°、45°和60°。

试验一般应在室温范围内进行。对于温度要求严格的试验，应控制在（23±5）℃之内。

平稳地对圆锥形顶芯施加力，使其压入试样端部进行均匀扩口，直至达到所要求的外径。试样扩口后的最大外径或扩口率应由相关产品标准规定。扩口率 X_d 按式（4-13）计算：

$$X_d = (D_u - D)/D \times 100\% \qquad (4-13)$$

式中，D_u、D 分别为试验后的最大外径和原始外径，mm。

允许润滑顶芯。顶芯压入试样的速度一般不做规定，但出现争议或仲裁试验时，顶芯的压入速率不应超过50mm/min。

应按照相关产品标准的要求评定扩口试验结果。如未规定具体要求，试验后试样无肉眼可见裂纹应评定为合格，仅在试样棱边处出现轻微的开裂不应判报废。

4.4.1.3 试样

试样应从外观检验合格的金属管任意部位或双方协议的部位切取。切取试样时应防止损伤试样表面和改变其性能。

试样长度取决于顶芯的角度。当顶芯角度等于或小于30°时，试样长度应近似为 $2D$（D 为管材原外径）；当顶芯角度大于30°时，试样长度应近似为 $1.5D$。

4.4.1.4 试验机

试验应在可调节速率的试验机上进行。

4.4.1.5 试验注意事项

（1）试验时必须按有关技术文件的规定，采用不同锥度的顶芯，试验完毕后应立即将顶芯及垫板卸下。

（2）顶芯的工作面应磨光且具有足够的硬度，试验时顶芯工作表面可涂上润滑油。试验时应注意安全。

4.4.2　压扁试验

管材压扁试验是检验金属管（无缝或焊接管）压扁到规定尺寸时的变形性能，并显示其缺陷的一种试验方法，适用于外径不超过 400mm、管壁厚度不超过外径 15% 的圆形横截面无缝和焊接金属管压扁塑性变形能力的测定，也可在产品标准或技术协议中对金属管外径和壁厚的范围另做规定。

4.4.2.1　试验原理

垂直于管的纵轴线方向对规定长度的试样或管的端部施加力进行压扁，直至在力的作用下两压板之间的距离达到相关产品标准所规定的值。如为闭合压扁，试样内表面接触的宽度应至少为试样压扁后其内宽度的 1/2。

4.4.2.2　试验方法

试验一般应在室温范围内进行。对于温度要求严格的试验，应控制在 (23±5)℃。

将试样放在两平行平板之间，用压力机或其他方法沿垂直于管的纵轴线方向均匀地移动压板，压至有关技术条件规定的压扁距离或内壁距离（此距离在负荷作用下测定）。压扁速度应为 20~50mm/min。但出现争议或仲裁试验时，压板的移动速率不应超过 25mm/min。

试验焊接管时，焊缝位置应在技术条件中规定。若无规定，则焊缝应位于同施力方向呈 90° 的位置。

试样压扁到规定的距离后卸除负荷，取下试样。

如相关产品标准未规定具体要求，试验后检查试样弯曲变形处，无肉眼可见裂纹应评定为合格，仅在试样棱边处出现轻微的开裂不应判报废。

4.4.2.3　试样

试样应从外观检验合格的金属管任意部位或双方协议的部位

切取，切取试样时应防止损伤试样表面和改变其性能。切口处棱边应锉圆或进行加工，去飞边及毛刺。管材的内外壁均保留原表面，不做任何加工。

试样长度大致等于金属管外径；外径小于 20mm 者应为 20mm，但不超过 100mm。通常，试样长度为 40mm，有特殊规定的，按规定执行。

4.4.2.4 试验机

试验机应能将试样压扁至规定的两平行压板之间的距离；压板的尺寸应大于试样压扁后的尺寸。

4.4.2.5 试验注意事项

（1）如在试样表面用钢字打上标记，试验时应将试样打标记面与上（或下）压板接触，切勿与施力方向呈 90°。

（2）试验时，压扁距离是在负荷作用下测定的，而不是在卸荷后测定。

（3）试验后立即将上、下压板卸下。

4.4.3 弯曲试验

金属的弯曲试验，是检验金属材料承受规定的弯曲程度的变形能力，并显示其缺陷的一种工艺性能试验。在一定程度上能反映材料的均匀性和质量。适用于金属材料相关产品标准规定试样的弯曲试验，但不适用于金属管材和金属焊接接头的弯曲试验。

4.4.3.1 试验原理

弯曲试验是以圆形、方形、矩形或多边形横截面试样在弯曲装置上经受弯曲塑性变形，不改变加力方向，直至达到规定的弯曲角度。

金属弯曲试验时，在作用力下弯曲程度可分为下列三种类型：

（1）达到某规定角度 α 的弯曲；

（2）绕着弯心弯到两面平行的弯曲；

（3）弯到两面接触的重合弯曲。

弯曲试验时，试样两臂的轴线保持在垂直于弯曲轴的平面内。如为弯曲 180° 角的弯曲试验，按照相关产品标准的要求，将试样弯曲至两臂相距规定距离且相互平行或两臂直接接触。

4.4.3.2　定义及符号

弯曲试验的符号及说明如表 4-55 所示。

表 4-55　弯曲试验的符号

符　号	说　明	单　位
a	试样厚度或直径或多边形横截面内切圆直径	mm
b	试样宽度	mm
L	试样长度	mm
l	支辊间或翻板间距离	mm
d	弯曲压头或弯心直径	mm
α	弯曲角度	(°)

4.4.3.3　试验方法

试验一般在室温范围内进行。对于温度要求严格的试验，应控制在 $(23 \pm 5)℃$ 之内。

装上弯心（压头），弯心直径大小按技术规定要求。弯曲压头宽度应大于试样宽度或直径。弯曲压头的压杆厚度应略小于弯曲压头直径。弯曲压头应具有足够的硬度。

调整支座之间的距离，使 $l = (d + 3a) \pm 0.5a$。

调整翻板之间的距离，使 $l = (d + 2a) + e$（式中 e 可取值为 $2 \sim 6mm$）。

试验过程中应平稳地对试样施加压力。

按相关产品标准规定的方法完成试验，弯曲至规定的弯曲角度，或弯曲至两臂相距规定距离且相互平行，或弯曲至两臂直接接触。

试样弯曲至规定弯曲角度的试验，应将试样放于两支辊上，试样轴线应与弯曲压头轴线垂直，弯曲压头在两支座之间的中点处对试样连续施加力使其弯曲，直至达到规定的弯曲角度。

如不能直接达到规定的弯曲角度，应将试样置于两平行压板之间（参见 GB/T 232—1999），连续施加力压其两端使进一步弯曲，直至达到规定的弯曲角度。

进行试样弯曲至 180°角两臂相距规定距离且相互平行的试验，应首先对试样初步弯曲，然后将试样置于两平行压板之间连续施加力，直至两臂平行。

试样弯曲至两臂直接接触的试验，应首先将试样进行初步弯曲，然后将试样置于两平行压板之间施加力直至两臂直接接触。

可以采用试样一端固定，另一端绕弯心进行弯曲的方法进行弯曲试验，直至达到规定的弯曲角度。

如相关产品标准未规定具体要求，弯曲试验后试样弯曲外表面无肉眼可见裂纹评定为合格。

相关产品标准规定的弯曲角度作为最小值，规定的弯曲半径作为最大值。

在进行弯曲试验时，必须注意安全，以防止试样发生弹跳，造成人身伤害事故。

4.4.3.4 试样

试样的尺寸和形状应按照金属材料种类根据相关标准确定。

试验使用圆形、方形、矩形或多边形横截面的试样。样坯的切取位置和方向应按照相关产品标准的要求。如未具体规定，应按照 GB/T 2975《钢和钢产品 力学性能试验取样位置和试样制备》的要求。试样应通过机加工去除影响材料性能的部分。

试样表面不得有划痕和损伤。方形、矩形或多边形横截面的试样的棱边应倒圆, 倒圆半径不超过试样厚度的 1/10。棱边倒圆时不应形成影响试验结果的横向毛刺、伤痕或刻痕。

试样宽度应按照相关产品标准的要求。如未具体规定, 试样宽度应按照如下要求:

(1) 当产品宽度不大于 20mm 时, 试样宽度为原产品宽度。

(2) 当产品宽度大于 20mm 时, 厚度小于 3mm 时, 试样宽度为 (20±5)mm; 厚度不小于 3mm 时, 试样宽度为 20~50mm。

试样厚度或直径应按照相关产品标准的要求。如未具体规定, 应按照以下的要求:

(1) 对于板材、带材和型材, 产品厚度不大于 25mm 时, 试样厚度应为原产品的厚度; 产品厚度大于 25mm 时, 试样厚度可以机加工减薄至不小于 25mm, 并应保留一侧原表面。弯曲试验时试样保留的原表面应位于受拉变形一侧。

(2) 直径或多边形横截面内切圆直径不大于 50mm 的产品, 其试样横截面应为产品的横截面。如试验设备能力不足, 对于直径或多边形横截面内切圆直径超过 30~50mm 的产品, 可以将其加工成横截面内切圆直径为不小于 25mm 的试样。直径或多边形横截面内切圆直径超过 50mm 的产品, 应将其加工成横截面内切圆直径为不小于 25mm 的试样。试验时, 试样未经机加工的原表面应置于受拉变形的一侧 (参见 GB/T 232—1999)。

试样长度 L 应根据试样厚度 a 和所使用的试验设备确定。采用支辊式弯曲装置方法时, 可以按照式 (4-14) 确定:

$$L = 0.5\pi(d + a) + 140\text{mm} \tag{4-14}$$

式中, d 为弯曲压头或弯心直径, mm。

4.4.3.5　试验机

弯曲试验可在压力机、特殊试验机、万能试验机或圆口老虎钳等设备上进行。如无适当设备, 经双方协议可用手锤、机械锤进行弯曲试验。

应在配备下列弯曲装置之一的试验机上完成试验: 支辊式弯

曲装置、老虎钳式弯曲装置以及标准中所指的其他弯曲装置。

（1）支辊式弯曲装置：支辊长度应大于试样宽度和直径，支辊间距离应按式（4-15）确定

$$l = (d + 3a) \pm 0.5a \tag{4-15}$$

弯曲压头直径应在相关产品标准中规定。

（2）老虎钳式弯曲装置、V形模具式弯曲装置、翻板式弯曲装置：相关具体要求参见 GB/T 232—1999《金属材料 弯曲试验方法》。

4.4.3.6 影响试验结果的主要因素

（1）试样宽度的影响：试样宽度对弯曲试验结果有明显影响。有资料表明：试样宽度窄时对试验结果很不敏感；当试样宽度增加到一定程度后，弯曲合格率会急剧下降，说明该宽度区域对弯曲结果很敏感。因此，试样的宽度要严格按标准的要求执行。

（2）弯心直径对弯曲试验结果的影响：弯心直径减小使得弯曲试验结果不合格的可能性增加。

4.4.3.7 弯曲试验注意事项

（1）必须保证弯心紧固在试验机上，弯心轴线与两支承辊轴平行，与试样垂直。

（2）两支承辊轴座必须固定，不允许在试验过程中由于作用力而发生向两侧移动的现象，也不得因两支承辊间距过小造成试样在压力下挤伤。

（3）弯曲试验过程中应使用防护网，以防在试验过程中试样崩出。

4.4.4 杯突试验

杯突试验主要用于测定薄板和带状金属材料的塑性变形性能。它的显著特点是试验过程同薄板加工到成品的工艺过程相

似。所以，杯突试验作为薄板的主要工艺试验被广泛采用。一般
适用于厚度为 0.2~2mm 的板材和带材。

4.4.4.1　试验原理

试验系用端部为球形的冲头，将夹紧的试样压入压模内，直
至出现穿透裂缝为止，所测量的杯突深度即为试验结果。

4.4.4.2　试验方法

试验一般应在 10~35℃ 内进行。对于温度要求严格的试验，
应控制在 (23±5)℃ 之内。

相邻两个压痕中心距离不得小于 90mm，任一压痕的中心距
离至试样任一边缘的距离不得小于 45mm。

压模和垫模接触试样的工作面应平行。冲头的轴线与垫模的
中心线应重合，而且在冲头前进时保持不变。

根据试样的尺寸，选择压模和垫模及冲头直径。

在试验前，试样两面和冲头应轻微地涂以石墨润滑脂。经供
需双方协商，可采用其他类型的润滑脂。

试验机调至零点后，试样放在压模和垫模之间夹紧，其夹紧
力约为 10kN。

在无冲击的情况下进行杯突试验，试验速度为 5~20mm/
min；试验结束时，将速度降低到接近下限，以便正确地确定裂
缝出现的瞬间。

当裂缝开始穿透试样厚度（透光）时，试验即终止。

测量杯突值应精确到 0.1mm，杯突值以 IE 表示。

4.4.4.3　试样

试样宽度或直径为 90~95mm，试样切取的位置、数量等应
在产品标准或技术协议中规定。试样应不经矫直进行试验。

切取试样时，必须保持试样平整，其边部不得有毛刺和扭
曲；试验前试样不应遭到锤击、受热或冷变形。

4.4.4.4 试验机

试验应在装备有合格的压模、垫模和冲头的试验机上进行。

试验机应能正确确定裂缝开始穿透试样厚度（透光）的瞬间；应具备测量杯突深度的标尺，其最小刻度为 0.1mm；并应具备测量夹紧力的装置，对试样具有大约 10kN 的恒定夹紧力；冲头的起始位置应与夹紧的试样表面接触。

压模、垫模和冲头要有足够的刚性，其工作表面的硬度不得小于 HV750，在试验过程中不得产生变形。

冲头的工作表面还应满足一定的粗糙度要求。

4.4.4.5 影响试验结果的主要因素

（1）压模、垫模的尺寸的影响：模具的磨损对试验结果的影响较大，可以使试验结果提高 0.4~0.6mm。

（2）冲头磨损的影响：冲头的磨损可以使杯突值降低，因而需经常检查，发现磨损及时更换。

（3）夹紧力的影响：随着夹紧力的增加，杯突值逐渐减小，主要是试验时材料的流动性所致。夹紧力愈大，置于压模和垫模之间的试样所受到的正压力也愈大，试样与模具间的摩擦阻力也愈大。摩擦阻力将阻碍材料的塑性变形，试样的变形仅限于压模和垫模之间未被挤压部分，因此使测出的杯突值偏小。

（4）冲头上升速度的影响：试验时冲头上升速度必须缓慢或在快要接近破裂时减慢速度。否则，由于冲头上升过快而使杯突值升高，这是由于惯性作用的原因。因此冲头速度一定要缓慢，一般控制在 5~20mm/min 为宜。

（5）润滑剂的影响：在同一材料上由于所采用的润滑剂不同，则测出的杯突值也各不相同。一般在试验前，试样两面和冲头应轻微地涂以石墨润滑脂。经供需双方协商，可采用其他类型的润滑脂。

4.4.5　金属线材扭转试验

金属线材扭转试验目的是检验线材在单向或双向扭转中承受塑性变形的能力及显示线材表面和内部缺陷。

4.4.5.1　试验原理

单向扭转：试样绕自身轴线向一个方向均匀旋转 360° 作为一次扭转至规定次数或试样断裂。

双向扭转：试样绕自身轴线向一个方向均匀旋转 360° 作为一次扭转至规定次数后，再向相反方向旋转相同次数或试样断裂。

4.4.5.2　试验设备

试验机夹头应具有足够的硬度；试验期间，两夹头应保持在同一轴线上，并对试样不施加任何弯曲力；夹头的一端应能绕试样轴线双向旋转，而另一端不得有任何转动，但能沿轴向自由移动；应有对试样施加拉紧力的装置；速度应能调节，并有自动记录扭转次数的装置及测量两夹头间标距长度的刻度尺。

4.4.5.3　试样

必要时，可以对试样进行轻轻矫直，但不得损伤试样表面，也不得扭曲试样；存在局部硬弯的线材不得用于试验。除非另有规定，试验机两夹头间的标距长度应符合表 4-56 规定。

表 4-56　试验机两夹头间的标距长度（mm）

线材公称直径 d 或特征尺寸 D	两夹头间标距长度	线材公称直径 d 或特征尺寸 D	两夹头间标距长度
0.3 ~ <1.0	200d(D)	5.0 ~ 10.0	50d (D)[②]
1.0 ~ <5.0	100d (D)[①]		

①特殊协议时可采用 50d(D)；

②特殊协议时可采用 30d(D)。

4.4.5.4　试验程序

试验一般在 10～35℃ 的室温下进行，如有特殊要求，试验温度应为 23±5℃。

将试样置于试验机夹持钳口中，使其轴线与夹头轴线相重合。为使试样在试验过程中保持平直，应施加某种形式的拉紧力。这种拉紧力不得大于该线材公称抗拉强度相应力值的 2%。除非另有规定，否则应按表 4-57 选用相应的扭转速度，其偏差应控制在规定转速的 ±10% 以内。

表 4-57　控制规定转速

线材公称直径 d 或特征尺寸 D/mm	单向扭转次数 /r·min^{-1} 铜及铜合金	双向扭转次数 /r·min^{-1}	线材公称直径 d 或特征尺寸 D/mm	单向扭转次数 /r·min^{-1} 铜及铜合金	双向扭转次数/r·min^{-1}
<1.0	300		3.0～<3.6	60	60
1.0～<1.5	120	60	3.0～<5.0		
1.5～<3.0	90		5.0～<10.0	30	30

试样置于试验机后，以一合适的恒定速度旋转可转动夹头，计数装置同时自动记数，直至试样断裂或达到规定的次数为止。当试样的扭转次数、表面及断口符合有关标准规定时，则该试验有效。如果试样未达到规定的次数，且断口位置在离夹头 $2d(D)$ 范围内，则该试验无效。在试验过程中，如试样发生严重劈裂，则最后一次扭转不计。

4.5　弹性模量试验（静态法）

弹性是物质在外力作用下改变其形状和大小而外力卸除后可回复原始形状和大小的特性。金属的熔点越高，弹性模量越大。

弹性模量主要是由材料成分决定的结构不敏感参数。适用于室温下用静态法测定金属材料弹性状态下的拉伸弹性模量。

（1）适用范围：适用于室温下测定金属材料弹性状态下的拉

伸弹性模量。

（2）原理：试样施加轴向力，在其弹性范围内测定相应的轴向变形，以便测定所定义的弹性模量。

（3）定义：

轴向力：沿试样纵轴方向施加的拉伸力和压缩力。

轴向应变 ε_1：在平面内平行于试样纵轴方向的线应变。

轴向变形：在平面内平行于试样纵轴方向线长度的伸长和缩短。

轴向引伸计标距 L_{e1}：测量试样轴向变形的引伸计标距。

弹性模量 E：轴向应力与轴向应变呈线性比例关系范围内的轴向应力与轴向应变之比。

有许多金属材料，其拉伸弹性模量与压缩弹性模量有差别，应注意区分。

拉伸弹性模量 E_1：轴向应力与轴向应变呈线性比例关系范围内的轴向拉伸应力与轴向拉伸应变之比。

（4）试样：圆形和矩形拉伸试样应符合 GB/T 228—2002 的规定。通过协商可以采用其他类型的试样。

圆形试样和矩形试样的测量同常温拉伸试样的要求，然后将 3 处测得的横截面面积的算术平均值作为试样原始横截面面积。测量尺寸的量具应满足表 4-58 的要求，测量时应估读到量具最小刻度的半个刻度值。

表 4-58　试样横截面尺寸与量具要求（mm）

横截面尺寸	量具最小刻度值，不大于	横截面尺寸	量具最小刻度值，不大于
0.1 ~ 0.5	0.001	>2.0 ~ 10.0	0.01
>0.5 ~ 2.0	0.002	>10.0	0.05

（5）试验设备：试验机其误差应符合或优于 1 级试验机的要求。引伸计其误差应符合或优于 0.5 级的要求。

（6）试验方法：弹性应力增加速率应为 $1 \sim 20\text{N}/(\text{mm}^2 \cdot \text{s})$，速度尽可能保持恒定。

试验应在室温（10~35℃）下进行。

试验时，用自动记录方法绘制轴向力-轴向变形曲线。绘制曲线时，力轴比例的选择应使轴向力-轴向变形曲线的弹性直线段的高度超过力轴量程的 3/5 以上。变形放大倍数的选择应使轴向力-轴向变形曲线的弹性直线段与力轴的夹角不小于 40°。在记录的轴向力-轴向变形曲线上，确定弹性直线段，在该直线段上读取相距尽量远的轴向力增量（ΔF）和相应的轴向变形增量（Δl），按式（4-16）计算拉伸弹性模量。

$$E = \left[\frac{\Delta F}{S_0} \right] \bigg/ \left[\frac{\Delta l}{L_{el}} \right] \tag{4-16}$$

式中　ΔF——轴向力增量，N；

　　　S_0——试样平行长度部分的原始横截面积，mm^2；

　　　Δl——轴向变形增量，mm；

　　　L_{el}——轴向引伸计标距，mm。

可以借助于直尺将弹性直线段延长，在相距较远的两点之间读取轴向力增量和相应的轴向变形增量。

（7）影响因素：弹性模量与原子间结合力密切相关，一般弹性模量随着原子序数增加而发生周期性变化。

对于大多数金属材料，温度升高使原子间距增大，原子间结合力减弱。因此导致弹性模量总是随着温度的升高而减小。

总之，弹性模量是材料最稳定的力学性能参数，对合金成分和组织的变化不敏感。

5 铜合金腐蚀试验

5.1 铜合金腐蚀的类型和特点

铜合金的腐蚀是指铜合金在周围环境介质作用下所产生的物理、化学反应而导致合金组织、性能等的变质或损坏。

造成铜合金腐蚀的因素繁杂多样，因此，铜合金腐蚀的分类也很困难，迄今为止尚未有一个非常严谨、系统的分类方法。

从造成铜合金腐蚀的原因以及产生的后果等方面，大致可把常见的腐蚀分为以下几类：

（1）按机理分可分为湿腐蚀和干腐蚀：湿腐蚀可分为化学腐蚀和电化学腐蚀；干腐蚀可分为高温氧化、熔盐腐蚀和液态金属腐蚀。

（2）按破坏形态分可分为电偶腐蚀、点蚀、缝隙腐蚀、晶间腐蚀、选择性腐蚀、丝状腐蚀和应力腐蚀等。其中，应力腐蚀又可分为应力腐蚀开裂、氢损伤（又可分为氢脆、氢鼓泡和氢腐蚀）、腐蚀疲劳、冲击腐蚀、湍流腐蚀、微振腐蚀、空泡腐蚀等。

（3）按环境分可分为大气腐蚀、土壤腐蚀、水环境腐蚀和微生物腐蚀等。大气腐蚀又可分为工业大气腐蚀、生活大气腐蚀、海洋大气腐蚀；土壤腐蚀可分为介质腐蚀、杂散电流腐蚀等；水环境腐蚀可分为酸、碱、盐腐蚀和工业水腐蚀等。

铜合金的腐蚀是材料和环境因素共同作用的结果。广义上，铜合金的腐蚀可以分为全面腐蚀和局部腐蚀两类。

全面腐蚀是铜合金最简单的腐蚀形式，突出表现在合金几何表面的均匀变质、减（增）重或减（增）厚等，如铜合金的自然氧化、酸中的溶解等。

局部腐蚀是铜合金最常见、危害最大、造成后果最严重的腐蚀形式。突出表现为：在构件整体性能完好的情况下，由于腐蚀而导致构件局部功能非预期的失效，且具有一定的突然性或不可预测性。如常见的应力腐蚀开裂（SCC）、腐蚀疲劳（CF）、点蚀（Pitting）等。

5.2 腐蚀试验方法

5.2.1 腐蚀试验方法的选择

5.2.1.1 实验室试验

实验室试验分为实验室加速腐蚀试验和实验室模拟腐蚀试验两种。

（1）实验室加速腐蚀试验就是在试验中引入强化因素，力求在最短时间内确定材料的某种腐蚀倾向和腐蚀速度的试验方法。它是实验室最常采用的试验方法。该方法只能引入一个或少数几个关键因素，但不能引入实际不存在的因素，也不能因为加速因素的引入而改变实际条件下的腐蚀机理，否则就会得出错误的结论。

（2）实验室模拟腐蚀试验是一种不加速、长期的模拟试验。它尽可能地模拟自然环境或实际环境条件，试验重现性较好。但存在试验周期长、成本较高等缺点。

5.2.1.2 现场（挂样）试验

现场试验就是把专门制备的样品（试片、样管等）置于实际使用环境条件之下进行试验。它解决了实验室无法再现实际环境条件的困难，试验结果可靠、方法简单。但存在现场环境因素无法控制、试验周期长、试验结果重现性差、样品可能丢失、腐蚀产物可能污染产品等缺点。

此外，还可以将试验材料制成实物部件、设备或装置，在实际使用条件下进行实物试验。

5.2.2　试验条件及影响因素

5.2.2.1　试验样品

应尽可能详尽掌握样品的各种原始资料，如原始表面状态、成分、加工工艺、金相组织、晶粒大小、晶面取向、晶界状态及夹杂物性质、数量、状态、分布等。

试样的形状和尺寸主要取决于试验的目的、方法、环境、材料性质、介质、试验设备、评价方法等。一般情况下，试样形状应尽可能简单，便于加工和测量，应减少样品边棱并尽可能增大试样在介质中的暴露面积，以减少边缘效应对试验结果的影响。

样品的表面粗糙度、均一性及清洁程度对试验结果有很大影响。样品的制备以不对合金基体附加残余应力、不改变合金组织和成分为原则。必要时，应保证样品原始表面免遭破坏。

每次试验所选取的平行样品的数量依试验目的、方法精确性、材料均一性、试验设备容量和结果分散程度而定。平行样品一般不少于 3 个。特殊情况下平行样品不少于 5 个。

每个样品都要有标识加以区分。但标识不得对试验结果产生影响。

样品在介质中的暴露方式取决于试验的目的、设备装置和样品形状。但必须保证不能妨碍样品与介质的自由接触；样品之间及其与设备之间不能有接触；样品应取放方便；有特殊要求的应便于试验中对腐蚀过程的观察；支架应为惰性材料，且试验中不能因腐蚀而失效，也不能对介质造成污染。

5.2.2.2　试验介质

实验室腐蚀试验介质的配制依试验目的而定。选择介质成分时应严格控制主要成分，同时不应忽视微量成分的作用。为避免各类复杂因素对试验结果的影响，介质成分应尽可能简单；应用蒸馏水和化学纯（或分析纯）试剂配制腐蚀介质，严格控制各组分含量；高温试验时应充分考虑介质挥发对介质浓度的影响等。

5.2.2.3　试验条件

设计试验方案时除了要考虑试验样品和试验介质因素外，其外部环境条件也是不容忽视的。如温度、样品与介质的相对运动、系统的几何关系、样品暴露程度及试验周期等。

温度控制应以控制介质温度为宜，应避免由于样品受热不均引起温差电池腐蚀而影响试验结果。一般不宜直接对腐蚀介质进行加热，应采用水浴或油浴。控温设备内不应出现"静滞"空间，以免由于温度梯度的原因对试验结果产生较大影响。高温试验应配备必要的冷凝回流装置。

样品与介质之间相对运动速度（流速）的增加，可能增大或减小腐蚀速度，也可能通过对腐蚀机理的改变进而影响腐蚀类型。每种合金都有临界流速，合理选择流速是试验成败的关键。

介质溶气对腐蚀过程有很大影响，腐蚀试验中应严格控制溶液中充气状态。根据试验目的，无论充气、去气都应严格控制其浓度和速度，并保证通入气体尽可能弥散且与试验介质具有相同的温度。

5.2.2.4　样品暴露程度

样品可以全部、部分或周期性地暴露于腐蚀介质中，以模拟实际应用中可能遇到的各种状况。

全浸试验样品浸入深度不应少于2cm，以保证样品各部位腐蚀状态的尽可能均一。部分浸入（半浸）试验对于研究合金水线腐蚀具有特殊价值。应保持平行试样的几何尺寸恒定，提高试验重现性。

　　周期性暴露（间浸）试验应严格控制每次浸入、提出的时间，保持每次样品表面干湿变化程度一致。必要时要考虑采取保持液面恒定、辅助加热等措施。

5.2.2.5　试验周期

　　试验周期的长短一般取决于试验的目的、腐蚀规律和机理，以及方法和性质等。周期太长，既无必要又造成浪费；周期太短，则腐蚀可能还未开始，或未达稳态，试验结果并不充分有效，甚至错误。应结合实际工作环境腐蚀性强弱、腐蚀机理及合金特性合理选择试验周期。

5.2.3　常规腐蚀评定方法

5.2.3.1　表观检查

　　样品表观检查包括表面宏观检查和显微检查两种方法。宏观检查应关注样品的外部形态，腐蚀产物的形态、分布和腐蚀介质的变化情况；显微观察主要关注样品组织结构的变化，如晶粒、晶界、夹杂、蚀坑、裂纹等。

5.2.3.2　重量法

　　重量法是评价腐蚀程度的基本方法之一，常用的有增重法和失重法两种。无论是增重法或失重法，一个样品在腐蚀-时间曲线上只能提供一个数据点。只有当腐蚀产物牢固附着在样品表面，且组分恒定时，才能在一个样品上获得腐蚀随时间变化的完整规律。

　　增重法和失重法所获得的重量变化与样品的暴露面积和暴露周期有很大关系。而且不同合金的密度互不相同，为增加不同试验间的可比性，常用侵蚀率（单位时间侵蚀深度）来表示腐蚀速度。

　　选用失重法评定时，应彻底清除样品上的腐蚀产物。根据合金的种类、性质及腐蚀产物剥离难易选择不同的清除方法。选用的清除方法既要能够彻底清除腐蚀产物，又要不损伤合金基体，以免影响对腐蚀试验结果的评定。

5.2.3.3　失厚测量与点蚀深度测量

对均匀腐蚀而言，测量腐蚀前后样品厚度的变化，可直接获得试验结果，或根据由于腐蚀而引起材料性质变化的特性进行测量，如涡流法、超声法、电阻法等；对于非均匀腐蚀，例如点蚀，则测量点蚀深度更有实际意义。

无论选用何种方法，要求所用测量工具的精度能满足所进行试验评定系统的测量精度要求。

5.2.3.4　电阻法

根据合金在腐蚀过程中有效导电截面面积减少而导致电阻增加的原理，可以用电阻法测量腐蚀速度。

电阻法具有灵敏度高、不受介质状态和性质限制、不必清除腐蚀产物且可在线测量、可以现场实地监控等优点，是最主要的现场试验方法之一。

5.2.3.5　力学性能与腐蚀评定

无论是全面腐蚀还是局部腐蚀，最终都会导致合金力学性能的恶化。通过测量样品腐蚀前后力学性能的变化，可以定量评定腐蚀的影响程度。特别对于一些无法用增重法或失重法来评定的腐蚀类型，如晶间腐蚀、选择性腐蚀、应力腐蚀和腐蚀疲劳等，它们在力学性能的变化上都非常敏感。

5.2.3.6　气体容量法

该方法适用于合金电极反应伴随析氢现象的水溶液电化学腐蚀或气相氧化过程。它通过腐蚀过程中放出或消耗的气体量来评价腐蚀程度。

5.2.4　常规腐蚀试验方法

5.2.4.1　氧化试验

合金的高温抗氧化性能是一项重要性能指标。氧化试验常用方法有重量法、气体容量法、压力计法和电阻法等。

重量法试验的目的是为了获得样品重量随时间变化的氧化曲线。试验可采用间断称重法或连续称重法进行。间断称重法就是将样品放入电炉（如马弗炉）保温（氧化）一段时间后取出冷却，再称重，然后再放入电炉保温，如此循环即可测得不同时刻样品重量的变化。连续称重法则是利用高温氧化试验热天平在线检测样品重量的变化。

5.2.4.2　水溶液腐蚀试验

水溶液腐蚀试验分为全浸试验、半浸试验、间浸试验、流动溶液试验等。

无论哪种试验，都要严格按试验要求控制好一些重要影响因素，如样品表面状态、几何尺寸、悬挂或固定方式、浸入深度、运动状态、温度及其变化状态等。样品用板状试样为宜。平行试样的几何尺寸应严格规定，以免影响试验的重现性；溶液应有适宜的回流装置，以维持溶液成分相对稳定。

在强腐蚀环境（如强碱、强酸等）中试验时，应特别注意用来悬挂、固定样品的材料的稳定性，同时要注意悬挂、固定材料的存在既不能对样品的腐蚀行为产生任何影响（如电偶腐蚀），也不能污染试验溶液。

在进行不同合金材料比对试验时，要尽量避免不同种类的合金在同一容器中进行试验，以防止不同合金的腐蚀产物互相作用，改变腐蚀进程，影响试验结果。

5.2.4.3　应力腐蚀试验

常用应力腐蚀试验分为恒载荷、恒变形、慢应变速率和断裂力学四种腐蚀试验方法。

应力腐蚀试验可以在实际应用环境介质中进行，也可以在实验室人工介质中进行。实验室通过引入加速因素来实现加速模拟试验，其主要加速因素有增加环境介质的腐蚀性、增加试验载荷（应力）、外加电流的电化学极化、改变合金组织增加其对应力腐蚀敏感性等。

5.2.4.4 点蚀试验

实验室常采用强化腐蚀介质而无外加电化学极化的浸泡试验来快速评价合金的耐点蚀性能。所用腐蚀介质除了根据合金特性引入含侵蚀性阴离子（如 Cl^-）外，还应引入能促进点蚀稳定发展的氧化剂如 $FeCl_3$、H_2O_2、$K_3Fe(CN)_6$ 等，以提高氧化还原电位，促使点蚀发生。

5.3 热交换器用铜合金管的残余应力试验

目前，我国用于热交换器用铜合金管残余应力检验的现行标准方法有三种。它们分别是：

（1）等效采用 ISO 196《加工铜及铜合金残余应力测定硝酸亚汞试验》的 GB/T 10567.1《铜及铜合金加工材残余应力检验方法—硝酸亚汞试验法》；

（2）等效采用 ISO 6957《铜合金抗应力腐蚀的氨熏试验》的 GB/T 10567.2《铜及铜合金加工材残余应力检验方法—氨熏试验法》；

（3）GB/T 8000《热交换器用黄铜管残余应力检验方法》。

检验实践中，可根据合金类别、使用环境及工程设计要求选择合适的检验标准。

5.3.1 GB/T 10567.1《铜及铜合金加工材残余应力检验方法—硝酸亚汞试验法》

该方法理论上适用于所有的铜及铜合金加工材。由于汞盐及其析出物有毒，只有在必须采用该方法时（如非黄铜合金的残余应力检验）才会被采用。其试验方法是：首先将试样用清洁的有机溶剂（三氯乙烯或热碱溶液等）除油，再将样品完全浸入含有体积分数为15%硫酸的水溶液或含有60份体积蒸馏水和40份体积浓硝酸混合的溶液中，时间不超过30s，以除去样品表面含碳物及氧化膜的所有痕迹。将试样从酸洗液中取出，立即在水洗槽中用自来水冲洗干净。然后除去试样表面过量的水，并将其完全浸入每升含有10g硝酸亚汞和10mL硝酸（$\rho_{20℃} = 1.40 \sim 1.42g/mL$）的溶液中。

密闭保持30min后，将样品从试验溶液中取出放在陶瓷托盘中，用自来水冲洗并用镊子夹药棉小心擦去样品表面多余的汞后立即检查样品开裂情况。

5.3.2　GB/T 10567.2《铜及铜合金加工材残余应力检验方法—氨熏试验法》

该方法适用于黄铜加工材中残余应力的检测。其试验方法是：首先将试样用清洁的有机溶剂（三氯乙烯或热碱溶液等）脱脂除油，再将样品完全浸入质量分数为5%硫酸的水溶液中清洗，清洗后立即先在流动冷水中，然后再在热水中清洗干净。最后用电热吹风机将试样完全干燥。

当试样温度达到20~30℃后，将试样置于同样温度的干燥器（φ240~280mm）中，立即密闭保持24h。干燥器内事先加入试验溶液（将(107 ± 0.1)g的氯化氨溶于水，配制成500mL试验溶液，再用30%~50%的氢氧化钠溶液调节至pH = 10.0）。

试验溶液的量应保证每升容器总体积不少于200mL及每平方分米试样表面积不少于100mL。试验期间试验温度应恒定在±1℃。仲裁时，试验温度为(25 ± 1)℃。

氨熏结束后，先将样品在水洗槽内漂洗，再放进酸洗溶液内，于室温下清洗几分钟，直到样品表面腐蚀产物得以充分清除，可能产生的裂纹能够观察到为止。然后再充分水洗，并用电热吹风机吹干。

最后，用放大倍数为(10~15)×的放大镜或显微镜观察样品是否开裂。

5.3.3 GB/T 8000《热交换器用黄铜管残余应力检验方法》

该方法是热交换器用黄铜管残余应力检验的专用标准。其试验方法是：首先将试样用清洁的有机溶剂（乙醇或丙酮等）除油，再将样品在硝酸（1+1）溶液中除去氧化膜，然后用清洁水洗去样品表面的残酸，浸入水中备用。

将样品置于 $\phi240~280mm$ 的干燥器中，立即倒入 200mL 浓氨水（质量分数为 25%~28%），并立即密闭。在室温下保持4h。

从干燥器中取出样品，经水洗、酸洗除去样品表面腐蚀产物后，再充分水洗、晾（烘）干后用(10~15)×的放大镜观察样品是否开裂。

残余应力检测对于样品有严格的要求。如样品不得有压扁、砸伤、划伤、起皮、皱折等缺陷，制样时不得有夹持、人为折断等行为，以免产生附加应力。为排除切取样品或试样表面有磕碰伤时所造成的局部应力的影响，距试样端部 5mm 以内的裂纹及表面的放射状或网状裂纹应忽略不计。试验中样品不得相互接触，以免因缝隙腐蚀或电偶腐蚀（尤其是不同合金共同试验时）影响试验结果。酸洗时应依据合金类别、酸洗液强弱适当控制酸洗时间，以免由于过酸洗影响对裂纹的判断。汞和氨对人体均有毒或有害，试验中应切实做好人身防护，注意操作安全，防止造成环境污染。

6 铜及铜合金的无损检测

6.1 概述

无损检测是指在不损坏和不破坏材料、机器和结构物的情况下，利用声、光、电、磁等方法对材料或制件进行宏观缺陷检测、几何特性测量、组织结构和力学性能变化评定的一门学科。目前无损检测技术已有 50 多种，工业产品常用的无损检测方法有超声、射线、涡流、渗透和磁粉等五种。铜及铜合金，从铸锭到挤压、轧制、拉伸、锻造、焊接工件等都需要进行无损检测，以确保产品的质量，满足用户的要求。

6.2 超声检测

6.2.1 基本原理

超声检测是利用超声波能在弹性介质中传播，在界面上产生反射、折射等特性来探测材料内部及表面缺陷的无损检测方法。其特点是检测厚度大、速度快、灵敏度高、成本低，能对缺陷进行定位和定量分析。根据波形特征和结合产品的生产工艺还可以对缺陷进行定性分析。

6.2.2 方法分类

超声检测方法按波形分有纵波法、横波法、表面波法和板波法，按耦合方式分有接触法和液浸法，按超声波的显示方式可分为 A、B、C 型。铜合金产品按不同的生产工艺和形状，根据标准或用户的使用要求可选择不同的超声检测方法进行检测。

6.2.3 超声检测仪器

超声检测仪器种类很多，根据显示方式和显示内容可分为A、B、C 三种类型。A 型主要显示反射面在试件中的埋藏深度及反射信号的幅度，B 型主要显示反射面在试件中纵截面上的分布，C 型则主要显示反射面在平面视图上的分布。铜及铜合金产品检测用的仪器主要是 A 型脉冲反射式超声波探伤仪，其典型电路方框图如图 6-1 所示。

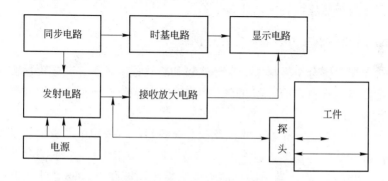

图 6-1　A 型超声检测仪电路方框图

国内铜加工行业常用的超声波检测仪的主要技术参数如表6-1 所示。

表 6-1　常用超声波检测仪的主要技术参数

型　号	频率 /MHz	衰减量 /dB	垂直线性 /%	水平线性 /%	动态范围 /dB	灵敏度余量/dB	分辨力 /mm
CTS－22	5～10	80	≤3	≤1	≥30	≥40	≤3（5N14）
CTS-26	5～20	90	≤3	≤1	≥40	≥40	≤1.2(10N6)

6.2.4 超声检测在铜及铜合金产品中的应用

6.2.4.1 铜及铜合金铸件的超声检测

铜及铜合金铸件内部主要存在裂纹、缩孔、夹渣、气孔等缺陷，最适合采用纵波接触法进行检测。但由于铜及铜合金铸锭组织不均匀、晶粒粗大，造成超声波的散射和衰减特别严重，尤其是厚度（或直径）大于 60mm 的铸锭，超声波难以穿透，无法检测。只有较小厚度的铸件才能检测，而且必须选择高性能检测仪器。超声波频率宜采用低频率如 0.5~1.25MHz；探头直径宜大些，一般直径为 20~28mm。对于离心铸造的铜合金产品，由于其铸锭组织较均匀、晶粒稍小，检测厚度可稍大些。但离心铸造产品内部气孔群对底波影响很大，检测时应仔细观察波形特征，与粗晶反射波区别开。

6.2.4.2　铜及铜合金板材的超声检测

铜及铜合金板材主要有热轧板和冷轧板两大类，其超声检测主要检测板材在冶金和轧制过程中产生的裂纹、分层、夹渣和气孔等缺陷。

厚度在 20mm 以上的铜及铜合金板材可以采用单晶直探头直接接触法进行检测，超声波频率应为 2.5~5.0MHz，探头直径为 20~28mm。由于紫铜的黏滞吸收衰减，厚度在 100mm 以上的热轧紫铜板需上下两面进行检测，超声波频率宜采用较低频率，如 1.25~2.5MHz。

厚度为 6~20mm 的铜及铜合金板材需采用液浸纵波法或双晶直探头接触法检测，应使用较高的频率如 5~10MHz，探头直径尽可能小，一般应小于 14mm。

厚度小于 6mm 的板材则需采用板波法进行检测。采用板波法检测时，最重要的是根据板波相速度与频率、板厚的关系曲线，选择合适的探头入射角，在板材内部激发出所希望的板波模式。

6.2.4.3　铜及铜合金棒材的超声检测

铜及铜合金棒材主要有挤制、轧制和拉制三类。直径在 45mm 以上的棒材应采用纵波直探头接触法进行检测，探头直径要小,一般应小于20mm,频率较高如5.0MHz,便于发现缩尾、裂纹等危险性缺陷。直径在45mm以下的棒材则要采用液浸聚焦纵波法进行检测,聚焦探头的曲率半径根据被检棒材的直径而定,应使用高的检测频率,一般应采用5~10MHz,以便减少声能的损失,提高检测灵敏度。

6.2.4.4 铜及铜合金管材的超声检测

铜及铜合金管材采用液浸法或接触法超声波检测,主要检测纵向缺陷。对于外径大于200mm且壁厚不小于25mm的管材可采用直探头接触法进行检测,探头直径应尽可能小,以便能与管材外壁吻合良好,探伤频率稍高些如2.5~5.0MHz;对于外径小于200mm的管材则应采用液浸法使用线聚焦或点聚焦横波探头进行检测,聚焦探头的曲率半径根据被检管材的外径和壁厚而定,频率采用5~10MHz。

6.2.4.5 铜及铜合金锻件的超声检测

铜及铜合金锻件主要有法兰、管板、圆筒等产品,通常采用超声波检测锻件中的危害性冶金缺陷以及热处理过程中产生的裂纹。一般用纵波直探头对锻件进行检测,探头频率应为2.5~5.0MHz,直径为20~28mm。所有大型铜合金锻件必须经充分锻造变形,以消除原有的铸造组织,才能进行检测。如果锻造比不够,锻件中仍存在有铸造组织,对超声波产生严重的散射和衰减,超声波难以穿透工件,因此无法实施检测。

6.2.4.6 铜及铜合金焊接件的超声检测

铜及铜合金焊接件主要有熔化焊和钎焊两大类产品。对于熔化焊的产品,由于铜的超声横波声速小于目前常用的探头晶片材料的纵波声速,其横波折射角太小,因此产品无法进行超声检测,只能采用射线检测。对于钎焊的产品,则可以用纵波直接接触法进行检测,使用的探头直径应尽可能大些,一般大于

20mm，频率相对低些如 2.5MHz，以便发现未焊合等危险性缺陷。

6.3　涡流检测

6.3.1　基本原理

涡流检测是以电磁感应理论为基础的。当载有高频交变电流的线圈接近导电材料表面时，在材料表面感应出涡流，涡流又产生自己的磁场与线圈激励的磁场相互作用。当工件表面存在缺陷时，涡流磁场就发生变化，从而引起检测线圈磁场的变化，据此判断材料表面及近表面有无缺陷。材料中的涡流密度随深度呈指数规律衰减，当涡流密度衰减到表面的 $1/e$（约 37%）时的深度称为标准趋肤深度，可用下式表示：

$$\delta = 503.3\sqrt{\rho/\mu_r f} \tag{6-1}$$

式中　δ——标准趋肤深度，mm；

ρ——材料的电阻率，$\Omega \cdot mm^2/m$；

f——激励频率，Hz；

μ_r——材料的相对磁导率，对于铜合金，μ_r 近似为 1。

涡流检测的优点是检测速度快，线圈与被检材料不直接接触，易于实现自动化；其缺点是只能探测出导电材料表面及亚表面的缺陷，对形状复杂的工件难做检查。涡流检测主要应用在铜及铜合金的管、线、棒、丝材等方面，检测厚度一般为 0.1 ~ 3.0mm。

6.3.2　方法分类

涡流检测方法根据检测线圈的形式分为穿过式线圈法、内插式线圈法和探头式线圈法。

穿过式线圈法是将被检工件轴向送进，使其穿过线圈实施检测的方法。此方法操作简单，检测速度快，一次能检测整个周向 360°的范围。内插式线圈法是将环形线圈以适当的方式插入管孔实施检测的方法，此方法主要用于厚壁管和孔壁易腐蚀的管内表面缺陷的检测。探头式线圈法一般采用很小的探头线圈，通过管材或探头的旋转对产品实施检测。此方法检测速度慢，但能检测出表面很小的缺陷。

三种探头线圈的特性比较如表 6-2 所示。不论是穿过式线圈、内插式线圈还是探头式线圈，就绕线方式而言，均可分为绝对式线圈与差动式线圈，二者的特性如表 6-3 所示。

表 6-2 不同检测线圈特性比较

特性比较	
探头式线圈	内插式或穿过式线圈
能正确显示缺陷的位置	无法确定在线圈圆周方向上的缺陷位置
灵敏度、分辨率高	灵敏度、分辨率较低
检测速度较慢	检测速度较快
一般用于检测平板类	一般用于检测圆形的对称被检物
可检测周向缺陷	难以检测周向缺陷
对试件尺寸变化不灵敏	对试件尺寸变化较灵敏

表 6-3 绝对式与差动式线圈性能比较

比较因素	线 圈 种 类	
	绝对式线圈	差动式线圈
对缺陷形式的反应	对剧烈变化的因素（如裂纹）及缓慢变化的因素（如管壁厚度、电导率、热处理的变异）均可显示	对缓慢变化的因素不灵敏，自比较时，容易漏检缺陷
温度的影响	会受温度变化影响而产生热漂移现象	具有温度补偿功能，因此不易受温度变化的影响
缺陷尺寸的判定	可以显示缺陷的全长	自比较法对长缺陷仅显示其两端的信号，易误判为短缺陷
探头与试件间有相对振动时	易产生杂乱信号	有相互补偿作用，杂乱信号较小

6.3.3　涡流检测仪器

涡流检测设备种类很多，电路形式各不相同。就无损检测而言，都是为了把工件中的缺陷通过检测线圈的阻抗变化反映出来。典型涡流检测仪应包括激励单元、信号检测单元、信号放大单元、信号处理单元、信号报警单元和信号显示单元等，其原理如图6-2所示。

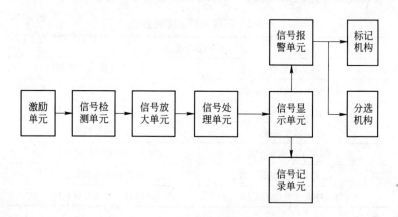

图6-2　典型涡流检测仪原理框图

6.3.4　涡流检测在铜及铜合金产品中的应用

6.3.4.1　铜及铜合金管材的涡流检测

铜及铜合金管材可以采用外穿过式、内插式或点式涡流探头进行检测。无论采用哪种探头，都是根据标准能有效地检出管材内存在的危害性缺陷。因此在实施检测之前，首先必须考虑激励频率、检测速度、滤波形式、相位和检测灵敏度等技术参数的选取。

（1）检测速度的设定：检测速度通常是按检测工艺要求和传动设备的情况进行设定。由于激励频率、滤波形式、标记延时时间都与检测速度有关，因此应先设定检测速度，再设定其他参数。

（2）激励频率的确定：根据被检铜合金管材的厚度和电导率，按标准趋肤深度公式计算出激励频率范围，然后根据信噪比将激励频率设定在使伤信号与噪声信号在相位上最能分离的位置上。

（3）滤波形式的设定：滤波器是完成调制分析的主要部件。为了使调制分析正确可靠，在试件与检测线圈的相对速度较慢且有变化的场合，应选用低通滤波器；而在相对速度较高且有变化的场合应选用高通滤波器；在上述二者之间速度恒定者可选用带通滤波器。

（4）相位的设定：相位的设定有两种目的：一是提高伤信号的信噪比；二是利用不同的伤信号具有不同的相位以及表面伤与内部伤具有不同的相位来设定仪器的相位，从而可以区分不同深度和不同类型的缺陷。

（5）灵敏度的设定：灵敏度的调整主要是用校准人工伤在所设定的激励频率、检测速度等条件下进行检测。通过调整仪器的衰减器，将校准人工伤的幅度调到示波屏的50%左右，使信噪比大于3以上。

6.3.4.2　铜及铜合金线棒材的涡流检测

铜及铜合金线棒材可以采用外穿过式或点式涡流探头进行检测。此类产品一般要求检测出表面及近表面的危害缺陷。由于涡流趋肤效应的影响，对于线棒材中心区域的缺陷很难检出。因此调整仪器，选取技术参数时应主要从提高表面检测灵敏度来考虑。此时激励频率适当高些，相位角的选取主要考虑能有效地检测出表面及近表面的裂纹等危害性缺陷。其他参数的设定和管材检测时一样。

6.4　射线检测

6.4.1　基本原理

射线检测是利用某些射线（如 X 射线、γ 射线）穿透工件时，有缺陷部位与无缺陷部位对射线的吸收与散射作用不同，采用适当的检测器（主要用射线胶片）来拾取透射射线强度分布图像，据此来判断材料内部有无缺陷的无损检测方法。射线照相检测的结果显示直观，可长期保存，检测技术和检验质量可以监测。但检测成本高，需考虑安全防护，对裂纹类缺陷有方向性限制。

6.4.2　方法分类

　　射线检测技术主要有射线照相检测、射线实时成像检测和射线层析检测等。铜及铜合金产品用得最多的是射线照相检测技术，主要用在对铸件和焊接件的检验。

6.4.3　X 射线机

　　工业射线照相检测用的低能 X 射线机由 4 个部分组成：X 射线管、高压发生器、冷却系统和控制系统。X 射线管是其核心部分，它是一个高真空器件，管内的真空度应达到 1.33×10^{-4} Pa 以上。目前国内外铜及铜合金产品常用的 X 射线机主要是气体绝缘变频便携式 X 射线机，其主要性能如表 6-4 所示。

表 6-4　气体绝缘变频便携式 X 射线机的主要性能

型　号	管电压/kV	管电流/mA	焦点/mm	机头重量/kg
国产 XXQ-2005	70~200	5	1.5×1.5	20
国产 XXQ-2505	150~250	5	2.0×2.0	30
国产 XXQ-3005	180~300	5	2.5×2.5	35
国外 2005 型	70~200	5	2.0×2.0	20
国外 2505 型	110~250	5	2.0×2.0	25
国外 3005 型	160~300	5	2.5×2.5	35

6.4.4　射线照相检测工艺

　　射线检测主要用于铜及铜合金铸件和焊接件的检测，各种标准都规定采用线型像质计来衡量照相技术与胶片处理质量，而影响射线检测结果的主要因素是透照布置和透照参数的确定。

6.4.4.1 透照布置

透照布置的基本原则是使射线照相能有效地对缺陷进行检验，主要考虑的是灵敏度和黑度应符合有关标准规定的要求。铜及铜合金铸件和焊接件的主要透照布置如表6-5所示。

表6-5　典型铜合金产品的主要透照布置

工件类型	透照方式	透照布置的主要特点	
		射线源位置	中心射线束方向
平板工件	常规基本透照布置	有效透照区中心上方	垂直指向有效透照区中心
环焊缝或管件	源在外单壁透照布置	工件外侧有效透照区中心上方	垂直指向焊缝透照区中心
	源在外双壁透照布置	偏离焊缝平面一段距离	指向焊缝透照区中心
	周向透照布置	工件内焊缝中心点	垂直指向透照焊缝
小直径管对接焊缝	椭圆成像透照布置	偏离对接焊缝平面一段距离	指向焊缝中心
	垂直透照布置	对接焊缝平面上	垂直指向透照焊缝

6.4.4.2 透照参数的确定

（1）射线能量选择原则是：在保证能穿透工件的前提下，尽量采用较低的能量，以提高射线照相灵敏度。

（2）焦距：确定焦距时必须考虑满足射线照相对几何不清晰度的规定。通常的情况下，采用固定的焦距进行透照，如600mm焦距。

（3）曝光量：曝光量必须达到一定的大小，才能保证小细节影像的可识别性。对普通灵敏度技术，曝光量应不小于15mA·min；对较高灵敏度技术，曝光量应不小于20mA·min；对高灵敏度技术，曝光量应不小于30mA·min。

（4）散射线的控制：在射线照相中，散射线产生于射线照相的任何物体，其中最主要的散射源是被透照的工件和工件后方的物体。散射线对影像质量的影响主要表现在降低影像的对比度和产生"边蚀"现象，使影像的边界区域变得很模糊。因此，控制散射线的产生是非常关键的。减少到达胶片的散射线的主要方法有滤波、光阑、遮蔽和屏蔽等。

6.4.4.3　暗室处理

胶片暗室处理的好坏不仅直接影响底片的质量以及底片的保存期，甚至会使透照工作前功尽弃。因此，正确的暗室处理是至关重要的。胶片暗室处理程序主要包括显影、停影、定影、水洗和干燥五个过程。

(1) 显影：目的是把胶片乳剂中已曝光形成潜影的溴化银微晶体还原成金属银。它是一种化学反应，其显影效果如底片黑度、衬度、灰雾度等与显影温度、时间、药液浓度、搅动次数等许多因素有关。因此，在显影过程中一定要确保显影液的温度为 18 ~ 24℃，显影时间控制在 4 ~7min，并且要不断地搅拌显影液，使胶片显影均匀。另外要及时更新显影液，以提高显影质量。

(2) 停影：停影的作用是使胶片显影立即停止。停影液一般是 3% 左右的醋酸水溶液，当胶片显影停止时取出浸泡在停影液中 30s 左右，再放入定影液中定影。

(3) 定影：定影的目的是去除显影后胶片中没有还原成金属银的感光物质，同时不损害金属银的影像，使底片呈透明状态，把经过显影后的图像固定下来。

影响定影效果的因素主要有定影温度、时间、定影液的浓度以及定影中的搅拌。一般定影液的温度应为 16 ~ 24℃，定影时间应在 15min 左右，定影时应不断搅拌定影液。当定影所需时间达到使用新药液所需时间的两倍时，就需更换定影液。

(4) 水洗：水洗的目的是去除在定影过程中底片乳剂膜吸附的硫代硫酸钠和各种化合物，使底片在有效保存期内不会变质。水洗一般要超过 20min，水温为 20 ~30℃。

（5）干燥：底片干燥是暗室处理的最后一道工序。底片可以采用自然干燥和烘干箱热风干燥。当采用热风干燥时，温度不宜过高，应控制在50℃以下，否则容易产生干燥不均的条纹。

6.4.4.4 观察与评片

射线检测是为了从底片上来判断缺陷的有无，说明缺陷的性质、大小、数量以及分布情况。铜及铜合金主要是焊缝需进行射线检测。焊缝内部主要存在裂纹、未熔合、未焊透、夹渣和气孔等缺陷。这些缺陷在底片上的典型特征如下：

（1）裂纹在底片上的影像一般比较清晰，常呈略带弯曲的锯齿状细纹，中间稍宽，两头尖锐。

（2）未熔合在底片上不容易辨认，尤其是层间未熔合。未熔合在底片上的位置往往偏近焊缝中心线，断续分布的细条纹大多在同一直线上。坡口未熔合在底片上形成的细条纹一侧黑度较高且比较直，另一侧黑度较淡，轮廓线不直且有弯曲。

（3）未焊透在底片上的影像一般呈直线状，黑度均匀，轮廓清晰，且位于焊缝宽度方向的中心。未焊透的长短不一，线条多为连续的，但有时会断续地分布在同一直线上。

（4）夹渣往往呈现出点、块和条状，在底片上有明显的黑度不均匀的特征，一般边角轮廓清晰且不规则，尖角处黑度较低。

（5）气孔在底片上一般呈现出外形规则的斑点，如圆形、椭圆形，也可能以针形、柱形和喇叭形出现。气孔的影像一般中间较黑，边缘渐淡，轮廓光滑，清晰分明。

6.5 渗透检测

6.5.1 基本原理

渗透检测是利用液体的毛细作用原理，施加在被检材料表面的渗透剂，能渗入到各种类型开口于表面的细小缺陷中，清除附着在材料表面上多余的渗透剂，经干燥和施加显像剂后，用目视观察缺陷的显示痕迹的无损检测方法。

渗透检测法的优点是不受被检工件形状、尺寸、化学成分和内部组织结构的限制，一次操作可以同时检测开口于表面的所有缺陷；检测速度快，操作简便，缺陷显示直观，检测灵敏度高。其局限性在于只能检出开口于工件表面的缺陷。

渗透检测广泛应用于铜及铜合金铸件、锻轧件、挤压拉伸件和焊接件等的表面缺陷检验。

6.5.2　渗透检测的基本操作程序

6.5.2.1　表面处理

为了有效地检测出铜及铜合金材料的表面缺陷，被检工件表面粗糙度 $R_a \leqslant 6.3 \mu m$。在实施检验前应对工件表面进行预清洗。预清洗时，应使用清洗剂直接对试件表面进行清洗，再用不起毛的干抹布擦去工件表面的污物和多余的溶剂，清洁干燥表面。

6.5.2.2　渗透剂的施加

渗透剂的施加方法有浸涂、刷涂、流涂、喷涂和静电喷涂等，应根据工件的大小、形状、数量和检验部位进行选择，所选方法应保证被检部位完全被渗透液所覆盖，并在整个时间内保持工件润湿。渗透液不应渗入的孔或通道应用塞子或胶纸封住，以防造成清洗困难。

渗透剂施加完成后，应保证渗透液在工件表面的停留时间达到渗透时间，致使渗透液能渗入到任何小缺陷，且能使多余的渗透液容易去除，一般渗透时间为 15～20min。

6.5.2.3　多余渗透液的去除

去除多余的渗透液就是改善渗透检验表面缺陷的对比度和可见度，以保证在得到合适背景的情况下，取得较满意的灵敏度。

去除渗透液的方法有水洗、后乳化、溶剂去除等，根据渗透剂类型选择合适的去除方法。在去除渗透液过程中一定要避免过洗现象。

6.5.2.4 显像

渗透检验是提供检验人员观察、解释和评定表面缺陷的可见显示，这些表面显示的形成过程称为显像。显像原理是利用毛细管作用：将渗入缺陷内的渗透剂通过显像剂膜层吸附到表面上来，同时引起渗透剂在显像剂中集聚，从而增大渗透剂显示的浓度和面积，以便观察。

在工件上施加薄薄的一层显像剂，等显像剂在工件表面上停留 5~10min 后观察显示痕迹。根据显示痕迹判断工件表面有无开口型缺陷。

6.5.2.5 渗透剂显示的观察与评价

（1）显示的观察：显示的观察在施加显像剂之后进行，典型的显像时间大约为渗透时间的一半。因此，检验人员应在显像剂施加后不久开始检验被检工件，同时在整个显像时间内观察缺陷显示的最初形状和发展情况。在实际操作中，必须训练检验人员能正确判断相关显示、非相关显示或虚假显示。铜及铜合金产品常见缺陷的渗透剂显示特征如表6-6所示。

表6-6 铜及铜合金产品常见缺陷的渗透剂显示特征

缺陷显示类型	缺陷名称	显 示 特 征
连续线状显示	铸造冷裂纹	多呈较规则的微弯曲的直线状，起始较宽，随延伸方向逐渐变细
	铸造热裂纹	多呈连续、半连续的曲折线状，起始较宽，尾部纤细；有时呈断续条状或树枝状，粗细均匀或参差不齐
	锻造裂纹	一般呈现没有规律的线状，抹去显示，目视仍可见
	疲劳裂纹	呈线状、曲折状，随延伸方向逐渐变细，多发生在应力集中的部位
	熔焊裂纹	呈纵向、横向线状或树枝状，多出现在焊缝及热影响区
	未焊透	呈线状，多出现在焊缝的中间，显示较清晰

缺陷显示类型	缺陷名称	显　示　特　征
断续线状显示	折　叠	呈现与表面成一定夹角的线状，多发生在锻件的转接部位
	非金属夹渣	沿金属纤维方向呈连续或断续的线条，有时成群分布，位置不固定
圆形缺陷	气　孔	呈球形或圆形显示，擦掉后目视可见
	圆形疏松	多数呈长度等于或小于3倍宽度的线条，也有圆形显示，散乱分布
	缩　孔	呈不规则的窝坑，常出现在铸件的表面上
点状缺陷	针　孔	呈小点状显示

（2）显示的评价：评价是指对缺陷不连续性的严重程度按规定的质量验收标准进行审查，判定是否准予验收的过程。因此在评价铜及铜合金产品的渗透剂显示时，检验人员应具有丰富的经验，在各种情况下，对检验获得显示数值应十分清楚。必须熟悉缺陷的种类及其大致量值，应能正确区分线性缺陷显示和圆形缺陷显示。线性缺陷显示是指长度超过宽度3倍的显示，在验收标准中此类缺陷是不允许的。而圆形缺陷显示是指缺陷的长宽比小于3倍的显示，圆形缺陷显示可根据质量验收标准和圆形渗透剂显示的程度判定其是否通过验收。

7 铜加工企业检测实验室
建设与实验数据处理

铜加工行业已成为一个完全竞争性行业。市场的竞争主要取决于产品质量，产品质量的优劣已成为企业生存、发展的关键。

产品质量是生产工序控制的结果，是由检测实验室的检测数据来评价并向社会证明的。

在铜加工企业内，实验室为生产提供质量信息；在市场经济中，实验室是为贸易双方提供检测服务的技术组织。因此，实验室需要依靠科学公正的组织管理和技术能力取得用户和社会的信赖和认可。

但是，作为对产品质量进行检测和评价的实验室，如果仅有先进的仪器设备和优秀的人员，而缺乏科学的管理，未经过权威机构的评定并取得认可，那么，就得不到社会和用户的信赖和认可。目前，各国开展的实验室认可就是获得这种信任的主要途径。因此，近几年来，铜加工企业实验室认可活动陆续开展起来。另外，实验室有计划地参加国内和国际实验室能力验证活动，将进一步向社会和用户证实自己的能力。因此，应该了解实验室能力验证结果的评价方法。

实验室是以检测数据来判定产品质量的。科学处理，使用试验数据，才能客观、准确反映产品性能。同时，正确使用计量单位，才能促进技术交流和进步。

实验室的安全和环保越来越受到重视，是实验室建设不可或缺的部分。

7.1　实验室能力的通用要求

7.1.1　概述及术语

7.1.1.1　概述

A　实验室认可及认可组织

实验室认可是由经过授权的认可机构对实验室的管理能力和技术能力，按照约定的标准进行评定，并将评定结果向社会公告，以正式承认其能力的活动。

1947 年，澳大利亚出现世界上第一个实验室认可组织。1977 年，国际实验室认可联合会（ILAC）成立，1996 年更名为"国际实验室认可合作组织"。它在亚太地区的区域组织是"亚太实验室认可合作组织"（APLAC）。"中国实验室国家认可委员会"（CNAL）是 ILAC 的正式成员。

B　实验室能力的通用要求

1978 年，ILAC 发布了用于实验室认可的国际标准，即 ISO 导则 25：1978《实验室技术能力评审指南》。1982 年和 1990 年先后对导则 25 进行了修订。1999 年发布了国际标准，即 ISO/IEC 17025—1999《检测和校准实验室能力的通用要求》。2000 年，我国以 GB/T 15481—2000《检测和校准实验室能力的通用要求》等同采用。2005 年新版国际标准 ISO/IEC 17025—2005《检测和校准实验室能力的通用要求》（第二版）发布，中国实验室国家认可委员会以 CNAL/AC01—2005《检测和校准实验室能力认可准则》等同采用。该标准是各国实验室科学管理的准则，是各权威认可机构对实验室评审、认可的依据。同时也为国际贸易双方对认可实验室检测结果的相互承认创造了条件，为消除技术性贸易壁垒起到促进作用。

实验室应按照标准要求，将组织机构、检验人员、质量体系、环境、设备等 25 个要素建立起质量体系，并使质量体系有效运转，获得实验室认可机构的认可，让社会承认其能力。

作为较大组织（如企业、研究院）一部分的实验室，或提供其他服务的实验室，要求其确保所运行的质量体系也要符合 ISO 9000 系列标准的要求。为此，ISO/IEC 17025 注意结合了 ISO 9001、9002 中与实验室质量体系所覆盖的检测服务的要求。因此，符合 ISO/IEC 17025 要求的实验室，其运行也符合 ISO 9001、9002 的要求；但仅仅经 ISO 9001、9002 认证，并不能证明实验室具有出具技术上有效数据和结果的能力。只有满足 ISO/IEC 17025 的要求，并经国家实验室认可或计量认证合格的实验室，才能对社会出具公正的技术数据和检测结果。

ISO/IEC 17025：2005 共 25 个要素（与 1999 版比较，增加了"改进"这一要素），分为管理要求（15 个）和技术要求（10 个）两部分。对实验室的组织机构、工作程序、部门和人员的职责、应具备的资源、必须开展的活动都提出了要求。

7.1.1.2 术语

（1）认可：权威机构对某一机构或个人具备执行特定任务的能力的正式承认。

（2）实验室认可：对检测/校准实验室进行指定类型的检测/校准能力的正式承认。

（3）质量方针：由组织的最高管理者正式发布的本组织的质量方向和质量宗旨。

（4）计量溯源性：通过一条具有规定不确定度的不间断的比较链，使测量结果或测量标准能够与规定的参考标准（通常是与国家测量标准或国际测量标准）联系起来的一种特性。

（5）实验室间的比对：按照预先规定的条件，由两个或多个实验室对相同或类似的被测物品进行检测并组织实施和评价。

（6）（实验室）能力验证：权威组织有计划地组织、利用实验室间比对确定实验室的检测能力并进行评价的活动。

（7）质量体系：为实施质量管理所需的组织结构、程序、过程和资源构成的系统。

（8）质量审核：确定质量活动和有关结果是否符合计划的安排，以及这些安排是否有效的实施并适合于达到预定目标的、有系统的、独立的检查。质量审核的目的是评价是否需采取改进或纠正措施。

（9）管理评审：由最高管理者就质量方针和质量目标，对质量体系的现状和适应性进行的正式评价。

（10）（测量结果的）重复性：见 1.2.4 节。

（11）（测量结果的）重现性：见 1.2.4 节。

7.1.2 检测实验室的管理要求

7.1.2.1 组织

（1）实验室应是一个能够承担法律责任的实体。无论是法人单位（独立实验室）或是法人单位的一个组成部分（机构的二级单位，是法人授权单位），都应能承担起法律责任。

（2）实验室的管理体系应覆盖实验室所有的场所（包括固定场所和流动场所）。对不具有法人资格的实验室（如企业的中心实验室），企业的领导和相关部门的行为应做到不影响实验室检测工作的科学性、公正性。企业的领导应在其文件或声明中做出明确承诺，保证实验室独立自主地开展业务活动。

（3）实验室应有满足检测工作要求的管理人员、技术人员，其职责和权限应有明确的规定。这些人员应熟悉实验室的质量体系，具有检测方面的知识，能识别检测程序发生的偏离。应授予其采取预防措施或减少偏离的权利。

（4）实验室应制订保护客户的机密信息和所有权的程序文件。

（5）实验室应以组织结构框图的形式体现实验室的组织和管理结构。组织结构框图应能显示其机构设置、岗位以及它们之间的关系。如果实验室是一个组织的一部分，应在组织结构图中标明其位置和与其他部门的相互关系。

（6）实验室应有量值传递图，表明所有的量值都能溯源到国家基准。

（7）应有一名技术负责人和质量负责人，并指定其代理人，行使其管理职能。

（8）实验室应根据实验室的实际情况设置岗位并制定相应的岗位责任制，明确规定所有管理、操作和审核人员的岗位职能、权限、各岗位人员素质的要求等。岗位的职能、责任、权限应清晰、明确、可操作、能检查。

（9）实验室应有对员工进行培训，并有长期的和年度的培训计划。

（10）用文件明确技术负责人（对实验室的技术、设备、管理工作全面负责）、质量负责人（对检测质量、质量体系、质量改进负责）、授权签字人（覆盖申报的检测项目，熟悉产品和检测方法标准，能判断检测数据正确性）、质量监督员等关键人员姓名、职务、职责。

7.1.2.2 质量体系

（1）实验室应建立、实施和维持与其活动范围相适应的质量体系。各实验室可结合本单位的情况，编制质量体系文件。质量体系文件一般分为三层：第一层为质量手册，第二层为程序文件（部门的具体管理活动），第三层为作业指导书（各专业检测过程描述）、报告、表格等作业指导性文件及技术支持性文件（如检测标准、方法，设备校准规范等），第三层文件可以以目录形式列出。质量记录也可作为第四层质量体系文件。

（2）质量手册应包括质量方针、具体的质量目标、组织实施质量管理所需要的组织结构、程序、过程和资源等，并由实验室最高管理者批准发布，使实验室所有员工熟悉手册内容及本岗位职责。

（3）质量手册中应描述各质量要素的内容，明确相关的责任部门（人员），并在程序文件中明确管理程序。

（4）技术负责人和质量负责人应保障质量体系有效运行，并定期对质量手册修订完善。

7.1.2.3　文件控制

（1）实验室应建立和维持控制质量体系文件的程序，内容包括质量体系文件种类、范围、控制质量体系文件的要求（包括文件的制定、发布、修改、变更等），使质量体系始终处于受控状态。

（2）实验室所有在用文件必须有授权人或审批人。所有文件的发放、借阅都要有记录，并有其文件识别修改状态（如第几版、修订时间等）的标识。

（3）实验室所有在用文件都要有文号。文件管理人员必须定期收回作废的文件，持续保持现场使用的文件是最新的有效版本。有时因需要而以参考资料性保留的过期文件，应有相应的标识以示区别。

7.1.2.4　合同评审

实验室应根据客户的要求和实验室仪器、设备、人员、检测能力等情况，选择满足客户要求的取样方法、检测、试验方法等，并以书面形式与客户协商，达成共识。对经常性用户的常规性检测，也可口头协商。

如果有些项目需要分发给其他实验室（必须是合格分包方）进行检测，也必须征得客户的同意。

如有偏离委托协议的情况应及时通知客户，并保留其所有的记录。

7.1.2.5　检测的分包

（1）当实验室由于不能预料的原因（如工作量多、仪器设备在用或临时故障、涉及到其他的专业领域或暂不具备检测能力等）需将检测工作分包时（仅指部分检测项目，而不是全部转包），应分包给有一定资质的合格分包方。

（2）实验室应调查分包方的管理和技术能力，分包方应能满足 ISO/IEC 17025 标准的要求。实验室应建立分包方的档案，保留分包方的实验室认可、计量认证、审查认可的证书复印件等注册资料。

（3）实验室应就其分包项目与分包方签订分包合同，明确相互责任。分包方检测数据的传递、检测报告的编制及与用户的沟通，应有规定并明确各自责任。

（4）实验室应就其分包方的工作对客户负责（由客户自行指定或法定机构指定的分包方除外）。

7.1.2.6 采购

实验室应制定对检测有关的外购物品的采购程序，包括供应商的选择、评价，外购物品的计划、审批、验收、存储等。对重要物品（如试剂），要保存验收及使用情况的记录。

对特殊物资（如超纯物、标准样品、有毒易爆物品等）及曾引起过检测偏差的物资，要建立供方档案，明确采购责任。

7.1.2.7 客户服务

实验室应对客户负责，要及时收集客户的反馈信息，建立客户反馈意见登记表。并及时处理客户意见，与客户沟通。如出现检测的延误和偏离，应及时通知客户。

在保证其他客户机密的前提下，应允许客户到实验室监督与其有关的制样和检测工作。

7.1.2.8 抱怨

实验室应制定客户抱怨的处理程序，保存所有抱怨的记录。针对这些抱怨，指定部门、人员进行调查处理和验证，及时给予答复和纠正（如确因检测失误时）。

7.1.2.9 不合格检测工作的控制

实验室应制定不合格测试工作的控制程序，包括执行此程序的部门、职责、处理方法、纠正措施等。

当实验室发生不合格测试时，应按程序采取暂停工作、查明原因、评价其严重性、采取纠正措施、修改程序（确因程序文件的漏洞时）、批准恢复工作、通知客户等措施，确保实验室的检测工作持续改进，不再发生同类性质的偏离。

7.1.2.10 改进

实验室通过内部审核、数据分析、纠正措施、预防措施及管理评审来改进管理体系、管理程序和管理办法，使其更有效。应明确与此相关的部门（人员）的管理责任。

7.1.2.11 纠正措施

不合格测试工作可能发生在质量体系和检测工作的各个环节，如客户抱怨、质量控制、仪器校准、试剂、员工技术操作水平、检测报告。实验室无论在哪一环节发生偏离和有可能造成不合格测试的情况，都应指定部门、人员进行调查分析，查找原因，制定纠正措施，进行试验和验证，并对纠正措施的结果进行跟踪和监控，保存其所有的原始记录，确保纠正措施的有效性。

7.1.2.12 预防措施

实验室应按照持续改进的原则，通过质量监督、质量抽查、实验室间比对试验、实验室能力验证等及时发现有可能对检测工作造成偏离的行为和过程，及时发现管理和技术漏洞，并采取预防措施。

当发生不合格测试等情况后，实验室应举一反三，针对类似检测业务采取预防措施。

7.1.2.13 记录控制

（1）实验室应建立记录控制程序，内容包括质量和技术记录的建立、识别、收集、索引、存档、清理，还应包括内部质量审核、管理评审报告及纠正、预防措施等质量方面的内容。

（2）所有记录都应清晰、明了，并有安全的存放地点和环境条件。记录应明确规定保存期，对电子记录应存储备份，防止未经授权的人侵入或修改。

（3）对于技术记录，即检测、校准等记录，应有足够的信息，详细记录原始的观测结果、检测环境、导出的数据、计算公式等，以便识别不确定度的影响因素，并保证该检测在尽可能接近原条件的情况下能够复现。记录应包括抽样人员、审核人员、校准人员等的标识（签字）。

（4）当记录中出现错误时，应执行"杠改"制度，即在错误数据上划一横杠（保证原始数据清晰可见），将正确的数据写在旁边，并加盖改动人印章或改动人签名。对电子存储记录也应采取同等措施，并加密保存，以避免原始数据的丢失或改动，从而做到各种操作的可追溯性。

7.1.2.14 内部审核

（1）为验证实验室的各项活动是否持续符合质量体系和实验室能力的通用要求，实验室每年都应制定内部审核计划，由质量负责人和经过培训的内审员组成内审小组，对实验室质量体系的所有要素进行内部审核。

（2）内审人员一般应独立于被审核的活动。内审方式可一次审核质量体系全部要素和涉及的科室，也可在一个周期（12个月）内分批审核质量体系的全部要素和涉及的科室。但是，每年要至少进行2次内审活动。

（3）对审核中发现的问题和不合格项，应在规定的时间内制定整改措施。并通过检查、检验、校准、见证等手段，验证纠正措施的有效性。

如果审核出的问题已经造成检测数据的偏离，应及时追回发出的检测报告，书面通知客户进行纠正。

（4）实验室所有的审核活动（计划、程序、内容、时间、审核人员、不合格项、纠正措施、验证结果等）都要予以记录，并作为管理评审的参考内容之一。

7.1.2.15　管理评审

与内审主要是现场评审不同，管理评审是办公室的评审。它应由实验室的最高管理者或管理者代表组织管理层对实验室的质量体系、检测活动进行评审，确定其质量体系运行是否有效，是否需要进行改动或改进，以确保实验室的质量体系和检测活动持续适用和有效。

（1）管理评审应考虑到以下几个方面：政策和程序的适用性，管理和监督人员的报告，近期内部审核的结果，纠正和预防措施，外部机构进行的评审，实验室间比对或能力验证结果，客户的反馈及抱怨，相关的质量控制活动，资源，职工的技术培训，实验室日常管理会议的有关议题等。对管理评审中发现的问题要采取措施并在规定的时间内完成整改。

（2）管理评审的典型周期为 12 个月。通过管理评审，确定质量体系文件是否运行有效，是否需要修改，同时制定下年度的质量目标、活动计划等，并以管理评审报告形式进行详细记录。

（3）管理评审应形成正式的管理评审报告。评审中提出的问题、问题的整改及整改效果等要作为管理评审报告的附件保存。

7.1.3　检测实验室的技术要求

7.1.3.1　检测结果的准确性和可靠性

为保证检测结果的准确性和可靠性，对影响测试数据的因素，如人员、设备、测量溯源性、取样及检测样品的处置等进行控制。实验室在制定检测方法、编制程序文件、选择设备及培训人员时，必须考虑这些因素。

7.1.3.2 人员

人员是最宝贵的资源。一个实验室管理水平和检测水平高低优劣，很大程度上取决于人员素质，特别是对关键人员、重要岗位的任职资格条件应加以严格规定。

（1）实验室应根据工作需要配备足够的管理、监督、检测人员。实验室各类人员的资格应有明确界定，包括任职条件和上岗条件，并持有资质证书（如职务任命文件、职称证书、培训合格证书、特殊岗位资格证等）。要制定各自的岗位职责。

（2）实验室应有完善的培训计划，切实保证人员得到培训，使知识和技能不断更新。培训应包含以下内容：

1）岗位专业培训，包括专业基础理论知识、实际工作能力、工作经验、知识更新等。

2）应知应会培训，包括标准知识、质量控制与监督管理知识、计量理论知识、误差理论、数理统计与数据处理知识、产品质量监督等方面相关的法律法规、外语等内容。

（3）实验室的检测人员必须持证上岗。

7.1.3.3 设施和环境条件

（1）实验室的设施、检验场地以及能源、照明、采暖和通风、恒温等应便于检测工作的正常运行。对影响检测结果的设施和环境条件的技术要求应制订成文件。

（2）实验室（包括临时的、可移动的设施）工作环境条件应能够确保测试结果的有效性和测量准确性。

（3）实验室应配备对环境条件进行有效监测、控制和记录的设施。对影响检测的因素，例如灰尘、电磁干扰、湿度、电源电压、温度、噪声、振动、雷电、有害气体等加以重视。同时配置停电、停水、防火等应急的安全设施，以免影响检测质量。

（4）实验室任何相邻区域的工作（活动），在相互之间有不利影响时应采取有效的隔离措施，以防止交叉污染。

（5）实验室对进入检测工作区域的人员应有限制性的规定，并制订出实验室内务管理条例。

7.1.3.4　检测方法及其确认

检测方法是实施检验的技术依据，它既是实验室开展检测服务的重要资源，也是实施检测工作不可缺少的过程。

（1）方法选择：若用户没有明确检测方法，实验室可选用有效版本的标准分析方法进行分析。选择的依据应优先选择现行有效的国际标准（包括国外先进标准）、国家标准、行业标准。如采用过期标准或企业标准或用户推荐的标准，应双方协商一致并记录。

若用户提供检测方法，且实验室能够实施的，可按用户指定方法检测；若用户推荐的方法不适用，实验室须与用户重新协商方法。

在征得用户同意时，也可使用非标准方法分析。

（2）非标准方法确认：特别强调非标准方法的建立、确认、使用应遵循规定的程序，非标准方法应具备的信息（样品制备、方法精密度实验、与标准样品或其他成熟方法数据比对实验）。使用非标准方法应与用户沟通，取得委托方同意。

（3）经扩充或更改的标准方法也必须进行方法确认，即经过试验和验证，证实方法的不确定度达到检测要求并经技术负责人批准后方可采用，并以文件形式打印成册。确认过程要有记录。

（4）在测量不确定度的评定方面，对校准实验室和检测实验室提出了不同要求：校准实验室对所有校准类型都应具有并使用评定不确定度的程序；而检测实验室在某些情况下，可以找出不确定度的分量做出评定（如只进行不确定度的 A 类评定）。当公认的检测方法，已经规定了测量不确定度的（来源）极限（如已规定重复性限 r、再现性限 R），并规定了计算结果的表示方式时，实验室只要按方法操作，做出不确定度评定，即认为符合本款要求。

7.1.3.5 设备

仪器设备是实验室正常开展检测工作，并取得准确可靠的测量数据的重要资源之一。

（1）实验室应正确配备进行检测的必要的仪器设备。仪器设备购置、验收、使用应受控。未经定型的专用检测仪器设备需提供相关技术单位的验证证明。

应按要求绘制仪器一览表，反映仪器设备基本情况，包括设备名称、型号、生产厂商、性能指标、安装地点、检定/校准情况、设备专责人等。

实验室应制订和实施设备的检定、校准的总体计划。设备应按检定、校准两种情况分类管理。

检定：有检定规程，已列入国家强制性检定目录的计量器具（仪器设备），可由经授权的计量检定机构进行检定并出具证书。

校准：列入国家强制性检定目录以外的计量器具（仪器设备），可由计量器具使用单位，自行编制校准规程，并在计量管理部门备案后自行校准；或委托具有社会公用计量标准或授权的计量检定机构进行校准。设备使用人员要了解校准情况，保存校准记录和证书。

（2）每一台仪器设备，在投入使用前必须经检定合格或校准合格，并有合格证书，以证实其能够满足相应的标准、规范要求。

（3）实验室应检定（校准）的设备，必须在质量手册中规定其状态和相应标识，如标识的颜色、内容等，并在设备明显位置按质量手册中规定加贴标识。

合格证：计量检定合格者；

准用证：一般为经检查其功能正常者；或经比对鉴定适用者；或多功能检测设备，某些功能已丧失，但检测工作所用的功能是正常的，且经校准合格者；或设备某一量程准确度不合格，但检测工作所用量程合格者；或降级使用者。

停用证：检验仪器、设备损坏者；检测仪器、设备经计量检定不合格者；检测仪器、设备性能无法确定者；检验仪器、设备超过检定周期者。

（4）实验室应对所有的仪器设备进行正常的维护，并有维护程序；如果任一仪器设备有过载或错误操作，或显示的结果可疑，或通过检定及其他方式表明有缺陷时，应立即停止使用，并加以明显标识。如可能，可将其储存在规定的地方直至修复；修复的仪器设备必须经校准、检定或检验证明其功能指标已恢复。

实验室应追溯由于仪器缺陷对近期进行的检测所造成的影响。

（5）实验室的仪器设备必须有经过授权的人员操作（有授权的文字记录）。

（6）每一台仪器设备档案均应妥善保管。

7.1.3.6 测量溯源性

测量溯源性是通过不确定度明确的不间断的比较链，将测量结果或计量标准的量值与规定的标准（通常是国家基准、国际标准或自然常数）联系起来。

凡对检测准确性和有效性有影响的检测仪器、设备，在投入使用前必须进行检定或校准。实验室应制订有关检测仪器的检定或校准的周期性计划，以确保实验室的测量可追溯到国际单位制或已有的国家计量基准。校准证书应能证明溯源到国家计量基准，并能提供测量结果和有关不确定度或经批准的计量规范的说明。

实验室自行检定/校准的仪器设备，按国家计量检定系统的要求，绘制能溯源到国家计量基准的量值传递方框图，以确保在用的测量仪器设备量值符合计量法规的要求。

7.1.3.7 抽样

必须依据制定的抽样程序和抽样计划进行抽样。

（1）抽样程序：为了使抽取样品具有代表性，确保检测结果的有效性，必须对抽样过程严格控制。

抽样程序一般包括以下内容：抽样依据（如合同、标准的规定）；对抽样人员的要求；抽样单的设计、填写要求；有关抽样记录（包括有关抽样人员的标识、抽样环境条件）的要求。

（2）抽样计划是抽样活动的安排，包括抽样对象、抽样人员、完成抽样的时间要求，抽样数量，样品运输、接收要求等。

（3）当用户要求偏离抽样程序规定，如要求修改、增加或删减部分内容时，应详细记录用户要求和相关抽样资料，并告知相关人员。

7.1.3.8 检测样品的处置

检测样品的处置涉及样品接收时的状态、样品检测要求、样品的标识和样品的流转、储存等。

（1）实验室应建立对检测样品的唯一编码识别系统，以及同一样品在检测前后不同阶段（不同状态）下的标识制度，以保证在任何时候对样品的识别不发生混淆。

（2）实验室在接收样品时，应做必要记录，包括是否异常，是否与相应的检测方法中所描述的状态有所偏离。按照检测前样品检查确认程序，对样品的任何疑问必须澄清后方可检测。

（3）实验室应有样品的运输、接收、处置、保护、存储、保留的程序。样品在检测过程中要按标识及时加以保护，避免受到非检测性破坏。检测完毕的样品，按规定予以保留，样品保管期不少于检测报告的申诉期。若用户提前取走样品或无法保留的样品，应有用户签字，实验室不再对样品负任何责任。保管期满的样品，实验室可自行处理。

7.1.3.9 检测结果的质量保证

（1）实验室应有质量控制程序，以监控检测结果的有效性和准确性。

（2）定期使用有证标准物质或次级标准物质（如内控标准样品）进行比对试验。

（3）定期参加实验室间的比对或能力验证计划。

（4）组织经常性的质量抽查，使用相同或不同的方法或不同仪器、不同人员，对同一样品进行重复测试或对保留样品进行再次测试。

（5）对发现的质量问题及时进行分析，制定相应对策进行整改。

7.1.3.10 检测报告

检测报告是实验室检验的最终产品，也是实验室工作质量的最终体现。

（1）报告应准确、客观，与原始记录一致，不准作假；报告应有明确结论；数据的有效数字保留合理；应采用法定计量单位。必要时，应评估测量不确定度。

报告应字迹清晰、无涂改；报告应标明样品状态、选用的检测方法、应用的主要仪器；报告应经被认可的授权签字人签字（手签），检测实验室加盖检测专用章（专人保管）；

（2）检测报告信息应全面，包括用户名称及联系方式，取样情况及样品数量、状态，检测和判定所采用的标准，是否存在偏离评审合同的环节，以及是否有分包等信息都应在报告中注明。

（3）实验室的检测报告应精心设计，合理编排，数据的表达应使用户易于理解。

不同类型的检测报告格式应逐一专门设计，标题应尽量标准化。

内部客户和有协议客户，报告可简化。

（4）报告的重大修改应另发书面的报告或修改单，并注明原报告编号、名称。

7.2 实验室认可评定

7.2.1 实验室质量体系的建立和运行

建立质量体系是一项系统工程，一般要经过几年努力，才能有健全的体系并有效运行。初次建立质量体系时，可借鉴其他实验室做法，结合本身实际，经过两三次反复，才能比较完善。

7.2.1.1 质量体系建立

质量体系是为实施质量管理所需的组织结构、程序、职责、过程和资源。它包括了仪器设备、实验场地、文字和物质标准、环境条件等物质部分，即硬件部分；也包括了组织机构、质量文件、制度、职责等非物质部分，即软件部分。把这些资源有机地整合在一块，并通过管理评审、内部审核、实验室能力验证，不断使质量体系完善、健全。

建立质量体系的步骤：

（1）领导认识阶段：建立质量体系，涉及实验室各部门，只有领导感觉到需要通过质量体系，统一全体人员的行动，规范检测各个环节行为，达到步调一致，从而保证检测结果具有科学性、公正性、权威性时，才有建立质量体系的决心和动力。

（2）全员参与：通过组织全体人员学习评审的文件、准则，认识到建立质量体系人人有责，知道自己在体系中的位置、职责、需要的技能等。

（3）确定质量方针和质量目标：质量方针应简短、概括，如"科学、公正、准确、及时"；"信誉是天，质量是命""依法、守信、热诚、公正"等表达实验室建立质量体系的宗旨。

质量目标应具体、量化，如规定用户满意率达到多少、检测差错率达到千分之几、本年度要通过实验室认可等具体目标。

（4）编写质量手册、程序文件。

（5）宣传、学习质量文件，执行文件规定，按文件进行内部审核、整改并修改质量文件。这一系列活动要反复进行二三遍，使质量体系运行有效后，才可以申请认可评审。

7.2.1.2 质量手册、程序文件

质量手册、程序文件是质量体系的文件化。

（1）编写质量手册就是把对实验室能力的要求，与本室具体做法相结合。质量手册是评审准则的本室化。要结合实际，以能够执行、能运转为目的。

质量手册的结构、内容包括封面，批准页，修订页，目录，前言，适用范围，手册管理，质量方针、质量目标，组织机构框图，保证公正性的措施，参加能力验证的组织措施，质量体系各要素分别描述，支持性文件目录等。

编制质量手册应该注意：

1）尽量采用通俗、简单的语言，紧密结合本室实际，而不是照抄评审文件，仅是标准的展开。

2）把握可行性，不要使质量文件与实际运行状况相脱离。

3）注意实验室各部门之间职责的衔接，既不能有事没人管，也不能职责重叠。

4）质量手册原则性描述各要素的目的范围、涉及部门、需要编制的程序名称、其他支持文件。具体、细致的规定应在程序文件中体现。有些比较简单的活动，无须再用程序文件展开，质量手册中可具体规定。

（2）程序文件是把质量手册中描绘的质量活动转化为可操作的工作程序，对检测过程涉及的每一个环节做出具体、细致的规定（活动目的；谁来做；什么时间做；什么地点；做什么；如何做）。例如编制样品管理的程序文件应有以下内容：

1）目的：样品是检测的对象，它的代表性、完整性直接影响检测结果的准确度。因此，必须对样品的采集（有的实验室没有现场采样业务）、接受、流转、保管、处理等全过程实施控制。

2）适用范围：检测业务科、各检测室。

3）职责：可按实际情况具体划分职责，每个环节都有人负责。

4）具体对采集、接受、流转、保管、处理等环节分别地、具体地做出规定。

5）可以附上有的环节所需的表格，如样品接受登记表、样品处理申请表等。

7.2.1.3 关键人员配置

技术负责人、质量负责人、授权签字人是保证质量体系健全并能有效运行的关键人员，必须选择有组织能力、熟悉检测业务、有责任心的人员担任。这些人员要熟悉质量手册和程序文件，清楚自己的职责。

授权签字人要认真审查检测的记录、报告，了解相关标准规定及仪器设备的状况，确认无误后，才可签字发出报告。

7.2.1.4 相关标准齐全、有效

检测是依据相关产品标准和采用相关检测方法标准的，实验室要根据申报的检测项目，配齐所有标准。而且要管理好，既方便检测人员使用，又不丢失、便于查找。

标准是不断更新的，不能使用过期的无效标准。这就要求注意收集、更新、更换标准，确保相关人员使用有效标准。

7.2.1.5 仪器、器具的检定、校准

如果仪器、器具本身的示值就不正确，那么检测人员操作再精心，也不会有准确的检测结果。因此，仪器、器具必须按周期检定、校准。

仪器、器具在使用过程中，可能发生故障，甚至主要部件损坏。维修后，要重新检定、校准合格后才可使用。而且要对发生故障前使用这台设备做出的检测报告进行评估或重新检测。

铜加工行业的实验室广泛使用天平和各种玻璃量瓶、滴定

管、移液管。这些价值低廉的计量器具的检定、校准工作，往往被忽略。而恰恰是这些市场提供的器具，质量难以保证。使用前应该认真检定，合格后方可让检测人员领取使用，并应设法加以标识。

天平在使用过程中应周期检定，玻璃器具可一次检定。

7.2.1.6   重视样品管理

实验室要重视对实验样品的管理，做到：

（1）现场取样要确保所取样品能代表要检测的母体。有关这方面，许多资料中都有所介绍，有些产品标准中专门规定在什么部位取样，如何取样，取样多少。

（2）取样人员要做好记录，并要签字负责。

（3）样品要及时标识编号。标识应该是唯一的，检测中的各环节一直到发出报告、保存样品都用同一编号。否则，容易出错。

（4）检测人员在检测前要对样品状况检查并记录，不合格样品要退回。

（5）检测完成后剩余的样品（应该保证有足量样品供检测和保留）要专人保管，在适合的场所保存，以备重新检测或用户有异议时仲裁检验使用。

7.2.1.7   重视原始记录

原始记录是质量管理的基础，必须人人重视。

原始记录包括检测记录、审核记录、人员培训记录、仪器检定记录等。所有记录首先应该真实，不能编造、篡改记录内容，尤其是不能编造、篡改检测数据。记录要及时，不能随便记在其他地方，然后再抄到记录本上。记录应清楚，误写需要更改的，要按相关程序的规定更改，由更改人盖章以示负责，决不可随意涂改。

原始记录应按质量文件规定的期限由专人收集、整理、编码、保管。

7.2.1.8 检测报告的处理

检测报告要与原始记录的数据一致，相互对应。应使用法定计量单位。报告一般应打印，不能有涂改。报告的结论要明确，格式要符合要求。

检测报告需经在授权范围内的授权签字人签字后，方可加盖实验室检验专用章，向用户发出正式报告。

检测报告应一式两份，发给用户一份，实验室保存一份。应按质量文件规定的期限由专人收集、整理、编码、保管。

7.2.2 实验室认可评定程序

实验室认可评定程序可分为评审前、评审、评审后三个阶段。由于评审组织、评审人员、行业性质、实验室规模不同，评审活动安排也差别很大。

（1）评审前：应当准备齐全各种质量文件，并确信质量体系已有序运行之后，才可向评审组织提出申请，与评审组织联系评审日期、评审组组成，向评审组织提供资料。必要时，可向熟悉评审和检测业务的人员咨询，使准备工作更充分。

（2）评审：评审就是核查实验室的质量文件是否符合评审标准要求，核查实验室的质量体系是否按所制订质量文件实际运作，评估实验室的检测活动是否公正、科学。这里提醒以下几点：

1）要准备一份实验室建设情况汇报，简要介绍人员、设备、场地、检测业务、质量体系建立和运行情况。突出实验室的优势，让评审人员有初步印象。

2）要选择熟悉质量文件又熟悉检测业务的人员作为评审组的联络员，及时提供资料、联系人员、解释疑点。

3）现场实验很重要，反映实验室管理水平和检测人员技术水平，也影响评审组对实验室的评价。这要靠平时的学习和反复实践，没有捷径可走。但是，要通过动员，让员工认真、重视，在现场实际考核中，发挥出真实水平。

（3）评审后：按评审组提出的不符合项目，尽快落实整改，并及时提供整改证据。

7.3　实验室环境、安全管理

7.3.1　实验室的环境污染与防治

（1）铜加工企业实验室产生的污染物，主要有以下几种：

有毒溶液：铜管棒材残余应力试验的含汞溶液，化学分析、金相低倍检验产生的含铅、铬、镉、砷溶液，强酸、碱液等，氰化物溶液。

有害气体：氮的氧化物气体，氯化氢；氨气。

放射性：X 射线结构分析、X 射线探伤。

有机试剂：苯类、甲醛等。

（2）简易防治污染方法：少量有害气体可使用排风机排出室外，量大则应经吸收处理。

氰化物溶液：加入氢氧化钠使呈弱碱性（pH = 10 以上），加过量高锰酸钾（3%）溶液分解 CN^-，然后加水稀释排放。

含汞、砷溶液：加碱液调至 pH = 10 以上，加过量硫化钠生成低毒的硫化物。

含铅、镉溶液：加入氢氧化钙调至 pH = 8 ~ 10，生成氢氧化铅、氢氧化镉，加入硫酸亚铁共沉淀。

使用有机试剂应在通风柜内操作。

含有大量六价铬的废液，应先还原成三价铬，用石灰中和生成低毒的 $Cr(OH)_3$。

7.3.2　实验室的安全要求

7.3.2.1　一般安全规则

（1）安全教育：新员工进入实验室，各级组织要对他们进行安全教育，使他们学习、熟知各种安全制度，养成按操作规程办事的良好习惯，了解简单的安全救助技能。

要把内、外部发生的安全事故案例作为生动教材，让员工从中吸取教训，避免出现类似事故。

当实验室发生安全事故后，应组织全体员工讨论，并做到"三不放过"，即"找不出事故原因不放过，当事人和员工没有受到教育不放过，没有采取有效措施不放过"。

（2）安全设施要齐全：通风橱、消防器材、安全撤离通道要设置齐全、标志明显，易燃、易爆、有毒的物资按规定储存、领取和使用。

（3）安全制度健全，工作有章可循。

（4）经常组织安全检查。应提倡实验室内部各部门之间相互检查，取长补短。

（5）检测人员应根据不同专业情况，配备相应的劳动保护用品。

（6）检测人员在接触有放射性、毒性、腐蚀性和易爆炸物品时，应按规定加以防护，按规章操作。

（7）操作实验室内不能放置饮食用具。

（8）组织检测人员练习消防器材使用方法、简单的中毒自救方法和酸碱灼伤处理方法。

（9）从事射线检测的人员应经培训，持证上岗。并应定期组织体检。

7.3.2.2 气瓶安全使用

要对实验室常用的氧气瓶、乙炔瓶、氩气瓶等有压气瓶分别制订安全使用规程。

（1）气瓶放置在通风、阴凉处，要有固定气瓶的措施。室外放置要有遮雨、避晒措施，必要时要放在有接地装置的金属轨道上。

（2）气瓶应轻搬轻放，避免强烈振动，更不能敲击气瓶。

（3）按使用规程开启、调节使用，用毕及时关闭。

（4）按规定留有余压，防止大气进入，影响气体质量。

7.4 试验数据处理

在试验中，即使采用最可靠的分析方法，使用最精密的仪器，由熟练的技术人员在相同条件下，对同一样品进行多次测量，也不能得到一致（与真实值一致，彼此间一致）的结果。误差是客观存在的，测量结果与真值总会存在偏差。也就是说，测量结果存在不确定度。因此要对测量结果进行处理，计算平均值，评估不确定度。

7.4.1 基本概念

（1）准确度：测量值与真值间相符合的程度。或在一定的测量精度下，多次测量的平均值与真值间相符合的程度。

（2）精密度：相同条件下，重复测量值之间相符合的程度。

（3）误差：测量值与真值的差值。（因真值得不到，误差也得不到。实际应用的是约定真值，如标准样品的标准值）

（4）偏差：多次测量中，某一测量值 X_i 与 n 次测量的算术平均值之间的差值。

（5）系统误差：在重复性条件下，对同一被测量进行无限多次测量，所得结果的平均值与被测量的真值之差。

系统误差是由测量中某些确定的因素引起的，对测量结果影响较恒定。重复多次测量，不能减少和消除系统误差，但通过校正可降低系统误差，或抵消一部分系统误差。

（6）随机误差：某一测量结果，与在重复性条件下，对同一被测量进行无限多次测量所得结果的平均值之差。

随机误差是由于不可控制的因素引起的，这是难以确定随机误差的原因。但符合统计规律，重复测量并估算最佳值可消除一部分随机误差。

（7）总体，即研究对象的全体，是在指定条件下，无限次测量所得无限多个数据的集合。个体，是总体中一个基本单元。

样本（子样），是从总体中随机抽取出部分个体的集合体。

（8）算术平均值：一组精密度相等的测量值（n 个）的平均值（先剔除离群值后再计算平均值）。

样本的算术平均值以 $\overline{X}$ 表示：

$$\overline{X} = \Sigma X_i/n = (X_1 + X_2 + \cdots + X_n)/n \qquad (7\text{-}1)$$

总体算术平均值以 μ 表示：

$$\mu = \Sigma X_i/n \quad (n \rightarrow \infty) \qquad (7\text{-}2)$$

（9）中位数：一组测量数据从小到大排列，排在中间的数（n 为奇数时）或中间的两个数的平均值（n 为偶数时），以 $X_{\text{中}}$ 表示。

（10）方差和（差方和）、方差：个体与平均值的差值的平方之和叫方差和或差方和：

$$Q = \Sigma(X_i - \overline{X})^2 \qquad (7\text{-}3)$$

方差和的统计平均叫方差，表征随机变量分布的离散程度。

总体方差：$\sigma^2 = \Sigma(X_i - \overline{X})^2/n \quad (n \rightarrow \infty) \qquad (7\text{-}4)$

样本方差：$S^2 = \Sigma(X_i - \overline{X})^2/(n-1) \qquad (7\text{-}5)$

（11）标准偏差：方差的平方根的正值叫标准偏差，其单位同测量值。

总体标准偏差：

$$\sigma = \sqrt{\sigma^2} = \sqrt{\Sigma(X_i - \overline{X})^2/n} \quad (n \rightarrow \infty) \qquad (7\text{-}6)$$

样本标准偏差：

$$S = \sqrt{S^2} = \sqrt{\Sigma(X_i - \overline{X})^2/(n-1)} \qquad (7\text{-}7)$$

（12）自由度 f：能用于计算一组测量值分散程度的独立偏差数目。在不知道真值情况下，对某一量进行了一次测量，则独立偏差数为零，表示不可能计算测量值的分散度；若进行了两次测量，则独立的偏差数为 1，即 $f = 1$，分散度以两个测量值之差表示；若进行了 n 次测量，则

$$f = n - 1 \qquad (7\text{-}8)$$

（13）极差 R：

$$R = X_{max} - X_{min} \qquad (7\text{-}9)$$

（14）标准偏差的估计：标准偏差本身精密度不高，当 $n \leqslant 50$ 时，取一位有效数字即可，最多 2 位。而且标准偏差的位数应与平均值的位数对齐。

用其他表示数据离散度的量，可以简便地估计标准偏差。

1）用极差 R 估算标准偏差 S：

当 $n \leqslant 10$ 时， $\qquad S = R/C_i \qquad (7\text{-}10)$

式中，C_i 值如表 7-1 所示。

表 7-1 C_i 值

n	2	3	4	5	6	7	8	9	10
C_i	1.13	1.69	2.06	2.33	2.53	2.70	2.85	2.97	3.08

2）用平均偏差 $\bar{d}$ 估算标准偏差 S：

当 n 较小时， $\qquad S = \sqrt{\pi/2}\,\bar{d} = 1.25\bar{d} \qquad (7\text{-}11)$

3）用最大偏差 $|d_i|_{max}$ 估算标准偏差 S：

当 $n \leqslant 10$ 时， $\qquad S = C_n |d_i|_{max} \qquad (7\text{-}12)$

C_n 值如表 7-2 所示。

表 7-2 C_n 值

n	1	2	3	4	5	6	7	8	9	10
C_n	1.25	0.88	0.75	0.68	0.64	0.61	0.58	0.56	0.55	0.53

当测量次数 $n \leqslant 10$ 时，用最大偏差 $|d_i|_{max}$ 估算标准偏差是具有一定精度的可靠方法。

【例 7-1】 一组数据：

66.57　66.58　66.61　66.77　66.69

66.67　66.67　66.70　66.70　66.64

$$n = 10; \quad \bar{X} = 66.66$$

（i）计算标准偏差：

方差和 $\qquad Q = \Sigma(X_i - \bar{X})^2 = 0.0338$

方差 $\qquad S^2 = Q/(n-1) = 0.00375$

标准偏差　　$S = \sqrt{S^2} = 0.061 \approx 0.06$

（ⅱ）估计标准偏差：

1）用极差估计：

$$R = 66.77 - 66.57 = 0.20$$

$$S = R/C_i = 0.20/3.08 = 0.0649 \approx 0.06$$

2）用平均偏差估计：

$$\overline{d} = (\Sigma \mid X_i - \overline{X} \mid)/n = 0.048$$

$$S = 1.25\overline{d} = 0.06$$

3）用最大偏差估计：

$$\mid d_i \mid_{max} = 66.77 - 66.66 = 0.11$$

$$S = C_n \mid d_i \mid_{max} = 0.53 \times 0.11 = 0.058 \approx 0.06$$

（15）置信度 p 与显著性水平 α

1）置信度 p 就是对所作判断的把握程度。

置信度有两重含义：一是表示置信概率，二是影响置信区间。若选择的置信概率高，如99%，那么，置信区间就宽，失误的可能性就会小一些；若选择的置信概率低，如90%，那么，置信区间就窄，失误的可能性就会大一些（如例7-2的具体计算可以说明）。

分析化学中进行统计推断时，一般取95%置信度。

2）显著性水平 α 也是表示概率的，是指数据落在置信区间以外的概率，因此，

$$p = 1 - \alpha$$

即选用 $\alpha = 5\%$ 的显著性水平时，置信度 p 就是95%。

（16）平均值的不确定度：在理化检测中，进行无限次测量时，随机误差一般服从正态分布，即大小相等、符号相反的偏差出现概率相等；偏差小的测量值出现概率大，偏差大的测量值出现概率小；算术平均值比单个测量值可靠性大。

正态分布用总体平均值 μ 和总体不确定度 σ 描述。而在实

际有限次测量时，用平均值 $\overline{X}$、单次测量不确定度 s 分别代替 μ、σ 来描述，这就带来了一定的不确定性。因此，需要在一定置信水平（置信度）上，对 $\overline{X}$ 附加一个估计出来的表示其不确定度的界限——置信界限，把以 $\overline{X}$ 为中心，包括总体平均值 μ 在内的具有一定置信水平的范围（置信区间）描述出来。

此时，平均值 $\overline{X}$ 的不确定度 S_{Ψ}，表示了平均值 $\overline{X}$ 的不确定性。统计学证明，S_{Ψ} 与单次测量标准偏差 S_i 和测量次数 n 有关：

$$S_{\Psi} = S_i / \sqrt{n} \qquad (7\text{-}13)$$

当 $n < 5$ 时，随着 n 增加，S_{Ψ} 减少幅度较大；

当 $n > 5$ 时，随着 n 增加，S_{Ψ} 减少幅度越来越少；

当 $n > 10$ 时，随着 n 增加，S_{Ψ} 变化很小。

因此，重复检测次数超过 5 次后，再增加检测次数，对减少不确定度的作用不大。在常规检测时，重复测量 4~5 次已足够。

不仅以 $\overline{X}$ 代替 μ 带来不确定性，以 S 代替 σ 也会带来不确定性。此时随机不确定度不是正态分布，而是服从 t 分布。

$$\pm t = (\overline{X} - \mu) / S_{\Psi} = (\overline{X} - \mu) / (S_i / \sqrt{n}) \qquad (7\text{-}14)$$

$$\mu = \overline{X} \pm t_{(p, n-1)} S_i / \sqrt{n} \qquad (7\text{-}15)$$

表 7-3　置信度为 95% 和 99% 时，t 分布值表

$n-1$	1	2	3	4	5	6	7	8	9	10	20	∞
$t_{0.95}$	12.71	4.30	3.18	2.78	2.57	2.45	2.37	2.31	2.26	2.23	2.09	1.96
$t_{0.99}$	63.66	9.93	5.84	4.60	4.03	3.71	3.50	3.36	3.25	3.17	2.85	2.58

式（7-15）表示，在一定置信水平下，以平均值 $\overline{X}$ 为中心，包含总体平均值 μ 的置信区间，与置信水平 p 和自由度 f 有关，与单次测量的标准偏差 S_i 有关。

【例 7-2】　若 $n = 4$（则 $f = n - 1 = 3$），$\overline{X} = 35.21\%$，$S = 0.06\%$，

当 p 为 95% 时，查表 7-3，$t = 3.18$，

此时，平均值置信区间 $\mu = 35.21 \pm 3.18 \times 0.06 / \sqrt{n} = 35.21$

$\pm 0.10(\%)$；

当 p 为 99% 时，查表 7-3，$t = 5.84$，

此时，平均值置信区间 $\mu = 35.21 \pm 5.84 \times 0.06/\sqrt{n} = 35.21 \pm 0.18$（%）。

35.21% ±0.10% 应理解为：在此区间内，包含总体平均值 μ 的把握为 95%。即通过 4 次检测，有 95% 的把握认为真实值 μ 在 35.11% ~ 35.31% 之间。要提高置信水平，势必扩大置信区间来保证。

通过计算，可以看到在相同置信水平（如 95%），随着检测次数增加，置信区间缩小，如表 7-4 所示。

表 7-4 检测次数 n 对置信区间影响（95% 置信水平）

n	2	4	6	10	21
μ	35.21 ±0.54	35.21 ±0.10	35.21 ±0.06	35.21 ±0.04	35.21 ±0.03

可见，随着检测次数增加，置信区间缩小，仍可保证相同的置信水平。当 $n > 5$，置信区间变化幅度越来越小。这再次证明，常规检测重复 4 ~ 5 次，用 $\overline{X}$ 代替 μ 产生的不确定度就不大了（在消除系统误差情况下）。

7.4.2 检测数据的取舍

定量检测中，即使检测人员、检测方法、测量仪器、环境都处于受控状态，检测数据总是有一定离散性。有时个别数据与其他数据相差较大，称为可疑值。如果回顾检测过程，存在可觉察的异常原因，即有过失存在，那么，可以将可疑值判为离群值弃去。但出现可疑值又找不到发生过失的原因时，就不能随意取舍。

无限次测量中，任何一个测量值，只要不是有证据的过失误差引起的，都应保留。但是，在有限次测量中，如果保留了可能属于过失误差的可疑值，就会较大影响平均值的可靠性。这种可疑值的取舍，实质就是区分随机误差和过失误差。

可疑值可以采用以下取舍规则加以检验。

7.4.2.1　拉依达准则（2σ 法，3σ 法）

当总体标准偏差 σ 已知（如标准样品证书给出的标准偏差），检测中偏差大于 2σ 的数据出现概率为 5%，即平均每 20 次测量出现 1 次；偏差大于 3σ 的数据出现概率为 0.3%，即平均每 1000 次测量出现 3 次。因此，当进行几次测量就出现大于 2σ 或大于 3σ 的偏差时，该数据可视为过失误差引起的，判定为离群值弃去。

注意，用 2σ 法或 3σ 法，测量次数应分别不少于 5 次或 10 次。

7.4.2.2　$4\bar{d}$ 法

可疑值 X_i 与其他保留值的平均值 $\bar{X}_留$ 之差为 $d(d = |X_i - \bar{X}_留|)$，其他保留值的平均偏差为 $\bar{d}$，当 $d \geqslant 4\bar{d}$ 时，可判定 X_i 为离群值而弃去。

此方法适于 $n > 4$，而且只有一个离群值的情况，可靠性不高。

7.4.2.3　格鲁布斯法（Grubbs）——T 值检验法

将数据从小到大顺序排列为 $X_1, X_2, \cdots, X_{n-1}, X_n$，计算平均值 $\bar{X}$ 和标准偏差 S。

当 X_1 为可疑值时，计算统计量 $T_1 = (\bar{X} - X_1)/S$；

当 X_n 为可疑值时，计算统计量 $T_n = (X_n - \bar{X})/S$。

T 值近似半全距与标准偏差之比，其大小表明该可疑值与平均值的差距大小。

当计算出的 $T > T_表$ 时，X_1 或 X_n 以显著性水平 α 被弃去。$T_表$ 是依据 n 值和 α 值，从表 1-37 "Grubbs 舍弃界限值表" 中查出的。

此方法适用于只有一个离群值的检验。

7.4.2.4　狄克逊法（Dixon）——Q 值检验法

一组数据由小到大排列为 $X_1, X_2, \cdots, X_{n-1}, X_n$，依据检

测次数 n 的大小，按"Dixon 舍弃商 Q 值表"中的计算公式，计算统计量 r_{ij}。若 $r_{ij} > Q_{(p,n)表}$，则 X_1 或 X_n 可以弃去。

统计量 r_{ij} 的计算公式随着检测次数 n 的不同而不同，不便记忆。当 $n < 10$ 时，计算公式可统一为 $Q = (X_2 - X_1)/R$ 或 $Q = (X_n - X_{n-1})/R$（R 为数列的极差 $R = X_n - X_1$）。

当 $Q > Q_{(p,n)表}$ 时，X_1 或 X_n 以 p 置信水平弃去。

$Q_{(p,n)表}$ 由表 1-36 "Q 值表"查出。

原则上 Dixon 法适用于只有一个离群值的检验。

7.4.2.5 皮尔松法（Pearson）——双侧可疑值检验

当 X_1 和 X_n 同为可疑值时，可用 Pearson 法检验。表 7-5 所示是同时检验最大值和最小值的皮尔松舍弃界限表。

表 7-5 同时检验最大值和最小值的 Pearson（皮尔松）舍弃界限表

n	显著性水平 α		n	显著性水平 α	
	0.05	0.01		0.05	0.01
1			16	4.24	4.52
2			17	4.31	4.60
3	1.999	2.000	18	4.37	4.67
4	2.429	2.445	19	4.43	4.74
5	2.753	2.803	20	4.49	4.80
6	3.012	3.095	25	4.71	5.06
7	3.222	3.338	30	4.89	5.26
8	3.399	3.543	35	5.04	5.42
9	3.552	3.720	40	5.16	5.56
10	3.685	3.875	45	5.26	5.67
11	3.80	4.012	50	5.35	5.77
12	3.91	4.134	55	5.43	5.86
13	4.00	4.244	60	5.51	5.94
14	4.09	4.34	65	5.57	6.01
15	4.17	4.44	70	5.63	6.07

n	显著性水平 α		n	显著性水平 α	
	0.05	0.01		0.05	0.01
75	5.68	6.13	100	5.90	6.36
80	5.73	6.18	150	6.18	6.64
85	5.78	6.23	200	6.39	6.84
90	5.82	6.27	500	6.49	7.42
95	5.86	6.32	1000	7.33	7.80

注：n 为数据数。

方法是：一组数据由小到大排列为 X_1，X_2，…，X_i，…，X_{n-1}，X_n，计算极差 R 与标准偏差 S 的比值 R/S。当 R/S 大于舍弃界限时，则 X_1 或 X_n，或者 X_1 和 X_n 为可疑值。然后，再用 Grubbs 法检验与平均值偏离较大的一个，若属离群值，可弃去。再对余下的 $(n-1)$ 个数据用 Grubbs 法检验。

总之，不管哪种检验，都应慎重。若条件允许时，最好是重新进行检测。

7.4.3 数值修约与产品合格值判定

检测结果是用数值表示的。这些通过试验、测量或计算得出的数值，一般需要进行修约，使其只保留有效位数。

为了判定某产品理化性能是否符合该产品标准规定的极限数值，需将检测数值与标准规定的极限值比较并进行判定。

7.4.3.1 有效数字

在测量中得到的有实际意义的数字叫有效数字。

有效数字的保留位数，应根据检测方法和检测仪器的不确定度来确定，使数值中只有最后一位是不确定的。因此，有效数字是包括全部可靠数字和一位不确定数字在内的有意义的数字。

例如：使用分析天平称量 0.5g 样品时，应写作 0.5000g，是

4 位有效数字。

根据目前铜合金常用化学分析方法的不确定度，可参照表 7-6 保留成分分析的有效数字。

表 7-6 铜合金常用化学分析方法保留有效数字参考

w_B/%	≥99.95	≥10.0	≥1.0	≥0.1	≥0.01	≥0.001	≥0.0001
有效数字的表示	××.×××	××.××	×.×××或×.××××	0.××或0.×××	0.0××或0.0×××	0.00××	0.000×或0.000××

注：标准样品定值分析时，由于选用标准检测方法和熟练操作人员进行检测，可按表中第二行保留有效数字位数。

确定数字的有效位数时应注意：

（1）若数字是若干零结尾的整数（非小数数值），则有效位数等于从非零数字最左一位向右数，得到的位数，减去仅用于定位的无效零的个数。例如 35000，从 3 向右数得到 5 位，若有两个无效零，则有效位数为 3 位，应写作 350×10^2。

（2）若数字是"以零结尾的整数"以外的十进位的数字，则有效位数等于从非零数字最左一位向右数，得到的位数。例如 35，3.5，0.30，0.0030 都是两位有效数字。

（3）有效数字相加（减）时，其和（差）的有效数字，与小数点后位数最少的参与运算的数字的有效位数相同；有效数字相乘（除）时，其积（商）的有效数字，与有效位数最少的参与运算的数字的有效位数相同。

（4）一般先修约后计算。

7.4.3.2 数值修约

当检测数据或计算数据的位数超过检测方法应有的有效位数时，需要对数据进行修约。

（1）修约间隔：修约间隔是确定修约保留位数的方式。修约间隔一经确定，修约值即应为该修约间隔的整数倍。

修约间隔由产品标准规定（检测数据保留的有效位数与产

品标准规定的产品性能指标的有效位数应一致），也可由检测方法标准规定，或依据检测方法的不确定度确定。

若指定修约间隔为 0.1，相当于将数值修约到一位小数，使修约值为 0.1 的整数倍。

若指定修约间隔为 0.5，相当于将数值修约到一位小数为 0 或 5，使修约值为 0.5 的整数倍。

（2）修约进、舍规则：采用四舍六入五成双规则，具体是：

1）拟取舍数值的最左一位数字小于 5 时，则舍去。

如 12.14908 修约到一位小数（修约间隔为 0.1）。此时拟舍去数值 4908 的最左一位数字是 4，应舍去，得 12.1。

2）拟取舍数值的最左一位数字大于 5，或等于 5 且后面有并非全部为零的数字时，则进一。

如将 1268 修约到"百"数位（修约间隔为 100），得 13×10^2。

又如将 10.5001 修约到"个"数位（修约间隔为 1），得 11。

3）拟取舍数值的最左一位数字等于 5，且后面无数字或全部为零时，修约原则是，应使修约后的数值为偶数。

如将下列数值修约到两位有效位数：

0.0325→0.032；32500→32×10^3；0.0315→0.032；31500→32×10^3。

4）负数修约时，先将绝对值按上述规定修约后，再加上负号。

5）不能连续修约。

7.4.3.3 产品合格值判定

依据检测数据判定产品是否符合标准规定时，有修约值比较法和全数值比较法两种。在冶金类标准中，未加说明时，均指采用修约值比较法判定。

当产品标准中规定的参数为大于或小于的情况时，若供货合同或质量管理部门有规定，也可以采用全数值比较法判定。

例如规定 $w(Fe) < 0.020\%$ 为合格，当检测值为 0.0195%，按

修约值 0.020%，应判不合格；若按全数值比较法，可判合格。

7.4.4 测量不确定度

一张桌子，我们测量其长度。不同测量者进行测量或同一人进行多次测量，尽管每次都精心测量，但得到的测量值往往会不完全相同，如 1000.5mm，1001.0mm，999.5mm，…。

我们不能随便拿其中一个数值作为桌子的长度值。

一般以算术平均值 $\overline{X}$ 作为最佳估计值。但 $\overline{X}$ 是由多个分散数据计算出来的，它也具有分散性。因此，只用 $\overline{X}$ 表达桌子的长度，显然是不严密、不科学的。应该把它的分散程度同时表达出来。也就是把 $\overline{X}$ 的不确定性设法表达出来。这种分散性、不确定性就以不确定度表示。

以不确定度评价测量结果，是传统误差理论的发展，是重要的观念改变。不确定度表达的是可观测量——测量结果及其变化；而误差表达的是不可知量——真值与误差。所以，前者比后者科学合理。当然，目前，有关专家对不确定度的概念和评定方法还多有争论。由于理化检测方法众多，而且不确定度的评定方法远未达到统一、标准化程度。因此，对检测实验室而言，不确定度的评定依然困难。

7.4.4.1 基本概念

A 测量不确定度

测量不确定度简称不确定度。其含义为：用以表征合理赋予被测量值的分散性，与测量结果相联系的参数。

不确定度是测量结果含有的一个参数，表明测量结果的分散程度，可以用定量数字描述。诸如用标准偏差或其倍数表示。

不确定度由多个分量组成。这些分量可用统计方法、概率分布、经验判断等来评定。

B 测量误差与测量不确定度的区别

测量误差与测量不确定度的区别如表 7-7 所示。

表 7-7　测量误差与测量不确定度的区别

序号	测　量　误　差	测量不确定度
1	其值等于"测量值－被测量的真值";测量误差可为正数或负数	用标准差或其倍数或置信区间的半宽表示;测量不确定度为正值
2	客观存在,与人的认识程度无关	与人对测量的影响量的认识程度有关
3	是理想概念	是定量概念
4	真值不可知。用约定真值代替真值时,可得出误差估计值	可根据经验、资料、实验等进行评定,定量予以确定。有 A、B 两类评定方法
5	可分为随机、系统两类误差。都是无限次测量时的理想概念	只有评定方法的区别,无须区分是系统影响还是随机影响
6	表明测量结果偏离真值程度	表明被测量值的分散性
7	已知系统误差估计值时,可对结果进行修正	不能用不确定度对结果进行修正

C　以标准物质为例分析不确定度的主要来源

(1) 定值过程的不确定度

1) 取样代表性不够,即被测样本不能完全代表所定义的被测量;

2) 取样、制样带来的污染或物理化学性质的改变,引起的不确定度;

3) 测试方法本身的不确定度;

4) 测试环境带来的不确定度;

5) 分析人员操作、读数带来的不确定度;

6) 所用仪器带来的不确定度;

7) 基准物质的不确定度;

8) 引用数据或其他运算常数的不确定度;

9) 随机变化带来不确定度。

(2) 标准物质材料的不确定度

1) 不均匀性带来的不确定度;

2）不稳定性带来的不确定度。

7.4.4.2 标准不确定度及其分量的评定

以标准偏差表示的不确定度称标准不确定度。目前文献中多为标准不确定度评定。

标准不确定度根据评定方法不同，分为 A、B 两类。A、B 两类评定都基于概率分布，都用标准差或方差表示。

A 标准不确定度的评定程序

不确定度是表明测量结果的分散性，该分散性是有多个分量组成的。因此确定某一测量结果的不确定度应全面分析评定。

（1）建立测量结果与输入量的数学模型 $Y = f(X_1 、X_2 、\cdots 、X_n)$。

（2）明确不确定度的来源。

（3）量化不确定度分量。

（4）综合评定总不确定度（合成、扩展）。

B 标准不确定度的 A 类评定

用对观测列进行统计分析的方法，由实验标准差表示，来评定标准不确定度叫不确定度的 A 类评定，记为

$$u(X_i) = S(X_i) \quad (S 为标准偏差)$$

评定就是计算出观测列的标准差，方式有多种：

（1）常用的是贝塞尔法：对被测量 X 作 $n(n \geqslant 5)$ 次等精度独立测量，得

$$X_1, X_2, \cdots, X_n$$

最佳值为算术平均值：$\overline{X} = (\Sigma X_i) / n$

单次测量的标准不确定度为：

$$u(X_i) = S(X_i) = \sqrt{\Sigma(X_i - \overline{X})^2 / (n-1)} \qquad (7\text{-}16)$$

平均值的标准不确定度：

$$u(\overline{X}) = S(\overline{X}) = S(X_i) / \sqrt{n} \qquad (7\text{-}17)$$

实际应用标样定值时，在给出平均值同时，也应给出平均值的不

确定度 $u(\overline{X})$；检测方法的不确定度评定时，用该检测方法独立测量 n 次，计算出单次测量不确定度 $u(X_i)$；当日常检测时，若分析 n 次，则不确定度为 $u(X_i)/\sqrt{n}$（一般 n 不少于 5 次）。

（2）当对同一个量分 m 组（或 m 个实验室）重复测量，各组（各实验室）为等精度测量时，总平均值的标准偏差 $S_{\overline{\overline{X}}}$：

$$S_{\overline{\overline{X}}}(X) = \sqrt{\sum_{j=1}^{m} (\overline{X}_j - \overline{\overline{X}})^2 / m(m-1)} \qquad (7\text{-}18)$$

式中　$\overline{X}_j$——j 组平均值；

$\overline{\overline{X}}$——各组（室）总平均值。

（3）极差法评定不确定度：

$$S(X_i) = (X_{\max} - X_{\min})/C_i \qquad (C_i \text{ 见表 7-1}) \qquad (7\text{-}19)$$

C　标准不确定度的 B 类评定

用不同于对观测列进行统计分析的办法评定不确定度，称为不确定度的 B 类评定。它是基于经验或其他信息的概率分布估计，来评定标准不确定度的，记为 $u(X_j)$。

（1）B 类不确定度的信息来源：以前的测量数据；有关手册、资料给出的信息；仪器制造说明书；有关标准中相关数据；仪器、器具校准证书。

（2）B 类不确定度评定方法：

1）倍数法：已知某量值 X_i 的扩展不确定度 $U(X_i)$ 和包含因子 k，则 X_i 的不确定度为

$$u(X_j) = U(X_i)/k \qquad (7\text{-}20)$$

例如：检验证书给出电子天平在 1g 负荷的扩展不确定度 $U = 0.64\text{mg}$，包含因子 $k = 3$。那么该天平在称量 1g 物质时的标准不确定度 $u(m) = 0.64\text{mg}/3 = 0.22\text{mg}$。

2）正态分布法：当一个量值 X_i 受 3 个以上相互独立的因素影响时，可视为 X_i 服从正态分布；或者资料给出 X_i 的扩展不确定度 $U(X_i)$ 及其置信概率，则其包含因子 k 与 X_i 的分布有关，除非另指明，一般均按正态分布考虑。

【例 7-3】 测铜板长度为 L，估计其长度以 95% 的概率在 99.90mm～100.08mm 之间。最终给出结果为 $L = (99.99 \pm 0.09)$ mm。0.09mm 视为扩展不确定度。

由表 7-8 可知，此时包含因子 $k_p = 1.96$。

因此，测量的标准不确定度 $u(L) = U_{95}(L)/k_{95} = 0.09\text{mm}/1.96 = 0.046\text{mm}$。

表 7-8 正态分布置信概率 p 与包含因子 k_p 关系

$p/\%$	50	68.27	90	95	95.45	99	99.73
k_p	0.67	1	1.645	1.96	2	2.576	3

3）均匀分布（矩形分布）时：当 X_i 在 $[X_i - a, X_i + a]$ 区间内出现的机会相等，而在区间外不出现，则 X_i 服从均匀分布。其标准不确定度为

$$u(X_i) = a/\sqrt{3} \tag{7-21}$$

式中，a 为量值变化的半宽度。

当 B 类评定无任何信息，仅知其在一区间变化时，常采用均匀分布法计算标准不确定度。如仪器的最大允差除以 $\sqrt{3}$，就得该分量的不确定度。

例如，实验中用 A 级滴定管，满刻度为 10mL，最大允差为 ± 0.025mL（1mL 刻 20 条线，每格 0.05mL），均匀分布。则该分量（滴定管）的标准不确定度为 $0.025\text{mL}/\sqrt{3} = 0.014\text{mL}$。

4）t 分布时：在测量数据较少时，严格地讲，不服从正态分布，而服从 t 分布。也就是给正态分布加一个修正系数。

例如，置信概率为 95%（即显著性水平 5%）时，按正态分布，包含因子 $k_p = 1.96$。但按 t 分布，它还与测量自由度有关。当测量次数 $n = 5$（或 5 个实验室各报一个平均值）时，查表 7-3（t 分布表）$t_{(0.95,5-1)} = 2.78 > k_p$。只有测量次数 ∞ 时，$t_{(0.95,\infty)} = 1.96 = k_p$。

因此，当指明一个分量的不确定度是服从 t 分布时，其标准不确定度按式（7-22）计算：

$$u(X_i) = U(X_i)/t_{(p,n-1)} \tag{7-22}$$

这里，$t_{(p,n-1)}$ 是包含因子（查表 7-3），代替了正态分布中的 k_p。

7.4.4.3　合成标准不确定度 u_c

当测量结果是由若干个其他量的值求得时，按各量的方差（标准差的平方）和协方差（由相关性导致的方差）合成标准不确定度

$$u_c = \sqrt{\Sigma u_i^2} \tag{7-23}$$

对于冶金行业标准样品而言，其不确定度主要来自两方面：一是统计分析定值数据时，得到的标准差 S；二是化学成分不均匀带来的不确定度 u_L。故其合成标准不确定度为

$$u_c = \sqrt{S^2 + u_L^2} \tag{7-24}$$

式中，S 可为单次测量标准差，也可为平均值的标准差，需加以说明。

7.4.4.4　扩展不确定度 U

将合成标准不确定度乘以包含因子得到扩展不确定度 U（也称总不确定度）。

扩展不确定度是确定测量结果区间的量，它由合成标准不确定度的倍数来表示：

$$U = ku_c \tag{7-25}$$

倍数 k 叫包含因子或扩展因子。

这样，测量结果可表示为

$$\overline{X} \pm U = \overline{X} \pm ku_c \tag{7-26}$$

k 值的确定为

（1）t 分布中，$k = t_{(p,n-1)}$（式中，p 为置信水平；$n-1$ 为自由度）。

当测量结果主要源自统计分析不确定度时，测量结果表示为

$$\overline{X} \pm t_{(p,n-1)} S / \sqrt{n}$$

式中，S 为单次分析不确定度。

（2）正态分布中，（当 n 足够大时，被测量接近正态分布），置信度为 95% 和 99% 时，$k_{0.95} \approx 2$，$k_{0.99} \approx 3$。

（3）赋予法：当无法确定自由度 f 时，一般取 $k = 2$（置信度 95%），或取 $k = 3$（置信度 99%）。

目前，在有色金属检测标准方法制订时，通过重复性或再现性试验，计算出几个不同质量分数的重复性限 r_1，r_2…或再现性限 R_1，R_2…。r 或 R 是按检测数据列的标准偏差 S 的 2.8 倍得到的。这方面知识见 1.2.4 节有关阐述。

7.4.4.5 不确定度的数字修约

扩展不确定度一般保留一位有效数字，最多给出 2 位有效数字；测量结果的最后一位与扩展不确定度相应的位数对齐；中间计算时，可多取一位有效数字。总不确定度的数字修约时，只进不舍或大于 1/3 进，如 41.4 修约为 42，41.3 修约为 41。

7.4.4.6 结论

（1）测量报告中，应给出不确定度的有关信息，如包含因子、不确定度分量。

（2）不确定度评定过程总结如下：

7.5 实验室检测能力验证结果的评价

检测能力验证是为了了解实验室或检测人员对能力验证项目的检测能力，识别实验室或检测人员之间管理和技术能力的差异，为标准物质赋值，提高认可机构和客户对实验室能力的信心。能力验证是实验室认可评审的组成部分，参加能力验证活动也是实验室检验自身检测能力的途径之一。

7.5.1　概述

（1）能力验证是由权威单位组织，采用实验室间比对的方法，评估实验室的测试能力的活动。一般有两种活动形式：

1）将被测样品顺序传递到参与能力验证的各实验室，各实验室在规定时间内完成检测，并将样品传到下一个实验室，同时将检测结果报活动组织单位。组织单位汇总检测结果，统计计算，做出评价，反馈各实验室。如金属材料的硬度试验即可采用此方法。

2）将被测样品同时分发到参与能力验证的各实验室，各实验室在规定时间内完成检测，将检测结果报活动组织单位。组织单位汇总检测结果，统计计算，选择评价方法并做出评价，反馈各实验室。如金属材料的化学成分检验即可采用此方法。

能力验证所取得的检测数据需进行统计处理，计算出评价值，把评价值作为一把尺子，对参与活动的各实验室进行衡量。

（2）近年来，能力验证中多采用稳健统计法（$|Z|$值法）进行数据统计处理，它是将极端值的影响降至最小的一种统计评价方法。

$|Z|$值法虽被广泛应用于能力验证的结果评价，但只能说明室间或室内测量值彼此接近程度，一般情况下，可以表明实验室的检测能力。但是，当多数实验室都存在系统偏差时，就可能把更接近真值的实验室的检测值评价为可疑值，甚至离群值。因此组织能力验证活动应注意：

1）选择具有较高水平的实验室参与，实验室在分布地域上不要太集中。

2）选用的检测样品应均匀性合格，应规定使用标准方法或可靠方法检测。

3）从下发样品到报出结果，不应拖延时间太长，这样更能反映各实验室的真实能力。

7.5.2　经典 Z 值评价法

n 个实验室（或 n 个检测人员）检测同一均匀样品的某一参数，检测结果经格鲁布斯或狄克逊法剔除离群值后，计算各实验室（或各个检测人员）的 Z 值：

$$Z_i = (X_i - \overline{X})/S \qquad (7-27)$$

式中　Z_i——i 实验室的评价值；

$\overline{X}$——剔除离群值后的算术平均值；

S——该组数据的标准偏差。

评价：$|Z_i| \leqslant 1$ 时，评价很满意，该室在评审时可免查此项目；

$1 < |Z_i| \leqslant 2$ 时，评价满意，该室在评审时可免查此项目；

$2 < |Z_i| \leqslant 3$ 时，评价为可疑，该室应采取纠正措施；

$|Z_i| > 3$ 时，评价为不可接受，该室应被停用认可标志。

Z 的代数和为零。

【例 7-4】　检测 HPb59-1 中铅的含量 $w(\mathrm{Pb})$。1～12 号实验室测得数据依次是：

　　1.01%　0.98%　0.97%　1.12%　0.92%　0.96%

　　0.97%　0.97%　0.95%　0.98%　1.15%　1.03%

进行能力验证评价：

$$\Sigma X_i = 12.01; \quad \overline{X} = 1.00;$$

$$S = \sqrt{\Sigma(X_i - \overline{X})^2/(n-1)} = 0.069$$

首先以格鲁布斯法检验离群值，从小到大排列，检验 1.15 是否为离群值。

　　0.92%　0.95%　0.96%　0.97%　0.97%　0.97%

　　0.98%　0.98%　1.01%　1.03%　1.12%　1.15%

$$T = (X_n - \overline{X})/S = (1.15 - 1.00)/0.069 = 2.17$$

$$T_{(12,0.01)表} = 2.25 > 2.17$$

判断：1.15 不是离群值。

按式（7-27）计算各实验室的 Z 值：

$$Z_1 = (X_1 - \overline{X})/S = (1.01 - 1.00)/0.069 = 0.14,很满意;$$

$$Z_2 = -0.29,很满意;\cdots Z_4 = 1.74,满意;$$

$$Z_5 = -1.16,满意;\cdots Z_{11} = 2.17,可疑;\cdots$$

评价：$|Z_i|$ 值越小，该实验室能力评价越好。

7.5.3　稳健 Z 值评价法（避免离群值的影响）

稳健法不剔除离群值，以中位值 $X_中$ 代替 $\overline{X}$，以 IQR 取代 S，不仅计算简便，而且对于同一个离群值来说，其稳健 $|Z|$ 值比经典 $|Z|$ 值大得多，指示更明显。

$$Z_i = (X_i - X_中)/\text{IQR} \times 0.7413 \qquad (7\text{-}28)$$

评价：$|Z_i| \leqslant 2$ 时，评价满意（与各室一致性好），现场免评审；

2 < $|Z_i|$ < 3 时，评价为可疑值，复查或采取纠正措施；

$|Z_i| \geqslant 3$ 时，评价为不可接受，采取纠正措施或停用认可标志。

（1）$X_中$ 的计算：将测试值从小到大排列为：$X_1,X_2,\cdots,X_n$。

n 为奇数时，　　　　　$X_中 = X_{(n+1)/2}$ 　　　　　　(7-29)

n 为偶数时，　　$X_中 = [X_{(n/2)} + X_{(n/2)+1}]/2$ 　　(7-30)

（2）IQR 的计算：IQR 是检测值数列的上 4 分位 Q_1 与下 4 分位 Q_3 之差

$$\text{IQR} = Q_3 - Q_1 \qquad (7\text{-}31)$$

Q_1 与 Q_3 是数列中 1/4 位和 3/4 位的两个数值。计算方法是：

当（$n-1$）是 4 的整数倍时，Q_1 和 Q_3 就是数列中的两个数值：$X_{[(n-1)/4]+1}$ 和 $X_{3[(n-1)/4]+1}$；当（$n-1$）不是 4 的整数倍时，按以下计算：

设：
$$A = (n-1)/4 \qquad (7\text{-}32)$$
$$B = 3A \qquad (7\text{-}33)$$

以 $[A]$、$[B]$ 分别表示 A、B 的整数部分。

则 $Q_1 = X_{([A]+1)} + (A-[A])\{X_{([A]+2)} - X_{([A]+1)}\}$ （7-34）

$Q_3 = X_{([B]+1)} + (B-[B])\{X_{([B]+2)} - X_{([B]+1)}\}$ （7-35）

【例7-5】 用稳健 Z 值法评价例 7-4 中各实验室能力。

将数据按大小顺序排列为

0.92% 0.95% 0.96% 0.97% 0.97% 0.97%

0.98% 0.98% 1.01% 1.03% 1.12% 1.15%

按式（7-30）计算 $X_{中} = [X_{(n/2)} + X_{(n/2)+1}]/2 = [X_6 + X_7]/2 = [0.97\% + 0.98\%]/2 = 0.975\%$

计算 IQR：

按式（7-32）计算 $A = (n-1)/4 = (12-1)/4 = 2.75$；则 $[A] = 2$；

按式（7-33）计算 $B = 3A = 8.25$；则 $[B] = 8$；

按式（7-34）计算 $Q_1 = X_{[A]+1} + (A-[A])\{X_{[A]+2} - X_{[A]+1}\}$
$= X_3 + 0.75\{X_4 - X_3\} = 0.96\%$
$+ 0.75\{0.97\% - 0.96\%\} = 0.968\%$

按式（7-35）计算 $Q_3 = 1.01\% + 0.25\{1.03\% - 1.01\%\} = 1.015\%$

按式（7-31）计算 $IQR = Q_3 - Q_1 = 0.047\%$

按式（7-28），分别计算 Z_i 值（注意对照各室原始编号，切勿搞错）。

$Z_1 = (1.01\% - 0.975\%)/0.047\% \times 0.7413 = +1.00$；

$Z_2 = +0.14$；$\cdots Z_4 = +4.16$；$Z_5 = -1.58$；$\cdots$

$Z_7 = -0.14$；$\cdots$ $Z_{11} = +5.02$；$\cdots$

显然，4 号和 11 号实验室的数据不能接受。与例 7-4 用经典 Z 值法评价比较，这里更明显看出 4 号和 11 号实验室的数值是离群值。

7.5.4　每室报出两个测试数据时的稳健评价法

每个实验室报出两个测试数据，分别为 X_i、Y_i。

（1）计算平均值的室间 Z 值——$Z_{平均i}$：

先计算各室平均值 M_i，形成一组新数值为 M_1，M_2，…，M_i，…

按大小排列，计算中位值 $M_中$、IQR，然后代入式（7-36）：

$$Z_{平均i} = (M_i - M_中)/IQR \times 0.7413 \tag{7-36}$$

按 7.5.3 节的方法，评价室间一致性的好坏。

（2）计算标准化和的室间 Z 值——Z_{Bi}，用于评价室间相互一致性的好与差：

1）计算各室的 $(X_i + Y_i)/\sqrt{2}$ 之值，以 S_i 表示为 i 室两个数据的标准化和。将 S_i 从小到大排列为 S_1，S_2，…，S_i，…

2）计算中位值 $S_中$ 和 IQR（参见 7.5.3 节）。

3）计算各室的 $Z_{Bi} = (S_i - S_中)/IQR \times 0.7413 \tag{7-37}$

（$Z_{平均i}$ 与 Z_{Bi} 略有差异，但其大小的相对顺序相同，都用于评价室间相互一致性）。

（3）计算标准化差的室内 Z 值——Z_{Wi}，用于评价各实验室的室内两个值差异的大小：

1）将 X_i 和 Y_i 分别由小到大排列成两列数据，分别计算 $X_中$，$Y_中$。

2）当 $X_中 > Y_中$ 时，计算各室的 $(X_i - Y_i)/\sqrt{2}$，以 D_i 表示；

当 $Y_中 > X_中$ 时，计算各室的 $(Y_i - X_i)/\sqrt{2}$，以 D_i 表示。

D_i 为 i 室两个数据的标准化差，可能是正值，也可能是负值。

3）按代数值从小到大排列 D_i，计算 $D_中$、Q_1、Q_3 及 IQR（按代数运算规则）。

4）计算：$Z_{Wi} = (D_i - D_中)/IQR \times 0.7413 \tag{7-38}$

（室内两个值 X_i、Y_i 相同时，室内 Z 值——Z_{Wi} 不一定为零）。

5）Z_{Wi}用于评价各实验室的室内两个值差异的大小。

【例7-6】 经均匀度检验合格的 T_2 软带，8 个实验室深冲实验，各测 2 个数据如下：

室 i	1	2	3	4	5	6	7	8
X_i	8.0	7.4	5.6	8.2	9.4	8.2	7.8	8.2
Y_i	8.8	7.8	6.0	8.4	7.6	8.2	8.0	8.4

用稳健 Z 值法计算室间 Z_{Bi} 和室内 Z_{Wi}，并加以评价。

提示： 1. 计算中要排多个数列，切勿搞混。最后评价时对照原始数据的实验室编号。

2. 计算 Z_{Wi} 时，有负数出现，按代数运算规则演算，勿忘"－"号。

解： （1）计算室间 Z 值——Z_{Bi}（计算过程省略）：

室 i	1	2	3	4	5	6	7	8
S_i	11.88	10.75	8.20	11.74	12.02	11.60	11.17	11.74
Z_{Bi}	0.399	－1.748	－6.593	0.133	0.665	－0.133	－0.950	0.133

由计算结果看，$|Z_{B3}| > 3$，其室间一致性差，不可接受。其余满意。

（2）计算室内 Z 值——Z_{Wi}：

每室的两个数据按大小分别排列：

X_i	5.6	7.4	7.8	8.0	8.2	8.2	8.2	9.4	$X_中 = 8.1$
Y_i	6.0	7.6	7.8	8.0	8.2	8.4	8.4	8.8	$Y_中 = 8.1$

由于 $X_中 = Y_中$，因此用 $(X_i - Y_i)/\sqrt{2}$ 或 $(Y_i - X_i)/\sqrt{2}$ 计算 D_i 都可以。计算出的 Z_{Wi} 应该数值相同，符号相反。（注意：计算 Z_{Wi} 时，实验室编号要对应例题给出的原始数据 X_i、Y_i，勿对应按大小排列的数据列的编号，计算过程省略。

室 i	1	2	3	4
D_i	－0.565685	－0.282843	－0.282843	－0.141421
Z_{Wi}	－1.799	－0.600	－0.600	0

室 i	5	6	7	8
D_i	1.272792	0	0.141421	-0.141421
Z_{Wi}	5.995	0.600	1.199	0

计算结果表明，$|Z_{W5}| > 3$，5 号实验室的室内一致性差，不可接受。其他实验室的室内一致性满意。

7.5.5　能力验证结果的图解

（1）尤登图（Youden didgrams）：当每个实验室报出两个数据时，可以用尤登图直观图解各个实验室的室间或室内数据的一致性。图中每个点代表一个实验室，其横坐标为该室第一个值，纵坐标为该室第二个值。图中画一个 95% 置信度的椭圆，其检测值被评价为 $|Z| > 3$ 的（室间 Z_{Bi} 或室内 Z_{Wi}）实验室，都在椭圆之外。

（2）直方图：各种 Z 值（包括每室 1 个数据时）也可用直方图图解，能直观了解各个实验室与其他室一致性的优劣。

7.6　理化检测常用计量单位

理化检测中，常常要用量值来定量地表示铜合金材料的性能指标，而量值是由数值和计量单位组成。如 $100 \, ℃$，$5.3 \, \mu g/g$，$0.017241 \times 10^{-6} \, \Omega \cdot m$，$280 \, MPa$。

我国法定计量单位是以国际单位制（SI）单位为基础，结合我国实际情况制订的，由 SI 基本单位、国家选定的非 SI 单位、SI 中具有专门名称的 SI 导出单位、由以上单位构成的组合单位、由 SI 词头与以上单位构成的倍数单位共同组成的。

虽然计量法实施已二十多年，但检测专业的文献中仍有非法定计量单位出现。为方便学习和对比，将它们与法定计量单位换算关系列出。

7.6.1　法定计量单位

（1）SI 基本单位：共有 7 个，如表 7-9 所示。

表7-9 SI 基本单位

量的名称	单位名称	单位符号	量的名称	单位名称	单位符号
长 度	米	m	热力学温度	开［尔文］	K
质 量	千克（公斤）	kg	物质的量	摩［尔］	mol
时 间	秒	s	发光强度	坎［德拉］	cd
电 流	安［培］	A			

（2）SI 辅助单位：共2个，如表7-10所示。

表7-10 SI 辅助单位

量的名称	单位名称	单位符号	量的名称	单位名称	单位符号
［平面］角	弧 度	rad	立体角	球面度	sr

（3）基本单位表示的 SI 导出单位，如表7-11所示。

表7-11 SI 导出单位

量的名称	单位名称	单位符号	量的名称	单位名称	单位符号
面 积	平方米	m^2	电流密度	安（培）每平方米	A/m^2
体 积	立方米	m^3	磁场强度	安（培）每米	A/m
速 度	米每秒	m/s	光亮度	坎（德拉）每平方米	cd/m^2
波 数	每 米	m^{-1}	比体积	立方米每公斤	m^3/kg
密 度	公斤每立方米	kg/m^3			

（4）具有专门名称的 SI 导出单位，如表7-12所示。

表7-12 具有专门名称的 SI 导出单位

量的名称	单位名称	单位符号	其他表示示例
频率	赫［兹］	Hz	s^{-1}
力	牛［顿］	N	$kg \cdot m/s^2$
压力，压强，应力	帕［斯卡］	Pa	N/m^2
能［量］，功，热	焦［耳］	J	$N \cdot m$
功率，辐［射能］通量	瓦［特］	W	J/s

续表 7-12

量的名称	单位名称	单位符号	其他表示示例
电荷［量］	库［仑］	C	A·s
电压，电动势，电位	伏［特］	V	W/A
电 容	法［拉］	F	C/V
电 阻	欧［姆］	Ω	V/A
电 导	西［门子］	S	A/V
磁通［量］	韦［伯］	Wb	V·s
磁通［量］密度，磁感应强度	特［斯拉］	T	Wb/m^2
电 感	亨［利］	H	Wb/A
摄氏温度	摄氏度[1]	℃	K
光通量	流［明］	lm	cd·sr
［光］照度	勒［克斯］	lx	lm/m^2
［放射性］活度	贝可［勒尔］	Bq	s^{-1}
吸收剂量	戈［瑞］	Gy	J/kg
剂量当量	希［沃特］	Sv	J/kg

[1]摄氏度是用来表示摄氏温度值时单位开尔文的专门名称。

（5）国家选定的作为法定单位的非 SI 单位，如表 7-13 所示。

表 7-13 我国选定的作为法定单位的非 SI 单位

量的名称	单位名称	单位符号	换算关系和说明
时 间	分	min	$1min = 60s$
	［小］时	h	$1h = 60min = 3600s$
	日，（天）	d	$1d = 24h = 86400s$
［平面］角	［角］秒	"	$1" = (\pi/648000) \ rad$
	［角］分	'	$1' = 60" = (\pi/10800) \ rad$
	度	°	$1° = 60' = (\pi/180) \ rad$
旋转速度	转每分	r/min	$1 \ r/min = (1/60) \ s^{-1}$

续表 7-13

量的名称	单位名称	单位符号	换算关系和说明
长 度	海里	n mile	1 n mile = 1852m（只用于航行）
速 度	节	kn	1 kn = 1n mile/h = （1852/3600） m/s （只用于航行）
质 量	吨 原子质量单位	t u	$1t = 10^3 kg$ $1u \approx 1.660540 \times 10^{-27} kg$
体 积	升	L，（l）	$1L = 1dm^3 = 10^{-3} m^3$
能	电子伏	eV	$1eV \approx 1.6021773 \times 10^{-19} J$
级 差	分贝	dB	
线密度	特［克斯］	tex	$1tex = 10^{-6} kg/m$
面 积	公顷	hm^2	$1hm^2 = 10^4 m^2$

注：1. 平面角单位度、分、秒的符号，在组合单位中应采用（°）、（'）、（"）的
形式。例如，不用°/s而用（°）/s。

2. 升的符号中，小写字母 l 为备用符号。

3. 公顷的国际通用符号为 ha。

（6）由以上单位构成的 组合单位（略）。

（7）由 SI 词头与以上单位构成的倍数单位：SI 词头如表
7-14所示。

表 7-14 SI 词头

因数	10^{24}	10^{21}	10^{18}	10^{15}	10^{12}	10^9	10^6	10^3	10^2	10^1
词头名称	尧［它］	泽［它］	艾［可萨］	拍［它］	太［拉］	吉［咖］	兆	千	百	十
符号	Y	Z	E	P	T	G	M	k	h	da
因数	10^{-1}	10^{-2}	10^{-3}	10^{-6}	10^{-9}	10^{-12}	10^{-15}	10^{-18}	10^{-21}	10^{-24}
词头名称	分	厘	毫	微	纳［诺］	皮［可］	飞［母托］	阿［托］	仄［普托］	幺［科托］
符号	d	c	m	μ	n	p	f	a	z	y

7.6.2 理化检测常用计量单位

（1）物质的量。物质的量是一个物理量的整体名称，不要

把"物质"与"量"分开理解。"物质的量"是表示物质含有基本单元有多少的一个物理量，国际上规定的符号是 n_B，单位名称是摩尔，符号为 mol，中文符号为摩。

1mol 是指系统中物质单元 B 的数目与 0.012kg 碳-12 的原子数目相等。

如果系统中物质单元 B 的数目是 0.012kg 碳-12 的原子数目的 f 倍，物质单元 B 的物质的量 n_B 就等于 f 摩尔。

在使用摩尔时应指明其基本单元。它可以是原子、分子、离子、电子及其他粒子和这些粒子的特定组合。

例如，在表示硫酸的物质的量时：以 H_2SO_4 作为基本单元，98.08g 的 H_2SO_4，其 H_2SO_4 的基本单元数目与 0.012kg 碳-12 的原子数目相等，这时硫酸的物质的量 n_B 为 1mol；49.04g 的 H_2SO_4，以 H_2SO_4 作为基本单元的物质的量 n_B 为 0.5mol。

而以 $\frac{1}{2}H_2SO_4$ 作为基本单元，98.08g 的 H_2SO_4，其 $\left(\frac{1}{2}H_2SO_4\right)$ 的单元数目是 0.012kg 碳-12 的原子数目的 2 倍，这时硫酸的物质的量 n_B 为 2mol；49.04g 的 H_2SO_4，以 $\left(\frac{1}{2}H_2SO_4\right)$ 作为基本单元的物质的量 n_B 为 1mol。

可见，相同质量的同一物质，由于所采用的基本单元不同，其物质的量也不同。

（2）摩尔质量。质量 m 除以物质的量 n_B 就等于摩尔质量，符号 M_B，单位是千克/摩（kg/mol）、克/摩（g/mol）。表 7-15 列出几种常用试剂的摩尔质量 M_B，便于读者使用。

表 7-15　常用试剂的摩尔质量 M_B

名　称	化学式	相对分子质量	基本单元	$M_B/\text{kg} \cdot \text{mol}^{-1}$
盐　酸	HCl	36.46	HCl	36.46
硝　酸	HNO_3	63.01	HNO_3	63.01
硫　酸	H_2SO_4	98.08	$\frac{1}{2}H_2SO_4$	49.04

续表7-15

名　称	化学式	相对分子质量	基本单元	$M_B/\text{kg} \cdot \text{mol}^{-1}$
氢氧化钠	NaOH	40.00	NaOH	40.00
氨　水	$NH_3 \cdot H_2O$	35.05	$NH_3 \cdot H_2O$	35.05
碘	I_2	253.80	$\frac{1}{2}I_2$	126.90
硫代硫酸钠	$Na_2S_2O_3 \cdot 5H_2O$	248.18	$Na_2S_2O_3 \cdot 5H_2O$	248.18
高锰酸钾	$KMnO_4$	158.04	$\frac{1}{5}KMnO_4$	31.61
重铬酸钾	$K_2Cr_2O_7$	294.18	$\frac{1}{6}K_2Cr_2O_7$	49.03
氯化钠	NaCl	58.45	NaCl	58.45
EDTA	$Na_2H_2Y \cdot 2H_2O$	372.24	$Na_2H_2Y \cdot 2H_2O$	372.24

（3）合金中组分 B 的质量分数与其他不同表示符号之间的关系如表7-16 所示。

表7-16　合金中组分 B 的质量分数与其他不同表示符号之间的关系

组分 B 的质量分数/%	1g 固体金属中组分 B 的绝对量				溶液中组分 B 的含量		固体物料中贵金属含量/$g \cdot t^{-1}$
	g	$\mu g \cdot g^{-1}$	$ng \cdot g^{-1}$	$pg \cdot g^{-1}$	$\mu g/mL$	ng/mL	
100	1	1×10^6					
1	0.01	1×10^4			100		100000
0.1	0.001	1000			10		1000
0.01	1×10^{-4}	100	1×10^5		1	1000	100
0.001	1×10^{-5}	10	1×10^4		0.1	100	10
0.0001	1×10^{-6}	1	1000		0.01	10	1
1×10^{-5}	1×10^{-7}	0.1	100		0.001	1	0.1
1×10^{-7}	1×10^{-9}	0.001	1	1000		0.01	0.001
1×10^{-10}	1×10^{-12}		0.001	1			

参 考 文 献

1　钟卫佳．铜加工技术实用手册．北京：冶金工业出版社，2007

2　《分析化学》编委会．有色金属职工培训教材，分析化学（上、下册）．
北京：地质出版社，1996

3　GB/T 5121—1996《铜及铜合金化学分析方法》．1996

4　YS/T 586—2006《铜及铜合金化学分析方法　电感耦合等离子体原子发
射光谱法》．2006

5　YS/T 483—2005《铜及铜合金分析方法　X 射线荧光光谱法（波长色散
型）》．2005

6　YS/T 482—2005《铜及铜合金分析方法　光电发射光谱法》．2005

7　梅恒星．铜及铜合金中铜量分析方法综述．材料开发与应用，1996
（6）：19～22

8　GB/T 15000.1～15000.5—1994《标准样品工作导则》．北京：中国标
准出版社，1994

9　中科院研究生教学丛书．X 射线荧光光谱分析．北京：科学出版社，
2003

10　徐秋心．实用发射光谱分析．成都：四川科学技术出版社，1993

11　洛阳铜加工厂中心实验室金相组．铜及铜合金金相图谱．北京：冶金
工业出版社，1983

12　重有色金属材料加工手册（第一分册）．北京：冶金工业出版社，
1979

13　金属材料物理性能手册（1）．北京：冶金工业出版社，1987

14　曹明盛．物理冶金基础．北京：冶金工业出版社，1985

15　田荣璋，王祝堂．铜合金及其加工手册．长沙：中南大学出版社，
2002

16　屠海令，干勇主编．金属材料理化测试全书．北京：化学工业出版社，
2007

17　刘智恩．材料科学基础．西安：西北工业大学出版社，2000

18　上海市机械制造工艺研究所．金相分析技术．上海：上海科学技术文
献出版社，1987

19　GB/T 3409—1991《舰船材料金相图谱》

20　YS/T 478—2005《铜及铜合金导电率涡流检测方法》

21 GB 471—64《紫铜中氧量的测定（金相法）》（已作废）

22 ISO 2626《铜-氢脆试验》

23 ASTM E112—1996《金属平均晶粒度测定的标准方法》

24 ASTM B577《铜氢脆标准检验方法》

25 YS/T 335—1994《电真空器件用无氧铜含氧量金相检验方法》

26 YS/T 347—2004《铜及铜合金平均晶粒度测定方法》

27 YS/T 448—2002《铜及铜合金铸造和加工制品宏观组织检验方法》

28 YS/T 449—2002《铜及铜合金铸造和加工制品显微组织检验方法》

29 YS/T 462—2003《铜及铜合金铸造和加工制品缺陷　第二部分　板带箔材缺陷》

30 YS/T 463—2003《铜及铜合金铸造和加工制品缺陷　第三部分　管棒型材缺陷》

31 YS/T 465—2003《铜及铜合金铸造和加工制品缺陷　第一部分　铸造制品缺陷》

32 陈洪荪. 金属材料物理性能检测读本. 北京：冶金工业出版社，1991

33 刘天佑. 钢材质量检验. 北京：冶金工业出版社，2007

34 路俊攀. 铜及铜合金带材导电性能测试若干问题探讨. 冶金标准化与质量，2002（5）：54~57

35 YS/T 478—2005《铜及铜合金导电率涡流检测方法》

36 路俊攀. 铜及铜合金板带材分条变形测定方法探讨. 理化检验—物理分册，2004（3）：132~134

37 路俊攀. 铜及铜合金板带材加工和分切应力分析. 有色金属加工，2006，（35）3：34~37

38 胡天明. 超声探伤. 武汉：武汉测绘科技大学出版社，1994

39 《超声波探伤》编写组. 超声波探伤. 北京：电力工业出版社，1980

40 任吉林. 电磁无损检测. 北京：航空工业出版社，1989

41 ［日］无损检测学会. 射线探伤. 李衍译. 北京：机械工业出版社，1988

42 周大应. 渗透检验. 北京：机械工业出版社，1986

43 梅恒星. 实验室认可与实验室能力验证的评价方法. 铜加工，2006（4）：55~61

44 GB/T 15481—2000 检测和校准实验室能力的通用要求. 北京：中国标准出版社，2001

45　中国实验室国家认可委．中国实验室注册评审员培训教程．北京：中国计量出版社，1997

46　钱绍圣．测量不确定度．北京：清华大学出版社，2002

47　GB/T 15000.1～15000.5—1994　标准样品工作导则．北京：中国标准出版社，1994

冶金工业出版社部分图书推荐

书　名	定价(元)
铜加工技术实用手册	268.00
铜加工生产技术问答	69.00
铜水(气)管及管接件生产、使用技术	28.00
冷凝管生产技术	29.00
铜及铜合金挤压生产技术	35.00
铜及铜合金熔炼与铸造技术	28.00
铜合金管及不锈钢管	20.00
现代铜盘管生产技术	26.00
高性能铜合金及其加工技术	29.00
铝加工技术实用手册	248.00
铝合金熔铸生产技术问答	49.00
镁合金制备与加工技术	128.00
薄板坯连铸连轧钢的组织性能控制	79.00
彩色涂层钢板生产工艺与装备技术	69.00
铝合金材料的应用与技术开发	48.00
大型铝合金型材挤压技术与工模具优化设计	29.00
连续挤压技术及其应用	26.00
多元渗硼技术及其应用	22.00
铝型材挤压模具设计、制造、使用及维修	43.00
金属挤压理论与技术	25.00
金属塑性变形的实验方法	28.00
复合材料液态挤压	25.00
型钢孔型设计(第2版)	24.00
简明钣金展开系数计算手册	25.00
控制轧制控制冷却	22.00
金属塑性变形力计算基础	15.00
板带铸轧理论与技术	28.00
高精度板带轧制理论与实践	70.00
小型型钢连轧生产工艺与设备	75.00